量子散乱理論への招待

フェムトの世界を見る物理

緒方一介

[著]

共立出版株式会社

前書き

　恥を忍んで告白すると，著者は昔から量子力学が苦手であった．嫌いということではない．光の二重性，不確定性原理，シュレディンガーの猫．．．．量子力学を彩る摩訶不思議な話題には，学生時代，大いに心惹かれたものである．しかし，それらが本当にこの世の出来事を語っているとはどうしても思えないというのが，当時の偽らざる心境であった．

　そんな著者にとって，反応研究に携わることができたのは僥倖であったといえる．ミクロの世界では，あらゆるものは粒子でありまた波動であると教わる．そういわれると，ミクロの世界を捉える足がかりすら存在しないように思われる．しかし結局のところ，反応実験で測定しているものは，数えることができる粒子（としての側面）なのである．この事実は，少なくとも著者にとっては，ミクロの世界を探究する際の堅固な基盤となった．

　マクロな世界で測定した粒子の数という，抽象性のない実体を対象とする反応研究は，量子力学に興味を持ちつつも，それがうまく飲み込めない人にこそ勧めたい．測定されたデータを自身の計算結果が正しく説明する経験を重ねるうちに，量子力学に対する深い信頼が自然と育まれることであろう．そして，粒子として測定された"もの"が本質的に有している（いた）波動性を，実験結果と，それを記述する理論の中にしっかりと見出せるようになるはずである．それは，式変形を繰り返しただけでは得られない，深く確かな知識となるだろう．

　しかしその一方で，散乱の量子力学は難しいという話をよく耳にする．確かに散乱理論の奥は深く，著者自身，これを修得したという実感は未だに得られていない（実は修得の予感すらない）．しかし初学者にとっての散乱理論の難しさとは，そういった理論の深奥にある問題とはまた別のものであるように思われる．そしてそれは畢竟，散乱理論を勉強する順番の問題なのではないかというのが，著者の考えである．

多くの教科書で，散乱理論は形式論から出発している．これは，正しい散乱解を用いて観測量を定式化するためには必須のやり方である．しかし散乱の形式論はまさに形式的な理論であって，それが何のためにあるのか，式が何を意味しているのかを初学者が真に理解するのは，極めて難しいと思われる．形式論は散乱理論の中核をなし，それなくして正確な定式化はできないが，その意味を理解するには散乱理論に（ある程度）習熟しておく必要があるというのは，どうにも悩ましい構造である．また，時間に依存せず，かつ宇宙の彼方まで広がっている"奇妙な"波動関数を用いて，実験施設で測定された動的散乱現象の結果を計算できるというのも，まるで狐につままれたような話であり，散乱理論に対する心理的抵抗の一因となっているように思われる．

　このような一風変わった特徴をもつ散乱理論を初学者に紹介するにはどうすればよいか？これが，著者が数年来自問してきたことであり，本書は，それに対する1つの回答として著したものである．主な読者としては，量子力学を一通り学んだ学部学生および大学院生を想定している．執筆にあたっては，散乱の形式論を用いないという条件を自身に課した（ただし第8章8.10節では，あえて形式論について言及している）．首尾一貫して，理論の形式ではなく，それが意味する物理を論じたつもりであるが，形式論に頼らないがゆえ説明が回りくどくなっている箇所も見受けられよう．それこそが散乱の形式論の重要性を示しているといえるかもしれないが，批判は甘んじて受けたい．なお，本書の全体を通じて，粒子の内部スピンは一切考慮しないこととした．そのため，角運動量代数についてもごく簡単に紹介するに留めている．反応の前後で粒子の構成が変化する組み替え反応や，粒子の生成・消滅を伴う相対論的反応についても同様に省略した．これらの重要性は論をまたないが，いずれも散乱理論の初学者にとっては必須ではないと判断した結果である．

　形式論を用いない以上，散乱状態を記述する正確な波動関数から話を始めることはできない．そこで本書では，できるだけ単純で，直観的な理解ができる模型から出発し，徐々にその精度を高めていくという形をとった．ただし，たとえ単純な模型であっても，その模型の精度の範囲内で，現実の物理現象（実験データ）を正しく記述できることが伝わるよう，心がけたつもりである．正確な波動関数は第8章で初めて登場するが，それまでに紹介する模型は，正解に至るまでの単なる通過点ではないことに留意してほしい．特に第5章で紹介す

るアイコナール近似は，最先端の研究でも使用されている平明かつ強力な反応模型である．本書でも，随所でその長所が活用されている．終盤では，著者がかつて携わった宇宙元素合成に関する研究を紹介する．やや難易度が高いことは否めないが，散乱理論が研究の前線でどのように活躍するかを示す一例として受け取っていただければ幸いである．なお，本書で具体的に扱っている物理現象は原子核の反応であるが，相互作用する系の動的現象という観点に立てば，原子・分子の衝突現象など，周辺分野との関連は深いといえよう．特に，チャネル結合法の考え方（第7章）や，反応系の構成要素が連続状態へと遷移する過程の取り扱い（第10章）などは，原子核物理学に限らず，反応現象を研究対象とする学問全般にとって重要であると考えられる．幅広い分野の方々に手にとっていただけると幸甚である．

さて，砂川重信氏の言に「知っていること，調べたことのすべてを，限られた紙数の中で書いたら，それは結局何も書かなかったことと同じになってしまうであろう」というものがある．これは著者の座右の銘でもある．本書の執筆においても，このことは常に心がけたつもりである．できるだけ話の筋道を単純化し，「実は...である」や「例外として...」という話題は思い切って割愛した．特に誤解のおそれがある場合や，読者が引っかかりを覚えることが予想される箇所については，脚注や文字を小さくした段落で補足を加えているが，本文を読んで違和感を覚えない限り，これらは初読時には読み飛ばしてもらって差し支えない．もっとも，単に著者の浅学非才のゆえ説明が抜けている箇所や思いがけない誤りもあるかと思われる．お気づきの点があればご指摘いただけると幸いである．出版後に判明した誤植や必要な訂正，あるいは補足の追加などについては，以下のページに記載することとしたい．

http://www.rcnp.osaka-u.ac.jp/~kazuyuki/index.php?book

このページでは，本書の中で使用した数値計算についてもあわせて紹介する予定である．

本書の内容は，大阪市立大学，東京工業大学，京都大学基礎物理学研究所，新潟大学，北海道大学で行った集中講義と，大阪大学大学院で実施している講義の内容を土台としている．これらの講義では，様々な立場の方から実に多くの質問，コメント，および助言を頂いた．それらは本書をまとめる際の大きな糧

となっている．特に，櫻木弘之氏，藤原義和氏，松尾正之氏からは大変貴重な示唆を頂くことができた．また，本書のプロトタイプとでもいうべきテキストの輪講に参加した学生諸氏からは，若者らしい自由な発想や初学者ならではの新鮮な疑問を聞くことができ，著者にとって大いに刺激となった．これらの方々に心からの謝意を示したい．

執筆に際し，民井淳氏からは核図表のデータを，蓑茂工将氏からは微視的光学ポテンシャルを用いた計算結果を提供していただいた．また，本書で紹介する数値計算では，井芹康統氏にご提供いただいた副プログラムが随所で活用されている．青井考氏と吉田数貴氏には，限られた時間の中で原稿を精読していただき，忌憚のない貴重なコメントを頂いた．これらの方々の協力がなければ，本書を今の形で世に出すことはできなかった．厚く御礼を申し上げたい．例に漏れず，執筆にあたっては数多くの教科書やウェブ上の資料を参考としている．主要なものについては巻末であらためて言及する．

本書は，共立出版の島田誠氏の強い勧めから生まれたものである．生来の怠け癖を発揮し，執筆が大幅に遅れた著者に，実に辛抱強く対応していただいた．心からの敬意と謝意を表明したい．島田氏との交流は10年以上にものぼる．一時期は同じ研究室に所属していた氏の手によって，著者にとって最初の本が出版されることは，この上なく大きな喜びである．企画したとおり，本書が，散乱理論や原子核反応論の大著と初学者をつなぐ架け橋となることを願ってやまない．

末筆ながら，右も左もわからぬ著者を反応研究に導いてくださった河合光路氏と，研究者として生きる上で多くの薫陶を賜った八尋正信氏に，深く御礼を申し上げたい．

最後に，ついつい狭い世界に閉じこもりがちな著者の人生を，豊かで価値あるものとしてくれている妻と家族に感謝したい．

2017年3月　緒方 一介

目　次

第1章　断面積とは何か？　　1

- 1.1　物の大きさを測る　.　.　.　.　.　.　.　.　.　.　.　.　.　.　.　.　.　1
- 1.2　ミクロの粒子を見る　.　.　.　.　.　.　.　.　.　.　.　.　.　.　.　.　2
- 1.3　断面積と反応の頻度　.　.　.　.　.　.　.　.　.　.　.　.　.　.　.　6
- 1.4　剛体球の反射断面積　.　.　.　.　.　.　.　.　.　.　.　.　.　.　.　7
- 1.5　微分断面積　.　.　.　.　.　.　.　.　.　.　.　.　.　.　.　.　.　.　.　9
- 1.6　まとめ　.　12

第2章　ラザフォードによる原子核の発見　　13

- 2.1　ラザフォードの実験　.　.　.　.　.　.　.　.　.　.　.　.　.　.　.　13
- 2.2　分析の準備（単位系）　.　.　.　.　.　.　.　.　.　.　.　.　.　.　13
- 2.3　クーロン散乱（ラザフォード散乱）　.　.　.　.　.　.　.　15
- 2.4　原子核の"発見"　.　.　.　.　.　.　.　.　.　.　.　.　.　.　.　.　17
- 2.5　ラザフォードの公式　.　.　.　.　.　.　.　.　.　.　.　.　.　.　.　19
- 2.6　角分布を用いた分析　.　.　.　.　.　.　.　.　.　.　.　.　.　.　.　21
- 2.7　まとめ　.　24

第3章　弾性散乱の量子力学的記述　　25

- 3.1　量子力学的に捉えたラザフォード散乱　.　.　.　.　.　25
- 3.2　平面波の規格化　.　.　.　.　.　.　.　.　.　.　.　.　.　.　.　.　.　27

- 3.3 散乱波の展開と確率の規格化 29
- 3.4 展開係数の計算 30
- 3.5 1次の摂動解 31
- 3.6 観測される状態の幅と状態数密度 32
- 3.7 フェルミの黄金律 35
- 3.8 状態数の計上 38
- 3.9 遷移確率と断面積 39
- 3.10 ラザフォード散乱の角分布 42
- 3.11 遷移行列 45
- 3.12 まとめ 46

第4章 平面波近似に基づく反応解析と原子核の密度分布　49

- 4.1 散乱粒子がもつ分解能 49
- 4.2 核力ポテンシャル 53
- 4.3 階段型密度分布 55
- 4.4 半値半径と平均二乗根半径 56
- 4.5 実験データの解析 58
- 4.6 密度の飽和性 62
- 4.7 原子核の密度分布 63
- 4.8 核子-原子核間ポテンシャル 66
- 4.9 黒体モデル 68
- 4.10 まとめ 70

第5章 アイコナール近似に基づく反応解析　71

- 5.1 散乱波のアイコナール近似計算 71
- 5.2 アイコナール近似の成立条件 75
- 5.3 ポテンシャルが散乱波に及ぼす影響 77
- 5.4 アイコナール近似と直線近似 81
- 5.5 微分断面積の計算 84

5.6	まとめ	90

第6章 全反応断面積で探る不安定核の性質 　　91

6.1	不安定原子核	91
6.2	全反応断面積	93
6.3	全弾性散乱断面積と全断面積	98
6.4	影散乱	100
6.5	全反応断面積の分析（準備）	102
6.6	運動学の補正	105
	6.6.1　重心補正	105
	6.6.2　相対論的補正	109
6.7	陽子-安定核の全反応断面積解析	111
6.8	陽子-不安定核の全反応断面積解析	114
6.9	飽和性の破れ	116
6.10	原子核のハロー構造	118
6.11	まとめ	120

第7章 チャネル結合法と光学ポテンシャルの起源 　　121

7.1	反応チャネル	121
7.2	チャネル結合法	123
7.3	アイコナールチャネル結合方程式とその形式解	126
7.4	反復法	129
7.5	弾性散乱および非弾性散乱の微分断面積	133
7.6	流束の保存と S 行列のユニタリティ	139
7.7	動的偏極ポテンシャル	140
7.8	光学ポテンシャルの正体	143
7.9	歪曲波ボルン近似	146
7.10	まとめ	150

第8章 散乱問題の純量子力学的解法 　　153

- 8.1 シュレディンガー方程式の球座標表示 153
- 8.2 動径方向の方程式と解の挙動 156
- 8.3 入射平面波の分解 158
- 8.4 部分波の選択則 161
- 8.5 部分波に対する実数ポテンシャルの影響 165
- 8.6 動径波動関数の決定 168
- 8.7 散乱波の漸近形を用いた断面積の計算 172
- 8.8 全反応断面積と一般化された光学定理 178
- 8.9 遷移行列を用いた微分断面積の計算 181
- 8.10 遷移行列と散乱振幅の関係 184
- 8.11 まとめ 188

第9章 クーロン相互作用の取り扱い 　　189

- 9.1 純量子力学的計算におけるクーロン相互作用 189
- 9.2 クーロン場中でのアイコナール近似 193
- 9.3 まとめ 197

第10章 連続状態離散化チャネル結合法を用いた宇宙元素合成研究 　　199

- 10.1 天体核反応と天体物理学的因子 199
- 10.2 S_{17} 問題 200
- 10.3 研究の目的 203
- 10.4 CDCC による ^{8}B 分解反応の記述 204
  - 10.4.1 3 体反応模型と模型空間 205
  - 10.4.2 チャネル波動関数 206
  - 10.4.3 連続状態の限定と離散化 210
  - 10.4.4 離散化された連続状態の振る舞い 213
  - 10.4.5 アイコナール近似と角運動量の取り扱い .. 214

	10.4.6　チャネル結合ポテンシャル	219
	10.4.7　分解断面積	221
	10.4.8　量子力学的補正	224
10.5	反応計算に取り入れられている自由度	229
10.6	漸近規格化係数法（ANC 法）	232
10.7	分解反応の解析結果	236
10.8	まとめ	240

付録　　　　　　　　　　　　　　　　　　　　243

A	0 度散乱の問題	243
B	波束の理論	248
C	摂動の高次を取り入れた遷移行列	258
D	非弾性散乱の遷移行列	261
E	特殊関数の公式	266
F	2 階常微分方程式の数値解法	270

参考文献　　　　　　　　　　　　　　　　　　275

索　引　　　　　　　　　　　　　　　　　　　281

第1章 断面積とは何か？

散乱理論で最も重要な物理量である断面積の意味と意義を，古典的な描像に基づいて解説する．

§1.1 物の大きさを測る

我々がある物体の大きさを知りたいとき，最も手軽な方法は定規などでその大きさを直接測ることである．たとえば500円玉に定規を当てると，その直径が約 26.5 mm であることがわかる（この情報はウェブ上で検索して得ることも可能であろう）．では，直接目で見ることができず，定規を当てることもできない物体の大きさを知りたいときにはどうしたらよいだろうか？

次のような状況を考えることにしよう．2つの側面（幅 1 m）が中空になった箱が置いてあり（図 1.1），その中に重くて硬い立方体が1つ入っている．簡単のため，立方体と箱の側面は平行に配置されているとする．このとき，側面から箱の中を目で覗き込むことなく，立方体の大きさを測るにはどうすればよいだろうか？ 1つの方法は，図 1.2 のように（小さめの）ビー玉を隙間なく並べ，1つ1つを側面に垂直に撃ち込んで，それらが素通りするか跳ね返ってくるかを調べるやり方である．立方体の角では例外的なことが起きうるが，大雑把にいえば，反射してくるビー玉の最初に並んでいた幅が，立方体の幅であるといえるだろう．実はこれは，離れたところから "定規" を当てていることと同じである．その定規の目盛りがビー玉の直径に対応している．もちろんこの測定が機能するためには，それぞれのビー玉の初期配置と入射軌道が精度良くコ

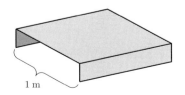

図 1.1 側面が幅 1 m の中空となった箱．

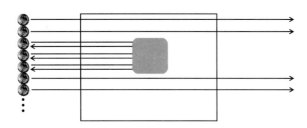

図 1.2 隠れた物体の大きさを測る 1 つの方法.

ントロールされていなければならない.

では次に，そのようなコントロールが難しい場合を考えよう．このときは，確率を利用することができる．たくさんのビー玉を適当に撃ち込んで，箱の側面（枠）に入った数と反射して出てくる数の比を取れば，それは枠の幅と立方体の幅との比に等しいであろう．すなわち

$$\frac{\text{反射した数 } N_{\text{ref}}}{\text{枠に入った数 } N_{\text{in}}} = \frac{\text{物体の幅 } (d \text{ m})}{\text{枠の幅 } (1 \text{ m})} \tag{1.1}$$

である．こうして，測定量の N_{in} と N_{ref} から d を引き出すことができる．この考え方は，本当に目に見えないミクロの世界にも適用することができるため，極めて重要である.

式 (1.1) は統計的な式であるから，N_{in} は十分大きくとらなければならない．N_{in} がある程度大きいときには，結果の精度の最良推定値は $\sqrt{N_{\text{ref}}}$ に反比例する．したがって，測定結果に要求される精度に見合った分，N_{ref} の値は大きくなければならない．ただし，この測定精度に関する意味を除けば，N_{ref} や N_{in} そのものではなく，それらの比 $N_{\text{ref}}/N_{\text{in}}$ が物理的な意味をもっている[1]．なお，枠に入らなかったイベント（事象）はそもそも記録の対象としていない点に注意すること．また，式 (1.1) は幅 1 m の領域に<u>ただ 1 つの物体がある</u>という情報に基づいている．式 (1.1) の考え方をミクロの世界に適用する際には，このことが重要なポイントとなる.

§ 1.2 ミクロの粒子を見る

では，式 (1.1) を用いてミクロの世界を探究しよう．ただしあくまで古典力

---

[1] 超重元素探索など，特定の反応の発生を確認すること自体を目的とする測定もあるが，ここでは除外する.

§1.2 ミクロの粒子を見る

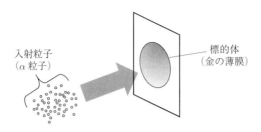

図 1.3 α 粒子を金の薄膜に入射する実験の模式図.

学で考えることにする. 図 1.3 のように, 金の薄膜を標的体として, これに α 粒子 (ヘリウム原子とほぼ同じ質量をもち, 素電荷を単位として $+2$ に帯電した粒子[2]) を入射させる実験を考える. 金の原子の中に α 粒子を跳ね返す (反射させる) 塊が存在すると仮定し, その塊の大きさを算定することを本測定の目的とする.

実験に関しては, 入射する個々の α 粒子の軌道をコントロールすることはできないが, 入射粒子の集団全体が薄膜に命中する領域すなわちビームスポットは巨視的に指定できるものと想定する. 以下, この領域を A とよび, その面積を S とする (図 1.4). A は薄膜の大きさよりも小さいと考える. また, 薄膜に入射して散乱する α 粒子は, 個々に観測が可能であるとする[3]. 簡単のため, α 粒子は塊に衝突すると, 必ず $90°$ 以上の散乱角度に放出される (= 反射される) と考えよう. ここではこの反射のイベントを「反応が起きたイベント」と定義することにする.

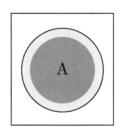

図 1.4 入射粒子 (ビーム) のスポット A. 面積を S とする.

---
[2] 第 2 章で出てくる言葉を使えば, ヘリウム 4 の原子核.
[3] たとえば硫化亜鉛は, α 粒子の刺激を受けると光を発するため, この光を測定することで α 粒子の観測が可能である. このような特性をもつ物質をシンチレータ (蛍光体) とよぶ.

古典力学では，粒子の軌道を指定することは当然可能である．しかしここでは，その特性をあえて利用せず，統計的に反応現象の定量化を行うことにする．これは，実際の測定で用いられている考え方であり，反応現象を量子力学的に記述する際に必須となる考え方でもある．なお，たとえミクロの世界で古典力学が成立していたとしても，粒子の軌道をそのスケールでコントロールすることはおそらく技術的に不可能であろう．

実験で得られるのは，A に入射した α 粒子の数 N_{in} と，反射された α 粒子の数 N_{ref} の比 $N_{\text{ref}}/N_{\text{in}}$ である．この量は

$$\frac{N_{\text{ref}}}{N_{\text{in}}} = \frac{\sigma N_{\text{atom}}}{S} \qquad (1.2)$$

と表すことができる．ここで σ は，塊を正面から見たときの面積すなわち塊の（古典的）**断面積**であり，本測定で決定すべき量である．一方，N_{atom} は A に含まれる原子の数（＝塊の数）を表している．式 (1.2) に N_{atom} という量が現れるのは，薄膜が膨大な数の金原子から構成されていることの帰結である．これが前節で言及した，ミクロの世界に式 (1.1) を適用する際の注意点である．正確には，N_{atom} は入射粒子が衝突する可能性のある塊の総数であるから，その算定には薄膜の厚さ d を考慮する必要がある．薄膜の質量密度を ρ，アボガドロ定数を N_{av}，金の原子量を A_{Au} とすれば，N_{atom} は

$$N_{\text{atom}} = \frac{\rho S d N_{\text{av}}}{A_{\text{Au}}} \qquad (1.3)$$

で与えられる（図 1.5 を参照）．右辺に現れる ρ, d, S は全て巨視的なスケールで測定または指定可能な量であり，その精度の範囲で N_{atom} を決定することができる（もちろんこれは，金の原子量とアボガドロ定数がわかっているから可能なことである）．式 (1.2), (1.3) より

$$\sigma = \frac{N_{\text{ref}}}{N_{\text{in}}} \frac{A_{\text{Au}}}{\rho d N_{\text{av}}} \qquad (1.4)$$

が得られる．これが測定結果から σ を決定する式である．分子・分母で S が相殺している点に注意すること．すなわち，σ はビームスポットの形状に依存しない．ただし上で仮定したとおり，A は薄膜の大きさよりも小さくしておく必

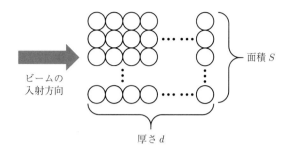

図 1.5 N_atom の算定法．丸は原子を表す．体積 Sd に密度 ρ を掛けて質量を算出し，これを金の原子量 A_Au で割ればモル数が得られる．これにアボガドロ定数 N_av を掛けたものが N_atom である．なお，図に示されている原子配列はあくまで模式的なものであり，式 (1.3) は原子配列の詳細に依存しない．

要がある．また，式 (1.4) の右辺は $1/d$ を含むが，N_ref は d に比例するため，σ は d に依存しない．

ここで 1 つ注意を与えておく．式 (1.4) の右辺にある N_ref/N_in は確率であるから，必ず 0 から 1 の間の値を取る．したがって d をどんどん大きくしていくと，やがて N_ref/N_in は頭打ちとなり，式 (1.4) 右辺の $1/d$ が支配的となって，最終的に σ は 0 に近づくであろう．これは前段で述べた σ が d に依存しないという結論と一見矛盾する．この問題の鍵は，式 (1.2) が基づく暗黙の想定である．それは，図 1.6 のように標的体を正面から眺めたとき，N_atom 個の塊が 1 つも重ならないというものである．もし，ある塊の背後に別の塊が隠れてしまっていたら，後者は「入射粒子が衝突する可能性のある塊」ではないので，N_atom の算定から除外しなければならない．しかし式 (1.3) では，そのようなことは一切考慮されていない．したがって，標的体が厚くなり，塊の重なりが生じるようになると，式 (1.3) や式 (1.4) はもはや正しくないということになる．このことから，標的体はあまり厚くしてはならないことがわかる．一般には，N_ref/N_in（反応率・イベント率）が 1 よりも十分小さければ，上記の仮定は成立していると考えてよい．

なお，標的体をあまり厚くすると，入射粒子が標的体中で電子との相互作用に

図 1.6 断面積の算定に使用した仮定．

よって徐々にエネルギーを失う効果が顕在化する．実際には，塊が重なり出すよりもずっと前に，この影響が深刻化するため，標的体は厚くできない．もっとも，原子炉の材料設計などで問題になるのは，そのようにしてエネルギーを徐々に失いながら標的体と反応する確率の総和である．この場合は，あえて厚い標的体を用意（想定）し，入射エネルギーの変化を追跡しつつ，各エネルギーでの反応確率を求め，それらを集積するといった測定や分析がなされる．

§1.3 断面積と反応の頻度

前節で導入した σ は，我々が測定したい対象（= α 粒子を反射させる塊）の断面の大きさである．これが，古典的に捉えた断面積の定義である．まさに断面積という言葉の字義どおりであって，直観的な理解も容易であろう．しかし散乱理論では，断面積は反応の頻度を定量化する指標として定義されるのが常である．本節ではこのことについて掘り下げてみよう．

前節で扱った反応の頻度はどれくらいかと問われた場合，まず答えとして思いつくのは $N_{\text{ref}}/N_{\text{in}}$ という量であろう．しかし，式 (1.4) を

$$\frac{N_{\text{ref}}}{N_{\text{in}}} = \frac{\sigma \rho d N_{\text{av}}}{A_{\text{Au}}} \tag{1.5}$$

と変形すればわかるように，$N_{\text{ref}}/N_{\text{in}}$ は測定に使用する標的（薄膜）の厚さ d に比例してしまう．明らかにこれは，反応の頻度を定量化する量としてふさわしくない性質である．これに対し σ は，その（古典的）定義から考えて，S や d といった測定環境に依存しないはずである．そこで式 (1.2) を

$$\sigma = \frac{N_{\text{ref}}/N_{\text{atom}}}{N_{\text{in}}/S} = \frac{n_{\text{ref}}}{\bar{n}_0} \tag{1.6}$$

と書き換えてみることにする．ここで

$$n_{\text{ref}} \equiv \frac{N_{\text{ref}}}{N_{\text{atom}}} \tag{1.7}$$

は，標的がただ 1 つ存在する場合のイベント数に相当する量である．すなわち n_{ref} は，N_{atom} が増えればそれに比例してイベント数も増えるという自明な変化が取り除かれ，標的粒子単体の性質を反映したイベント数である．一方

§ 1.4 剛体球の反射断面積

$$\bar{n}_0 = \frac{N_{\text{in}}}{S} \tag{1.8}$$

は，標的体の単位面積あたりに入射した粒子の個数を表す．ここまで我々は，N_{in} 個の粒子はビームスポット A に均一な数密度（面積数密度）で入射すると想定してきた．$\bar{n}_0$ は，この数密度に他ならない．N_{ref} と n_{ref} の対応と同様，$\bar{n}_0$ は，S の増加に伴う自明な変化を N_{in} から取り除いた，入射粒子数の指標であるといえる．ただしその指標の次元は<u>面積の逆数</u>である．

式 (1.6) より，断面積 σ は n_{ref} を $\bar{n}_0$ で割ったものとして定義することができる．すなわち断面積とは，標的粒子がただ 1 つ存在し，単位面積あたりに 1 個の粒子が入射する場合に，着目している反応イベントが起きる数を表す．これが，反応の頻度を定量化する指標として捉えた断面積の定義である[4]．反応頻度の指標が，確率ではなく，面積の次元をもった断面積で与えられる本質的な理由は，反応イベント数 n_{ref} を $\bar{n}_0$ によって規格化しているからである．試しに n_{ref} を $\bar{n}_0$ ではなく N_{in} で規格化すると

$$\frac{n_{\text{ref}}}{N_{\text{in}}} = \frac{\sigma}{S} \tag{1.9}$$

が得られるが，この量は S に反比例するため，反応頻度の指標たりえないことがただちに理解される．なお，式 (1.6) の σ の定義は，量子力学にもそのまま適用可能である[5]．

> 上の議論では，N_{atom} は測定環境依存性をもたらす余分な要素として扱われている節がある．確かに，単一の原子を標的として用意することはできないため，実験結果から σ を算定する際には，否応なく N_{atom} を考慮に入れざるをえない．しかし N_{atom} という天文学的な数があるからこそ，統計的に意味のある $N_{\text{ref}}/N_{\text{in}}$ を測定によって得ることができるのである．すなわち実験では，N_{atom} を積極的に活用しているといってよい．

§ 1.4 剛体球の反射断面積

式 (1.6) を用いて，断面積を具体的に計算してみよう．ここで考えるのは，半

---

[4] 当然 $\bar{n}_0$ は測定環境によって変化するが，n_{ref} もまた $\bar{n}_0$ に比例するため，σ は $\bar{n}_0$ に依存しない．
[5] 実際の計算では単位時間あたりの入射数，反応数を計上する．また，もし粒子の存在確率が 1 に規格化されていれば，n_{ref} は反応確率となる．詳しくは第 3 章を参照のこと．

径 a の剛体球と,大きさ(と質量)が無視できる入射粒子との古典的弾性衝突である(図 1.7).剛体球の古典的断面積はもちろん πa^2 であるが,ここでは,入射粒子を 90° 以上に反射させる断面積(反射断面積 σ_{ref})を算定することを目的とする.式 (1.6) の考え方にならい,ただ 1 つの剛体球を考える.この剛体球は無限に重く,その中心は座標原点に静止し続けるものとする.

いま,重力の影響は無視できるため,粒子の入射方向を z 軸とすると,この散乱現象は z 軸まわりの角度 ϕ に関して対称である.そのような場合には,入射粒子の位置を円筒座標系で表現するのが便利である.b は衝突径数 (impact parameter) とよばれる物理量である.古典力学では,b が決まれば散乱角 θ は一意に決まる.このことを利用して,角度 θ に散乱する粒子の数を計上し,σ_{ref} を求めることにしよう.図 1.8 のように補助角度 η を導入すると,

$$b = a\sin\eta, \quad \theta = \pi - 2\eta \tag{1.10}$$

より,

$$b = a\sin\frac{\pi-\theta}{2} = a\cos\frac{\theta}{2} \tag{1.11}$$

が得られる.なお当然ではあるが,この式は $0 \leq b \leq a$ を前提としている($b > a$ のとき衝突は起きない).

$\theta = \pi/2$ のとき,

$$b = a\cos\frac{\pi}{4} = \frac{a}{\sqrt{2}} \tag{1.12}$$

である.b が増加すると θ は小さくなるから,$\theta \geq \pi/2$ となるためには,$0 \leq b \leq a/\sqrt{2}$ でなければならない.この条件を満たす入射粒子の数が反

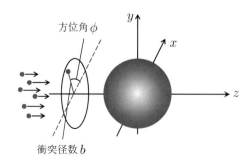

図 1.7 剛体球による散乱.

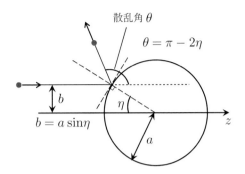

図 1.8 散乱軌道の計算.

射イベント数 $n_{\rm ref}$ に他ならない．それは，半径 $a/\sqrt{2}$ の円板の面積に n_0 を掛けたものである．この結果を式 (1.6) に代入すると，

$$\sigma_{\rm ref} = \frac{\pi(a/\sqrt{2})^2 n_0}{n_0} = \frac{\pi}{2}a^2 \qquad (1.13)$$

となる．すなわち，剛体球の古典的断面積 πa^2 の半分が，入射粒子を $90°$ 以上に反射させる能力をもっていることがわかる．もし反射したと判定する θ の条件を変えれば，対応する断面積も変化する．たとえば $\theta \geq 2\pi/3$ を反射の条件とすれば，$\sigma_{\rm ref}$ は $\pi a^2/4$ となる（計算で確かめよ）．このことから，次のような解釈が可能である．ある観測対象（いまの場合は剛体球）を考えたとき，その断面のうち，着目している反応を引き起こす能力をもっている領域の面積が，その反応の断面積となる．

§ 1.5 微分断面積

前節で見た内容をさらに押し進めて，入射粒子をある角度に散乱させる断面積を考えることにしよう．ただし角度は連続変数なので，単一の角度への散乱ではなく，微小幅付きの角度への散乱を考える必要がある．また，散乱角度 θ の他に方位角 ϕ の自由度も考えて，図 1.9 にある微小立体角 $d\Omega$ を指定した散乱を考える．古典力学では，軌道は一意に決まっているので，$d\Omega$ に散乱する粒子の数は，図 1.9 の左側に描かれている z 軸に垂直な平面上の，斜線付きの領域の面積 $d\sigma$ に入射する粒子の数に等しい．この数を $dn(\Omega)$ とすると，

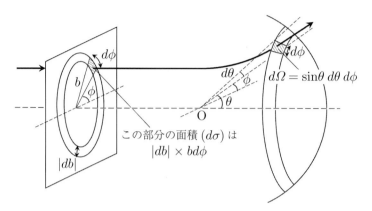

図 1.9 一般の場合の散乱軌道.

$$dn(\Omega) = n_0 d\sigma = n_0 b \left| db \right| d\phi \tag{1.14}$$

となる. db に絶対値を付けているのは，我々が求めたい $d\sigma$ が微小面積という意味をもった正の量だからである[6]．式 (1.11) と，その微小変化を取った式

$$db = d\left(a\cos\frac{\theta}{2}\right) = -\frac{a}{2}\sin\frac{\theta}{2}d\theta \rightarrow \left|db\right| = \frac{a}{2}\sin\frac{\theta}{2}d\theta \tag{1.15}$$

を式 (1.14) に代入すると，

$$\begin{aligned} dn(\Omega) &= n_0 a\left(\cos\frac{\theta}{2}\right)\frac{a}{2}\sin\frac{\theta}{2}d\theta d\phi = n_0 \frac{a^2}{2}\cos\frac{\theta}{2}\sin\frac{\theta}{2}d\theta d\phi \\ &= n_0 \frac{a^2}{4}\sin\theta d\theta d\phi = n_0 \frac{a^2}{4}d\Omega \end{aligned} \tag{1.16}$$

となる．これより

$$\frac{dn(\Omega)}{d\Omega} = n_0 \frac{a^2}{4} \rightarrow \frac{d\sigma}{d\Omega} \equiv \frac{1}{n_0}\frac{dn(\Omega)}{d\Omega} = \frac{a^2}{4} \tag{1.17}$$

が得られる．$d\sigma/d\Omega$ を微分断面積（正確には立体角に関する微分断面積）と

---

[6] db は微小幅ではなく，微小変化量である．いまの場合でいえば，db には θ が増加することで b が増加するか減少するかという情報（符号）が含まれている．しかしここでの目的にとってはこの符号の情報は不要であり，あくまで微小変化量の大きさが必要である．時として db に絶対値を付けない表記も見られるが，それはこの理解を前提としたやり方であり，必ずどこかの段階で断面積全体の符号が正になるような処理がなされているはずである．

§ 1.5 微分断面積

よぶ[7]．往々にして $d\sigma/d\Omega$ は単に角分布 (angular distribution) とよばれる．ただし，$d\sigma/d\Omega$ を方位角について積分した

$$\int_0^{2\pi} \frac{d\sigma}{d\Omega} d\phi = \frac{d\sigma}{\sin\theta d\theta} = \frac{d\sigma}{d(-\cos\theta)} \tag{1.18}$$

や，これに $\sin\theta$ を掛けた $d\sigma/d\theta$ も "角分布" の一種であるから，実験データと比較を行う際には角分布の定義に注意が必要である．本書では，特に断らない限り，角分布は $d\sigma/d\Omega$ を指すものとする．

式 (1.17) の意味は，剛体球による微分断面積は角度に依存しないということである．すなわちどの角度で測定しても，散乱される粒子の数は一定となる．ただし当然ながら，ある角度に粒子を散乱させる剛体球の断面の場所は，その角度に依存する．図 1.10 は，b および $|db|$ を散乱角度 θ の関数としてプロットしたものである（$a=1$ とした）．θ が大きくなるにつれ，その散乱に寄与する b は小さくなっている．つまり，（入射方向から見た）剛体球のより内側が観測に掛かる．一方，散乱に寄与する微小幅 $|db|$ は θ とともに増加する．そして $b|db|$ の θ 依存性がちょうど $\sin\theta$ となるため，角分布 $d\sigma/d\Omega$ が角度に依存しなくなるのである．$d\sigma/d\Omega$ が定数であっても，θ と b の関係は失われていない

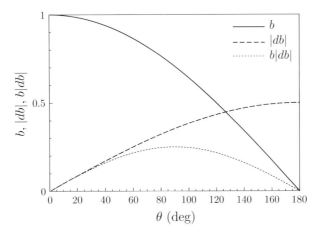

図 1.10 散乱角度 θ に対する b, $|db|$, $b|db|$ の変化の様子．$a=1$ の場合．

---

[7] $d\Omega = \sin\theta d\theta d\phi$ であるから，厳密には微小立体角は 2 重の微小量であるが，慣例的に 1 重の微小量として扱われる．

点に注意すること．微分断面積についても，前節と同様に古典的な解釈が可能である．すなわち $d\sigma/d\Omega$ は，観測対象の断面のうち，入射粒子を微小立体角 $d\Omega$ に放出させる能力をもった微小領域の面積である．

なお，前節で求めた σ_{ref} は式 (1.17) を積分することでも得ることができる：

$$\sigma_{\text{ref}} = \int_0^{2\pi} d\phi \int_{\pi/2}^{\pi} d\theta \frac{d\sigma}{d\Omega} \sin\theta = \frac{a^2}{4} 2\pi \left[-\cos\theta\right]_{\pi/2}^{\pi} = \frac{\pi}{2} a^2. \quad (1.19)$$

§ 1.6 まとめ

断面積は，反応現象の頻度を定量化する指標として用いられる，反応論で最も重要な物理量である．断面積の古典的な定義は，観測対象の断面のうち，着目している反応を引き起こす能力をもった領域の面積である．この量は，測定対象がただ 1 つ存在し，これに単位面積あたり 1 個の粒子が入射したとき，着目している反応が起きる数と表すこともできる．これが，反応頻度の指標として捉えた断面積の定義である．通常用いられるのは，量子力学にそのまま適用可能な後者の定義である．反応の頻度が面積の次元をもつ理由は，反応のイベント数を，単位面積あたりの入射粒子数で規格化しているからである．これは，測定対象の性質と無関係な，入射粒子の性質（具体的にはビームサイズの面積）の影響を物理量から除外するための措置である．測定対象 1 つあたりの量として断面積を算定するのも，同様の理由である（イベント数は測定対象の数に比例するが，その変化は測定対象単体の性質と無関係である）．

古典力学の散乱問題では入射粒子の軌道は一意に決まるため，反応が起きるイベント数とそれに対応する断面積を容易に計算することができる．ここでは具体例として剛体球による散乱を扱い，反射断面積を求めた．放出角度（微小立体角）を指定した微分断面積（角分布）もまったく同様に定義することができる．剛体球による散乱では，角分布は定数となる．

量子力学的に断面積を求める場合には，反応する粒子の「数」を「確率」に置き換える必要がある．また，粒子が絶え間なく入射する状況を想定し，単位時間あたりの反応確率を問題とすることになる．これらについては第 3 章で議論する．

第2章 ラザフォードによる原子核の発見

ラザフォードによって測定された α 粒子の散乱を，点電荷間にはたらくクーロン力による古典力学的散乱問題として記述し，原子核の発見を追体験する．

§ 2.1 ラザフォードの実験

この章では，ラザフォード (Ernest Rutherford) による原子核の発見を振り返ることにする．1909 年，それぞれラザフォードの部下と学生だったガイガー (Hans W. Geiger) とマースデン (Ernest Marsden) は，厚さ 0.40 μm の金の薄膜に速さ約 1.6×10^7 m/s の α 粒子を入射させたとき，およそ 20000 回に 1 回，90° 以上の大角度に α 粒子が跳ね返ってくることを発見した．後にラザフォードは，この出来事を「大砲の弾をティッシュペーパーが跳ね返した」と喩え，生涯最大の驚きであったと語っている．ラザフォードは，この実験結果を分析することにより，原子の中心には正に帯電した極めて小さな塊が存在すると結論した．これが原子核である．

ラザフォードの実験は，原子の構造を初めて解明しただけでなく，量子力学の端緒を開いた仕事の 1 つとして極めて重要である．さらにいえば，目に見えない世界を探究する方法，すなわち粒子線を入射させ，散乱現象を観測するという方法を確立した仕事であるともいえよう．この章では，ラザフォードの実験結果を分析し，α 粒子を跳ね返した塊の大きさを求めることにする．その際，ラザフォードにならい，点電荷間にはたらくクーロン力による古典力学的な散乱問題を考えることにしよう．

§ 2.2 分析の準備（単位系）

分析に先立ち，本書で標準的に用いる単位系を整理しておくことにする．まず，長さは fm ($= 10^{-15}$ m: フェムトメートル) の単位で測る．fm はフェルミとよばれることも多いが，これは国際単位系でのよび方（フェムトメートル）

が定まる前に提案・使用されていたよび方である[1]．時間は s（秒）で，エネルギーは MeV（= 10^6 eV: メガ電子ボルト[2]）で測る．少し特殊なのが質量 m の測り方で，本書では mc^2 を MeV の単位で測ることにする．ここで c は真空中における光速度である．このとき，m の単位は MeV/c^2 と表される．同様にして，運動量 P の単位は MeV/c とする．これは cP を MeV の単位で測るということである．電気素量（素電荷）e については，CGS ガウス単位系を採用した上で，長さや質量の単位を上記の取り方に直す（具体的には，このすぐ後ろに出てくる数字を用いればよい）．

このような単位系を用いる際，覚えておいた方がよい数字は，1 原子質量単位（炭素 12 原子の質量の 1/12）に相当する質量 $m_0 \sim 930$ MeV/c^2 と，$\hbar c \sim 197$ MeV・fm および $e^2 = \hbar c \alpha \sim 1.44$ MeV・fm である．ただし $\hbar$ はプランク定数 h を 2π で割ったものであり，$\alpha \sim 1/137$ は微細構造定数[3]である．原子の質量は，m_0 に原子量を掛けることで得られる（実際にはこれが原子量の定義である）．原子量の一覧表は，たとえば米国のブルックヘブン国立研究所 (Brookhaven National Laboratory: BNL) 管轄の国立核データセンター (National Nuclear Data Center: NNDC) のウェブサイトで参照することができる．ただし，原子核の質量を正確に求めたい場合は，原子の質量から電子の質量を差し引かなければならない[4]．また，原子量は一般に整数値からずれる．これは，原子核の束縛エネルギーのためである．ただし本書では，基本的に原子量は整数値で評価する．当然，高い精度が要求される計算では，非整数の原子量を用いるべきであるし，m_0 や $\hbar c$ も可能な限り正確な値を取るべきである[5]．また，自身の数値計算の結果を他者のそれと比較する場合にも，原子核の質量や基礎物理定数の値を両者で合わせておく必要がある．他方，さらに大雑把な

---

[1] 1 フェルミ = 1 フェムトメートル．フェルミの単位記号は F または fm であり，後者はフェムトメートルの単位記号と同じであるから，fm をフェルミと読んでもフェムトメートルと読んでも，どちらも間違いではない．ただし，国際単位系で採用されているのはフェムトメートルである．なお，1 fm と同じ長さを表す単位として，湯川秀樹にちなんだ 1 ユカワ（1 Y）も提案されていた．

[2] 1 eV の定義は，1 V の電位差で加速されたときに電子が獲得する運動エネルギーの大きさである．

[3] 電磁相互作用の強さを表す定数．結合定数の 1 つ．

[4] さらに原子核-電子間・あるいは電子-電子間の相互作用の影響もありうるが，ほとんどの場合，原子核の問題ではこれらは無視してよい．

[5] 科学技術データ委員会 (Committee on Data for Science and Technology: CODATA) が 4 年ごとに発表している基礎物理定数の推奨値が利用できる．

見積もり（だけ）をする際には，$m_0 \sim 1000 \text{ MeV}/c^2$, $\hbar c \sim 200 \text{ MeV} \cdot \text{fm}$, $e^2 \sim 1.5 \text{ MeV} \cdot \text{fm}$ としてよい．これらの値はよく暗算に利用される．

§2.3 クーロン散乱（ラザフォード散乱）

前章で見たように，衝突径数 b と散乱角度 θ の関係式が得られれば，断面積の計算が可能である．いまの場合，α 粒子と金原子の中心にある塊を，それぞれ $Z_\alpha e$, $Z_{\text{Au}} e$ の点電荷（Z_X は X の原子番号．$Z_\alpha = 2$ および $Z_{\text{Au}} = 79$）とみなし，両者の間にはたらくクーロン力 $\boldsymbol{F}_\text{C}$ による散乱問題を考える．このような散乱をラザフォード散乱とよぶ．簡単のため，金原子の中心にある塊は α 粒子と比べて無限に重く，座標原点に静止しているものとすると，$\boldsymbol{F}_\text{C}$ は

$$\boldsymbol{F}_\text{C}(\boldsymbol{R}) = \frac{Z_\alpha Z_{\text{Au}} e^2}{R^2} \frac{\boldsymbol{R}}{R} \tag{2.1}$$

と表される．ここで $\boldsymbol{R}$ は α 粒子の（金原子の中心から測った）位置ベクトルである．このときの α 粒子の古典軌道を求める方法は多くの力学の教科書に記載されているので，詳しい解説はそれらに譲ることにして，ここではできるだけ簡単に b と θ の関係式を導いてみよう．その際，α 粒子が図 2.1 のような双曲線軌道を描いて運動するということを話の前提とする．α 粒子の質量を m_α, 入射する速さを v_α とする．図 2.1 のように ζ 軸を設定し，α 粒子の運動量ベクトル $\boldsymbol{P}$ を ζ 成分とこれに垂直な成分に分け，散乱の前後（粒子が双曲線の漸近線上を運動するとみなせる時刻）で各成分どうしを比較すると，$\boldsymbol{P}$ の ζ 成分

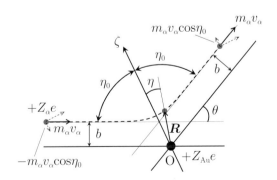

図 2.1 クーロン散乱の古典軌道．

のみが変化していることがわかる[6]．これが $\boldsymbol{F}_\mathrm{C}$ の力積の ζ 成分と等しいという条件から，

$$2m_\alpha v_\alpha \cos\eta_0 = \int_{-\infty}^{\infty} \frac{Z_\alpha Z_\mathrm{Au} e^2}{R^2} \cos\eta \, dt \qquad (2.2)$$

が得られる．ここで散乱前（後）の時刻を $t = -\infty \, (\infty)$ と定義した．η は，ζ 軸を基準として時計まわりを正とする角度である（図 2.1 参照）．一方，$\boldsymbol{F}_\mathrm{C}$ は中心力であるから，α 粒子の角運動量

$$\boldsymbol{L} \equiv \boldsymbol{R} \times m_\alpha \frac{d\boldsymbol{R}}{dt} \qquad (2.3)$$

は保存する．η を用いれば，$\boldsymbol{L}$ は

$$\boldsymbol{L} = m_\alpha R^2 \left(\frac{d\eta}{dt}\right) \boldsymbol{e}_\otimes \qquad (2.4)$$

と書ける．ここで $\boldsymbol{e}_\otimes$ は紙面に垂直で手前から奥へと向かう単位ベクトルである．$t = -\infty$ において

$$\boldsymbol{L} = m_\alpha v_\alpha b \, \boldsymbol{e}_\otimes \qquad (2.5)$$

であるから，角運動量保存則の帰結として

$$m_\alpha v_\alpha b = m_\alpha R^2 \left(\frac{d\eta}{dt}\right) \rightarrow \frac{dt}{R^2} = \frac{d\eta}{bv_\alpha} \qquad (2.6)$$

が得られる．これを式 (2.2) に代入すると，η の変化の範囲が $-\eta_0 \leq \eta \leq \eta_0$ であることに注意して，

$$2m_\alpha v_\alpha \cos\eta_0 = \frac{Z_\alpha Z_\mathrm{Au} e^2}{bv_\alpha} \int_{-\eta_0}^{\eta_0} \cos\eta \, d\eta = \frac{2Z_\alpha Z_\mathrm{Au} e^2}{bv_\alpha} \sin\eta_0. \qquad (2.7)$$

これからただちに

$$b = \frac{Z_\alpha Z_\mathrm{Au} e^2}{mv_\alpha^2} \tan\eta_0 = \frac{Z_\alpha Z_\mathrm{Au} e^2}{mv_\alpha^2} \tan\left(\frac{\pi}{2} - \frac{\theta}{2}\right) = \frac{Z_\alpha Z_\mathrm{Au} e^2}{2\left(mv_\alpha^2/2\right)} \cot\frac{\theta}{2} \qquad (2.8)$$

---

[6] 散乱の途中では，$\boldsymbol{P}$ の ζ に垂直な成分も変化を受けている．しかし反応前後の漸近時刻で運動量の比較を行うことにより，結局のところ，この散乱では $\boldsymbol{P}$ の ζ 成分のみが変化したと考えてよいことがわかる．

が得られる．ただし
$$2\eta_0 + \theta = \pi \tag{2.9}$$
を用いた．α 粒子の運動エネルギーを $E_\alpha = mv_\alpha^2/2$ とすれば，結局
$$b = \frac{Z_\alpha Z_{\mathrm{Au}} e^2}{2E_\alpha} \cot\frac{\theta}{2} \tag{2.10}$$
となる．これが b と θ の関係式である．

§ 2.4 原子核の "発見"

では，式 (2.10) から反射断面積 σ_{ref} を求めよう．$\theta = \pi/2$ となる b は
$$b = \frac{Z_\alpha Z_{\mathrm{Au}} e^2}{2E_\alpha} \cot\frac{\pi}{4} = \frac{Z_\alpha Z_{\mathrm{Au}} e^2}{2E_\alpha} \equiv b_{\mathrm{ref}} \tag{2.11}$$
である．前章の計算とまったく同様にして，反射断面積は
$$\sigma_{\mathrm{ref}} = \pi b_{\mathrm{ref}}^2 = \pi \left(\frac{Z_\alpha Z_{\mathrm{Au}} e^2}{2E_\alpha}\right)^2 \tag{2.12}$$
と求まる．ラザフォードの実験条件は
$$E_\alpha = \frac{1}{2}m_\alpha v_\alpha^2 = \frac{1}{2}m_\alpha c^2 \left(\frac{v_\alpha}{c}\right)^2 \sim \frac{930 \times 4}{2} \times \left(\frac{1.6 \times 10^7}{3.0 \times 10^8}\right)^2 \sim 5.3 \,[\mathrm{MeV}], \tag{2.13}$$
$$Z_\alpha Z_{\mathrm{Au}} e^2 \sim 2 \times 79 \times 1.44 \sim 2.3 \times 10^2 \,[\mathrm{MeV \cdot fm}] \tag{2.14}$$
であるから，
$$b_{\mathrm{ref}} \sim 2.2 \times 10 \,[\mathrm{fm}], \tag{2.15}$$
$$\sigma_{\mathrm{ref}} \sim 1.5 \times 10^3 \,[\mathrm{fm}^2] \tag{2.16}$$
となる．これが α 粒子を 90° 以上に反射させる塊の大きさ（断面積）である．

> 我々は，金原子の中にある塊を大きさをもたない点電荷とみなしている．したがって，ここでいう "大きさ" は，物理的実体の大きさとは異なる．いまの場合，観測している対象は，点電荷がつくるクーロン場であると考えるべき

である．そのクーロン場を入射方向から見たとき，α 粒子を反射させる能力をもった領域の大きさはどの程度かというのが実際の問題設定である．ここでは簡単のため，この領域のことを単に塊とよんでいる．

式 (2.16) は，点電荷間にはたらくクーロン力による散乱問題を古典力学を用いて解くことによって得られた結果である．では次に，その答えがラザフォードの実験結果と整合するかどうかを調べてみよう．ここで注意すべきは，実験結果が断面積ではなく，反射確率であるという点である．そこで第 1 章の式 (1.5) を用いることにする：

$$\frac{N_{\text{ref}}}{N_{\text{in}}} = \frac{\sigma_{\text{ref}} \rho d N_{\text{av}}}{A_{\text{Au}}}. \tag{2.17}$$

ここで金の原子量を 197，体積密度を

$$\rho = 19.32 \, [\text{g/cm}^3] = 1.932 \times 10^{-38} \, [\text{g/fm}^3] \tag{2.18}$$

とし，実験で使用された薄膜の厚さ $0.40\ \mu\text{m}\ (= 4.0 \times 10^8\ \text{fm})$ とアボガドロ定数，および式 (2.16) の結果を代入すると，

$$\frac{N_{\text{ref}}}{N_{\text{in}}} = \frac{1.5 \times 10^3 \times 1.932 \times 10^{-38} \times 4.0 \times 10^8 \times 6.02 \times 10^{23}}{197} \sim 3.5 \times 10^{-5} \tag{2.19}$$

となる．この値は，ラザフォードの実験で見出された約 20000 回に 1 回という結果，すなわち $N_{\text{ref}}/N_{\text{in}} = 5 \times 10^{-5}$ と大体良く一致している．こうして，式 (2.16) の結果は，金の原子の内部構造を正しく表現しているという理解が確立する．原子の半径 a_{atom} はおよそ $1\,\text{Å}\ (= 10^{-10}\ \text{m}$: オングストローム) であるから，その古典的断面積は概算で

$$\sigma_{\text{atom}} \equiv \pi a_{\text{atom}}^2 = \pi \left(10^5\right)^2 \sim 3.1 \times 10^{10} \, [\text{fm}^2] \tag{2.20}$$

となる．式 (2.16) の σ_{ref} がいかに σ_{atom} よりも小さいかがわかるであろう．大雑把にいえば，原子と塊の面積比は，野球場のグラウンドと一円玉のそれと同程度である．ラザフォードの実験結果は，原子内部の極めて小さい領域に正の電荷が集中していることを示しているのである．

ラザフォードの実験がなされた当時，原子の有力な模型の 1 つと考えられて

いたのが，トムソン (Joseph J. Thomson) によって提唱された，いわゆるレーズンパン模型（正の帯電体が原子全体に広がり，そこに電子がレーズンのように埋まっている模型）である[7]．しかしこの模型では，ラザフォードの実験の結果を説明することができない．なぜなら，α 粒子が運動の方向を大きく変えるためには，それに見合った大きさのクーロン力が必要であるが，原子の大きさに広がった正電荷では，そのような大きなクーロン力を α 粒子に及ぼすことができないからである．このことは，古典電磁気学で学習したガウスの法則を思い出せば，ただちに理解できるであろう．こうして，ラザフォードの実験によってレーズンパン模型は否定され，物理学者たちは，原子構造についてのまったく新しい描像を獲得したのである．原子の中心の極めて小さな領域に存在する，正に帯電し，原子質量のほぼ全てを担う塊は，**原子核** (nucleus[8]) と名づけられた．

> もちろんラザフォードがこの結論に至るまでには，数多くの仮説が検討されたはずである．たとえば電子が及ぼす影響の有無や，弱いクーロン力による小角度散乱の積み重ねとして大角度散乱が実現する可能性などである．それらの経緯を振り返るのは大変興味深いことであるが，それは本書の目的ではないので，適当な文献（たとえば [1] や [2]）に譲ることにしよう．

§ 2.5　ラザフォードの公式

前節では反射断面積に基づいて議論を行ったが，ここでは微分断面積（角分布）について考察してみよう．式 (2.10) から角分布を計算する方法は，第 1 章で見たとおりである．すなわち

$$d\sigma = b\,|db|\,d\phi \tag{2.21}$$

を求めればよい．式 (2.10) から

$$db = -\frac{Z_\alpha Z_{\text{Au}} e^2}{2E_\alpha}\frac{1}{2}\frac{1}{\sin^2(\theta/2)}d\theta. \tag{2.22}$$

よって

---

[7] 実際には電子は常に静止しているとみなされていたわけではないが，電子の分布はここでの議論に影響しないため，この点には立ち入らない．
[8] "nucle" の語源は，nux（種子）＋ ule（小さい）である．

$$b\,|db|\,d\phi = \frac{Z_\alpha Z_{\text{Au}}e^2}{2E_\alpha}\frac{\cos(\theta/2)}{\sin(\theta/2)}\frac{Z_\alpha Z_{\text{Au}}e^2}{4E_\alpha}\frac{1}{\sin^2(\theta/2)}d\theta d\phi$$

$$= \frac{1}{16}\left(\frac{Z_\alpha Z_{\text{Au}}e^2}{E_\alpha}\right)^2\frac{2\sin(\theta/2)\cos(\theta/2)}{\sin^4(\theta/2)}d\theta d\phi$$

$$= \frac{1}{16}\left(\frac{Z_\alpha Z_{\text{Au}}e^2}{E_\alpha}\right)^2\frac{1}{\sin^4(\theta/2)}\sin\theta d\theta d\phi \qquad (2.23)$$

となり，これから

$$\frac{d\sigma}{d\Omega} = \frac{1}{16}\left(\frac{Z_\alpha Z_{\text{Au}}e^2}{E_\alpha}\right)^2\frac{1}{\sin^4(\theta/2)} \qquad (2.24)$$

を得る．これが**ラザフォードの公式**とよばれる，クーロン散乱（ラザフォード散乱）の角分布を与える有名な式である．

式 (2.24) を見ると，ラザフォード散乱の角分布の形は $\sin^{-4}(\theta/2)$ となり，エネルギーや標的原子核の電荷などによらないことがわかる．そのような反応系の情報は，断面積の絶対値にのみ影響する．逆にいえば，角分布の絶対値を正確に測定することにより，反応系の情報が引き出せる（実際ラザフォードはそのようにして Z_{Au} の値の推定を行っている）．式 (2.24) から明らかなように，ラザフォード散乱の断面積は $0°$ で発散する．これは，α 粒子を $0°$ に散乱させる領域の大きさが無限大であるということである．そうなる理由は，クーロン力（クーロン相互作用）の作用距離（レンジ）が無限に大きいからである．

湯川模型では，一般に相互作用は

$$V(R) = \bar{V}_0\frac{\exp^{-R/R_0}}{R} \qquad (2.25)$$

と表される．この R_0 が相互作用のレンジであり，相互作用を生み出す交換粒子（例: π 中間子）の質量 m_0 と

$$m_0 c^2 \frac{R_0}{c} \sim \hbar \qquad (2.26)$$

で結びついている．すなわち，R_0 は交換粒子の換算コンプトン波長

$$R_0 = \frac{\hbar}{m_0 c} \qquad (2.27)$$

である．湯川はこの考え方に基づき，核力を生み出す中間子（π 中間子）の質量を予言した．式 (2.25) で $R_0 \to \infty$ の極限を取ると，クーロン相互作用の関数形が得られる．すなわちクーロン相互作用のレンジは無限大である．これは，クーロン相互作用を生み出す（伝達する）光子の質量が 0 であることに対応している．

クーロン相互作用のレンジは無限大であるが，現実の散乱問題を考えると，標的体は電気的に中性であるから，原子半径よりも大きい衝突径数に関しては，相互作用ははたらかないと考えるのが自然である．したがって式 (2.24) は，$0°$ のごく近傍では現実の散乱問題を記述していないと解釈することができる．物理量の式が発散を含むのは不自然であるが，次節ではこの理解の下，式 (2.24) を用いて実験データの解析を行うことにしよう[9]．

§ 2.6　角分布を用いた分析

1913 年のガイガーとマースデンの論文 [3] では，α 粒子の散乱実験データは，$150°$ という大角度まで，式 (2.24) で説明できることが示されている．そのことがデータとして明示されているのは，金と銀の標的を用いた場合である．ここでは銀（原子番号 47）標的の場合を考えよう．

まず，衝突径数 b で入射した α 粒子が標的原子核に最も接近するときの距離 D_0（最近接距離: distance of closest approach）を求めておく．このとき，α 粒子の速度の動径成分は 0 であるから，$R = D_0$ におけるエネルギー保存則は

$$E_\alpha = \frac{1}{2} m_\alpha D_0^2 \left(\frac{d\eta}{dt} \right)^2 + \frac{Z_\alpha Z_\mathrm{T} e^2}{D_0} \tag{2.28}$$

と表される．ただし Z_T は標的原子の原子番号である．式 (2.6) を代入して整理すると

$$D_0^2 - \frac{Z_\alpha Z_\mathrm{T} e^2}{E_\alpha} D_0 - b^2 = 0 \tag{2.29}$$

を得る．これを解いて

$$D_0 = \frac{Z_\alpha Z_\mathrm{T} e^2}{2 E_\alpha} + \sqrt{\left(\frac{Z_\alpha Z_\mathrm{T} e^2}{2 E_\alpha} \right)^2 + b^2}. \tag{2.30}$$

---

[9] この発散の問題がなくても，散乱角 $0°$ では色々と難しいことが起きる．詳しくは付録 A を参照．

式 (2.10) を用いて θ で表せば

$$D_0 = \frac{Z_\alpha Z_\mathrm{T} e^2}{2E_\alpha} + \sqrt{\left(\frac{Z_\alpha Z_\mathrm{T} e^2}{2E_\alpha}\right)^2 + \left(\frac{Z_\alpha Z_\mathrm{T} e^2}{2E_\alpha} \cot \frac{\theta}{2}\right)^2}$$

$$= \frac{Z_\alpha Z_\mathrm{T} e^2}{2E_\alpha}\left(1 + \sqrt{1 + \cot^2 \frac{\theta}{2}}\right) = \frac{Z_\alpha Z_\mathrm{T} e^2}{2E_\alpha}\left(1 + \frac{1}{\sin \theta/2}\right) \quad (2.31)$$

となる.

式 (2.31) に, $E_\alpha \sim 5.3$ MeV, $Z_\alpha = 2$, $Z_\mathrm{T} = 47$, $\theta = 150° = 5\pi/6$ を代入すると,

$$D_0 \sim 12.8 \left(1 + \frac{1}{0.97}\right) \sim 26 \ [\mathrm{fm}] \quad (2.32)$$

となる. これが, 150°に散乱した α 粒子が最も銀の原子核に近づいたときの距離である. 一方, 2.3 節で述べたように, ラザフォードのモデルでは, 銀の原子核は大きさをもたない点電荷として扱われている. したがって, ラザフォードの公式と実験値が一致するということは, 銀原子の中心から 26 fm 以上離れた世界では, 銀の原子核は点電荷とみなしてよいということを意味している. 別のいい方をすれば, 原子核の大きさは, 半径 26 fm 以下であることしかわからないのである. その意味では, 後方角度まで式 (2.24) が実験値を説明することは残念なことであるといえるだろう.

ラザフォードも当然このことは意識していた. 原子核の構造を調べるためには, より小さな D_0 を実現する必要がある. 式 (2.31) からわかるように, その 1 つの方法は, E_α を大きくすることである. しかし, 自然放射線を入射粒子として使用していた当時, これは容易ではなかった. ラザフォードの言葉が残っている. 「(エネルギーを上げる) 装置を買うお金はない. だから頭を使うのだ」と. 式 (2.31) は, E_α が一定でも Z_T が小さければ D_0 は小さい値を取ることを示している. そこでラザフォードらは, 原子番号の小さい標的核 (アルミニウムなど) を用意して, 後方角度で実験データと式 (2.24) の不一致を実際に確認したのである. この不一致は, ある長さよりも小さい世界では, 原子核をもはや点電荷とはみなせないということを意味している. つまり, <u>構造をもった何かが見えた</u>ということである. それこそが原子核の発見であるという見方も可能であろう.

ここでは「頭を使わず」に, E_α を上げた場合の実験データを分析すること

§2.6 角分布を用いた分析

にしよう．図 2.2 は，25 MeV 程度の α 粒子をタングステン 186 (^{186}W)，白金 195 (^{195}Pt)，鉛 208 (^{208}Pb) の 3 種類の原子核に入射して観測された角分布のデータと式 (2.24) との比較を示したものである．元素名に付随する数字は質量数（原子核を構成する陽子と中性子の数の合計値[10]）を表す．元素記号を用いる際には，質量数はその左肩に付される．図 2.2 から，確かに後方角度で計算値が実験値を過大評価していることがわかる．実験値との差が見え始める角度を求め，式 (2.31) を用いて最近接距離を算出すると，

$$\alpha + {}^{186}\mathrm{W} \text{ at } 24.0 \text{ MeV}: \quad d \sim \frac{2 \times 74 \times 1.44}{2 \times 24.0}\left(1 + \frac{1}{0.59}\right) \sim 12 \text{ [fm]} \tag{2.33}$$

$$\alpha + {}^{195}\mathrm{Pt} \text{ at } 27.7 \text{ MeV}: \quad d \sim \frac{2 \times 78 \times 1.44}{2 \times 27.7}\left(1 + \frac{1}{0.48}\right) \sim 13 \text{ [fm]} \tag{2.34}$$

$$\alpha + {}^{208}\mathrm{Pb} \text{ at } 23.6 \text{ MeV}: \quad d \sim \frac{2 \times 82 \times 1.44}{2 \times 23.6}\left(1 + \frac{1}{0.66}\right) \sim 13 \text{ [fm]} \tag{2.35}$$

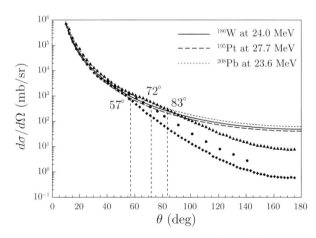

図 2.2 α 粒子の散乱断面積と式 (2.24) との比較．横軸は散乱角．^{186}W に対する実験データは文献 [4] より．^{195}Pt と ^{208}Pb に対するデータは文献 [5] より取った．

---

[10] 2.2 節で述べたように，本書では原子量は整数化したものを用いる．この条件下では質量数と原子量の値は一致する．

となる．これは，12〜13 fm以下の世界で，点電荷による散乱（点電荷がつくるクーロン場）とは異なるものが見えているということを表している．実験値が計算値よりも小さいということは，この領域でクーロン力（相互作用）が弱まっているということである．これは，電荷が有限の広がりをもって分布していると考えれば定性的に説明できる．あるいは，クーロン相互作用とは異なる引力的な相互作用が存在すると考えてもよいだろう．いずれにしろ，式 (2.24) では表せない新しい物理が見えている．第4章では，電荷をもたない中性子を用いた散乱問題を考え，原子核の構造に関する基本的な性質を引き出すことにする．

§2.7 まとめ

この章では，ラザフォード（ガイガーとマースデン）によって測定された，金の薄膜によるα粒子の大角度（後方）散乱を，点電荷間にはたらくクーロン力による古典力学的散乱問題として記述した．導き出された角分布の公式（ラザフォードの公式）は，ラザフォードの実験結果を見事に説明する．これは，原子に含まれる正の電荷が，原子の中心のごく近傍（原子半径の約 1/10000 の領域）に集中して存在することを表している．原子番号が小さい標的を用いるかα粒子の入射エネルギーを上げると，後方角度でラザフォードの公式は実験値を過大評価する．これは原子中心から 12〜13 fm よりも内側の領域に，点電荷がつくるクーロン場とは異なる何かが存在することを明確に表している．このようにして，人類は原子の中にある原子核を発見したのである．

第 3 章 弾性散乱の量子力学的記述

弾性散乱を反応系の状態の遷移と捉え，これを量子力学によって記述する方法を学ぶ．

§ 3.1 量子力学的に捉えたラザフォード散乱

これまで我々は，古典力学に基づいて断面積を定式化し，いくつかの例で具体的に断面積を計算して，その解釈を行ってきた．本章では，量子力学を用いて断面積を定式化することにしよう．その際に出発とする式は，第 1 章の式 (1.6) すなわち

$$\sigma = \frac{n_{\text{reac}}}{\bar{n}_0} \tag{3.1}$$

である．第 1 章では入射粒子の反射を反応イベントとして定義していたが，ここでは一般の反応を考え，イベント数を n_{reac} と表記した．なお，測定対象はただ 1 つ存在すると想定している．以後，特に断らない限り，この想定は常に行うものとする．式 (3.1) は，着目している反応が起きた数を，単位面積あたりの入射粒子数で割ったものである[1]．このとき，反応系に存在する粒子の数を 1 に規格化しておけば，n_{reac} は着目している反応が起きる確率となる．そしてこの規格化条件に合わせて $\bar{n}_0$ を計算し，その値で反応確率を割れば，その反応の断面積を求めることができる．これが，量子力学的に断面積を計算する方法の骨子である．ただし時間についての考察はここでは省略している．

量子力学で断面積を計算する際のポイントは，いかにして反応確率 n_{reac} を求めるかである．以下，前章で扱ったラザフォード散乱を例にとって，n_{reac} の計算法を見ていくことにしよう．なお本書では，散乱問題の記述には終始座標表示を用いることとする．すなわち，波動関数（状態ベクトルの座標表示）を用いて量子状態を記述する方針をとる．また，以下では状態ベクトルと波動関数を区別しない．

---

[1] 第 1 章では，これを「単位面積あたり 1 個の粒子が入射したとき，着目している反応イベントが起きる数」と表現した．もちろんこれら 2 つの意味は同じである．

まずラザフォード散乱を，量子状態の変化として捉え直しておこう．ラザフォード散乱とは，あるエネルギーで入射してきた粒子が，クーロン力（相互作用）を受け，その運動の方向だけを変える現象である[2]．このとき，入射粒子と標的粒子の間にエネルギーや粒子のやり取りはない．そのような過程を弾性散乱 (elastic scattering) とよぶ[3]．量子力学的に見れば，弾性散乱とは，入射粒子を記述する波動関数が，ある固有運動量ベクトル $\boldsymbol{P}$ に対応する状態から，$\boldsymbol{P}$ と方向だけが異なる固有運動量ベクトル $\boldsymbol{P}'$ をもつ状態に変化（遷移）する過程であるといえる．以下，特に誤解のおそれがない場合を除き，3次元の運動量ベクトルを単に運動量と表記する．

よく知られているように，運動量演算子 $\hat{\boldsymbol{P}} = -i\hbar\boldsymbol{\nabla}_{\boldsymbol{R}}$ の固有状態は平面波である：

$$-i\hbar\boldsymbol{\nabla}_{\boldsymbol{R}} e^{i\boldsymbol{K}\cdot\boldsymbol{R}} = \hbar\boldsymbol{K} e^{i\boldsymbol{K}\cdot\boldsymbol{R}}. \tag{3.2}$$

ただしここで $\boldsymbol{K}$ は波数（ベクトル）であり，固有運動量 $\boldsymbol{P}$ と

$$\hbar\boldsymbol{K} = \boldsymbol{P} \tag{3.3}$$

の関係で結ばれている．このことから，弾性散乱とは，入射平面波 $\exp(i\boldsymbol{K}_\alpha \cdot \boldsymbol{R})$ で表される量子状態が，ポテンシャルの影響を受けて放出平面波 $\exp(i\boldsymbol{K}_\beta \cdot \boldsymbol{R})$ という状態に遷移する過程であることがわかる（図 3.1）．上で述べたように，

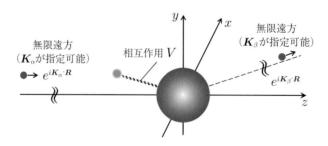

図 3.1 量子力学的に捉えた弾性散乱．

---

[2] 運動の方向が変わらない場合，入射粒子は $0°$ に放出される．第2章で見たように，このとき微分断面積は発散し，現実の散乱状況を記述していない．したがって，以下では $0°$ に放出される反応は議論の対象外とする．

[3] 弾性とは，物体に力を加えると形や体積に変化が生じ，この力を取り除くとまた元に戻る性質を指す（elastic の語源は「戻る」である）．弾性散乱が何から「戻って」いるのかは，第7章で明らかになる．

本章の目的は，この量子力学的遷移の確率を求めることである．その際，反応領域に存在する粒子数を 1 に規格化しておく必要がある．これは確率の規格化と同義である．3.2, 3.3 節では，この規格化について考察する．

§3.2 平面波の規格化

平面波は無限に広がった波であるから，束縛状態と同じように規格化することはできない．そこで，一辺の長さが L の巨視的な立方体 $\mathfrak{W}$ を導入し，その中で規格化された平面波

$$\phi_{\boldsymbol{K}}^{(\mathfrak{W})}(\boldsymbol{R}) = Ce^{i\boldsymbol{K}\cdot\boldsymbol{R}} = Ce^{iK_x x}e^{iK_y y}e^{iK_z z} \tag{3.4}$$

を考えることにする．ここで C は規格化係数である．また $\phi_{\boldsymbol{K}}^{(\mathfrak{W})}$ に対して，空間 $\mathfrak{W}$ の端における周期的境界条件

$$\phi_{\boldsymbol{K}}^{(\mathfrak{W})}(-L/2, y, z) = \phi_{\boldsymbol{K}}^{(\mathfrak{W})}(L/2, y, z), \tag{3.5}$$

$$\phi_{\boldsymbol{K}}^{(\mathfrak{W})}(x, -L/2, z) = \phi_{\boldsymbol{K}}^{(\mathfrak{W})}(x, L/2, z), \tag{3.6}$$

$$\phi_{\boldsymbol{K}}^{(\mathfrak{W})}(x, y, -L/2) = \phi_{\boldsymbol{K}}^{(\mathfrak{W})}(x, y, L/2) \tag{3.7}$$

を課す[4]．式 (3.4), (3.5) より

$$Ce^{-iK_x L/2}e^{iK_y y}e^{iK_z z} = Ce^{iK_x L/2}e^{iK_y y}e^{iK_z z} \to e^{iK_x L} = 1. \tag{3.8}$$

これからただちに

$$k_x = \frac{2n_x \pi}{L} \tag{3.9}$$

を得る．ただし n_x は任意の整数である．まったく同様にして

$$k_y = \frac{2n_y \pi}{L}, \quad k_z = \frac{2n_z \pi}{L} \tag{3.10}$$

が得られる．(n_x, n_y, n_z) の組を 1 つのラベル n で表すことにすれば，平面波は

---

[4] もしも空間の端で 0 に減衰する条件を課すと，運動量の固有状態をつくることができない．別のいい方をすれば，この周期的境界条件は，運動量演算子が空間 $\mathfrak{W}$ の中でエルミート（正確には自己随伴）であることを保証している．

$$\phi_n^{(\mathfrak{W})} = Ce^{i\boldsymbol{K}_n \cdot \boldsymbol{R}} \tag{3.11}$$

と書ける．規格化係数は

$$\int_{\mathfrak{W}} \phi_n^{(\mathfrak{W})*} \phi_n^{(\mathfrak{W})} d\boldsymbol{R} = |C|^2 \int_{\mathfrak{W}} d\boldsymbol{R} = |C|^2 L^3 = 1 \tag{3.12}$$

より（位相を最も簡単に選んで），

$$C = \frac{1}{L^{3/2}} \tag{3.13}$$

と定まる．直交性

$$\int_{\mathfrak{W}} \phi_{n'}^{(\mathfrak{W})*} \phi_n^{(\mathfrak{W})} d\boldsymbol{R} = 0, \quad (n' \neq n \text{ のとき}) \tag{3.14}$$

の証明は容易であろう．

以上より，巨視的な空間 $\mathfrak{W}$ で定義され，その端点で周期的境界条件を満たす平面波は

$$\phi_n^{(\mathfrak{W})} = \frac{1}{L^{3/2}} e^{i\boldsymbol{K}_n \cdot \boldsymbol{R}} \tag{3.15}$$

となることがわかる．この平面波は規格直交条件

$$\int_{\mathfrak{W}} \phi_{n'}^{(\mathfrak{W})*} \phi_n^{(\mathfrak{W})} d\boldsymbol{R} = \frac{1}{L^3} \int_{\mathfrak{W}} e^{-i\boldsymbol{K}_{n'} \cdot \boldsymbol{R}} e^{i\boldsymbol{K}_n \cdot \boldsymbol{R}} d\boldsymbol{R}$$

$$= \delta_{n'n} \left(= \delta_{n'_x n_x} \delta_{n'_y n_y} \delta_{n'_z n_z} \right) \tag{3.16}$$

を満足する．また，この平面波と同様に空間 $\mathfrak{W}$ の中で定義される任意の関数は，関数系 $\{\phi_n^{(\mathfrak{W})}\}$ によって展開する（＝フーリエ級数として表す）ことが可能である．

ここで注意を与えておく．まず，式 (3.15) は我々が勝手に導入した空間 $\mathfrak{W}$ の体積に依存している．仮にこの依存性が最後まで残ると，物理量の計算に任意性が生じてしまう．また，空間の大きさを無限に大きくすれば，本来の無限に広がった平面波を取り扱う場合に帰着するが，式 (3.15) でこの極限を取ると，平面波は 0 となってしまう．これらの "問題" がどのように回避されるかは，3.9 節で明らかになる．

§3.3 散乱波の展開と確率の規格化

我々が解くべきシュレディンガー方程式は

$$i\hbar\frac{\partial}{\partial t}\Psi(\boldsymbol{R},t) = \left[-\frac{\hbar^2}{2m}\boldsymbol{\nabla}_{\boldsymbol{R}}^2 + V(R)\right]\Psi(\boldsymbol{R},t) \tag{3.17}$$

である．ただし m は入射粒子の質量であり，Ψ はポテンシャル V の下での散乱波動関数である．Ψ を $\{\phi_n^{(\mathfrak{W})}\}$ によって展開すると

$$\Psi(\boldsymbol{R},t) = \frac{1}{L^{3/2}}\sum_n C_n(t) e^{-iE_n t/\hbar} e^{i\boldsymbol{K}_n\cdot\boldsymbol{R}} \tag{3.18}$$

となる．ここで $\exp(-iE_n t/\hbar)$ は，ポテンシャルが存在しない場合の，散乱波の時間依存性を表している．展開係数全体からこの因子を括り出し，残りの C_n を未知の関数として取り扱うというのが式 (3.18) の意図である．なお E_n と K_n は

$$E_n = \frac{\hbar^2 K_n^2}{2m} \tag{3.19}$$

の関係にある．

平面波と同様，Ψ も空間 $\mathfrak{W}$ で規格化されているとすると，

$$\int_{\mathfrak{W}} \Psi^*(\boldsymbol{R},t)\Psi(\boldsymbol{R},t)\, d\boldsymbol{R} = \sum_{n'n} C_{n'}^*(t) e^{iE_{n'}t/\hbar} C_n(t) e^{-iE_n t/\hbar}$$

$$\times \frac{1}{L^3}\int_{\mathfrak{W}} e^{-i\boldsymbol{K}_{n'}\cdot\boldsymbol{R}} e^{i\boldsymbol{K}_n\cdot\boldsymbol{R}} d\boldsymbol{R}$$

$$= 1 \tag{3.20}$$

となる．式 (3.16) を代入すると $n'=n$ の項のみが残り，

$$\sum_n |C_n(t)|^2 = 1 \tag{3.21}$$

が得られる．$|C_n(t)|^2$ は散乱波が平面波状態 $\phi_n^{(\mathfrak{W})}$ を取る確率であるから，式 (3.21) は確率の規格化を表す式に他ならない．3.1 節の終わりで述べたように，量子力学的に断面積を定式化する際，確率の規格化は重要な前提となる．次節以降，この条件の下で反応確率を求めることにする．

§ 3.4 展開係数の計算

式 (3.18) を式 (3.17) に代入すると，

$$
\begin{aligned}
(\text{左辺}) &= i\hbar \frac{\partial}{\partial t} \frac{1}{L^{3/2}} \sum_n C_n(t) e^{-iE_n t/\hbar} e^{i\bm{K}_n \cdot \bm{R}} \\
&= i\hbar \frac{1}{L^{3/2}} \sum_n \left[\left(\frac{dC_n(t)}{dt} \right) - C_n(t) \frac{iE_n}{\hbar} \right] e^{-iE_n t/\hbar} e^{i\bm{K}_n \cdot \bm{R}},
\end{aligned}
$$
(3.22)

$$
\begin{aligned}
(\text{右辺}) &= \left[-\frac{\hbar^2}{2m} \bm{\nabla}_{\bm{R}}^2 + V(R) \right] \frac{1}{L^{3/2}} \sum_n C_n(t) e^{-iE_n t/\hbar} e^{i\bm{K}_n \cdot \bm{R}} \\
&= \frac{1}{L^{3/2}} \sum_n \left[\frac{\hbar^2 K_n^2}{2m} + V(R) \right] C_n(t) e^{-iE_n t/\hbar} e^{i\bm{K}_n \cdot \bm{R}}
\end{aligned}
$$
(3.23)

となり，式 (3.19) を用いてこれを整理すると

$$
\begin{aligned}
i\hbar \sum_n &\left(\frac{dC_n(t)}{dt} \right) \frac{1}{L^{3/2}} e^{-iE_n t/\hbar} e^{i\bm{K}_n \cdot \bm{R}} \\
&= V(R) \sum_n C_n(t) \frac{1}{L^{3/2}} e^{-iE_n t/\hbar} e^{i\bm{K}_n \cdot \bm{R}}.
\end{aligned}
$$
(3.24)

左から $\exp(i\bm{K}_{n'} \cdot \bm{R} - iE_{n'} t/\hbar)/L^{3/2}$ の複素共役を掛けて，空間 $\mathfrak{W}$ 内で積分すると，式 (3.16) より

$$
i\hbar \frac{dC_{n'}(t)}{dt} = \sum_n \langle n' |V| n \rangle_{\mathfrak{W}} C_n(t) e^{i(E_{n'} - E_n)t/\hbar}
$$
(3.25)

が得られる．ただしここで

$$
\langle n' |V| n \rangle_{\mathfrak{W}} \equiv \int_{\mathfrak{W}} \frac{1}{L^{3/2}} e^{-i\bm{K}_{n'} \cdot \bm{R}} V(R) \frac{1}{L^{3/2}} e^{i\bm{K}_n \cdot \bm{R}} d\bm{R}
$$
(3.26)

である．

> V のレンジは有限であるため，積分を取る空間が $\mathfrak{W}$ であることを明示する必然性はないが，有限の空間 $\mathfrak{W}$ で定義された平面波が用いられていることを示すために，しばらくの間，積分およびブラケットの表式に $\mathfrak{W}$ を添える

こととする.

　式 (3.25), (3.26) を解き，全ての n について係数 C_n が求まれば，それは散乱問題が解けたということである．計算したい反応の放出状態のラベルを β とすると，その反応が起きる確率は $|C_\beta|^2$ で与えられる．この確率が得られれば，3.1 節で述べた方法で断面積が得られる．ただし一般に，C_n の解析的な表式を導くことはできない．そこでここでは，1 次の摂動に基づいて C_n の表式を求めることにしよう．

§3.5　1 次の摂動解

　まず，ポテンシャルの影響を完全に無視した場合に対応する無摂動解 $C_n^{(0)}$ を求めておく．入射状態のラベルを α とすると，無摂動の散乱波は入射平面波成分しかもたないから，

$$\Psi^{(0)}(\boldsymbol{R},t) = \phi_\alpha^{(\mathfrak{W})} = \frac{1}{L^{3/2}} e^{-iE_\alpha t/\hbar} e^{i\boldsymbol{K}_\alpha \cdot \boldsymbol{R}}. \tag{3.27}$$

よってこのとき

$$C_n^{(0)}(t) = \delta_{n\alpha} \tag{3.28}$$

となる．

　次にポテンシャルの影響を 1 次だけ取り入れた摂動解 $C_n^{(1)}$ を求めよう．この解は，式 (3.25) の右辺に無摂動解である式 (3.28) を代入することで得られる：

$$i\hbar \frac{dC_{n'}^{(1)}(t)}{dt} = \sum_n \langle n'|V|n\rangle_{\mathfrak{W}} C_n^{(0)}(t) e^{i(E_{n'}-E_n)t/\hbar}$$

$$= \langle n'|V|\alpha\rangle_{\mathfrak{W}} e^{i(E_{n'}-E_\alpha)t/\hbar}. \tag{3.29}$$

これを解いて

$$C_n^{(1)}(t) = \frac{1}{i\hbar} \langle n|V|\alpha\rangle_{\mathfrak{W}} \int_{-\infty}^t e^{i\omega_{n\alpha}t'} dt', \tag{3.30}$$

$$\omega_{n\alpha} \equiv \frac{E_n - E_\alpha}{\hbar} \tag{3.31}$$

を得る．ただし添字の n' を n に変えた．また，反応が始まる時刻を $t = -\infty$ とした．式 (3.30) で $t \to -\infty$ とすると，$C_n^{(1)}(t) \to 0$ となり，この時刻でポテンシャルの影響を受けた波が存在しないという物理的条件と合致する．すなわち反応の初期条件が確かに満たされている．

我々が着目している反応では，観測される終状態は平面波状態 β である．そして我々にとって興味があるのは，十分に時間が経った後での状態 β への遷移確率であるから，計算すべきものは

$$w_{\beta\alpha}^{(1)} \equiv \lim_{t \to \infty} \left| C_\beta^{(1)}(t) \right|^2 = \left| \frac{1}{i\hbar} \langle \beta | V | \alpha \rangle_{\mathfrak{W}} \int_{-\infty}^{\infty} e^{i\omega_{\beta\alpha}t'} dt' \right|^2$$

$$= \lim_{t \to \infty} \frac{1}{\hbar^2} |\langle \beta | V | \alpha \rangle_{\mathfrak{W}}|^2 \left| \int_{-t}^{t} e^{i\omega_{\beta\alpha}t'} dt' \right|^2 \quad (3.32)$$

である．積分を実行すると，

$$\int_{-t}^{t} e^{i\omega_{\beta\alpha}t'} dt' = \frac{e^{i\omega_{\beta\alpha}t} - e^{-i\omega_{\beta\alpha}t}}{i\omega_{\beta\alpha}} = \frac{2\sin(\omega_{\beta\alpha}t)}{\omega_{\beta\alpha}}. \quad (3.33)$$

よって

$$w_{\beta\alpha}^{(1)} = \lim_{t \to \infty} \frac{4}{\hbar^2} |\langle \beta | V | \alpha \rangle_{\mathfrak{W}}|^2 \frac{\sin^2(\omega_{\beta\alpha}t)}{\omega_{\beta\alpha}^2} \quad (3.34)$$

を得る．ここで導入した $t \to \infty$ という極限操作は，実際には「t を極めて大きな値に取る」という意味である．その値の具体的な評価には，現実の測定条件の考慮が不可欠である．

> この「極めて大きな値」を t_0 と表すと，反応の開始時刻と終了時刻はそれぞれ $-t_0$ と t_0 で指定されることになる．すなわちそれら 2 つの時刻は，式の上では $t = 0$ に関して対称に扱われている．これは，現実の測定環境とは必ずしも一致しない（粒子の入射装置と検出器は，標的体から等しい距離に配置されているとは限らない）．しかし次節で述べるように t_0 は巨視的な値を取るため，結局のところそのような細かい考察はまったく必要ない．

§3.6 観測される状態の幅と状態数密度

前節の結果を実際の散乱問題に適用するためには，現実の測定では必ず，あ

る幅をもったエネルギー状態が観測されることを考慮する必要がある. 弾性散乱では, 理想的には $E_\beta = E_\alpha$ であり, このとき $\omega_{\beta\alpha} = 0$ である. しかし実際には,

$$\frac{-\hbar\Delta\omega_{\beta\alpha}}{2} < \hbar\omega_{\beta\alpha} < \frac{\hbar\Delta\omega_{\beta\alpha}}{2} \tag{3.35}$$

の幅をもった状態が観測される. このとき重要になるのが, エネルギー幅 $\hbar\Delta\omega_{\beta\alpha}$ ($\equiv \Delta E_\beta$) の中に存在する状態の数 ΔN_β である. 当然ながら, エネルギー幅 ΔE_β は小さくなければならない. そうでなければ, 弾性散乱が測定されているという解釈が困難となるからである. 仮に $C_\beta^{(1)}(t)$ を ΔE_β 内で定数とみなしてよければ, 式 (3.34) の $w_{\beta\alpha}^{(1)}$ に ΔN_β を掛けたものが, 我々が求めるべき反応確率である. これと同じ考え方を, $C_\beta^{(1)}(t)$ が定数とみなせない場合に適用すれば, 状態数密度 dN_β/dE_β を導入した上で $w_{\beta\alpha}^{(1)}$ をエネルギーについて積分したもの, すなわち

$$\Delta w_{\beta\alpha}^{(1)} \equiv \int_{-\hbar\Delta\omega_{\beta\alpha}/2}^{\hbar\Delta\omega_{\beta\alpha}/2} w_{\beta\alpha}^{(1)} \left(\frac{dN_\beta}{dE_\beta}\right) d(\hbar\omega_{\beta\alpha}) \tag{3.36}$$

が, 有限の測定幅に対応する反応率であることが理解できよう. 状態数密度の具体的な計算については 3.8 節で述べる.

式 (3.36) に式 (3.34) を代入すると

$$\Delta w_{\beta\alpha}^{(1)} = \lim_{t\to\infty} \frac{4}{\hbar} \int_{-\Delta\omega_{\beta\alpha}/2}^{\Delta\omega_{\beta\alpha}/2} |\langle\beta|V|\alpha\rangle_{\mathfrak{W}}|^2 \left(\frac{dN_\beta}{dE_\beta}\right) \frac{\sin^2(\omega_{\beta\alpha}t)}{\omega_{\beta\alpha}^2} d\omega_{\beta\alpha} \tag{3.37}$$

を得る. 上述のとおり, この式の右辺は, ただ 1 つの状態 β を観測することができないという事実を反映させたものである. 一方で, 我々はこの量を $\Delta w_{\beta\alpha}^{(1)}$ と表記しており, β という指標は 1 つに定められている. この取り扱いの背景にあるのは, エネルギー幅 ΔE_β は有限であるが, それは<u>β という指標が意味を失わない程度に十分小さい</u>というものである.

ここで, 式 (3.37) に含まれる振動関数

$$\mathcal{Q}(\omega_{\beta\alpha}) \equiv \frac{\sin^2(\omega_{\beta\alpha}t)}{\omega_{\beta\alpha}^2} \tag{3.38}$$

の性質を調べることにする．$\mathcal{Q}$ をプロットしたものが図 3.2 である．図からわかるように，$\mathcal{Q}$ は $\omega_{\beta\alpha} \sim 0$ に局在し，ピークの高さは t^2，幅はおよそ $2\pi/t$ である．式 (3.37) では，$\omega_{\beta\alpha} = 0$ を中心として幅 $\Delta\omega_{\beta\alpha}$ にわたって $\mathcal{Q}$ の積分がなされている．では，この積分の幅 $\Delta\omega_{\beta\alpha}$ と $\mathcal{Q}$ の分布幅 $2\pi/t$ の関係はどのようになっているのだろうか？

まずエネルギーの測定幅であるが，たとえば α 粒子の入射エネルギーが 100 MeV のとき，終状態のエネルギー幅 $\Delta E_{\beta\alpha}$ を 100 keV とすると，

$$\Delta\omega_{\beta\alpha} = \frac{\Delta E_{\beta\alpha}}{\hbar} \sim \frac{100 \,[\text{keV}]}{4.14 \times 10^{-15}/(2\pi) \,[\text{eV} \cdot \text{s}]}$$
$$\sim 1.5 \times 10^{20} \,[\text{s}^{-1}] \tag{3.39}$$

となる．一方，入射粒子が測定装置で観測されるまでの総飛行距離を仮に 10 m とすると，100 MeV の α 粒子の速さ v は概算で

$$\frac{1}{2} \times 4000 \times \left(\frac{v}{c}\right)^2 = 100 \rightarrow v \sim 0.22c \tag{3.40}$$

であるから，入射から測定までの総時間 $2t$ は

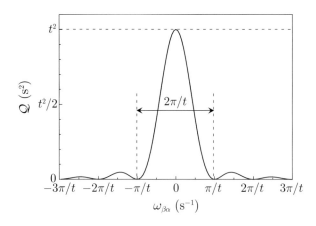

図 **3.2** 振動関数 $\mathcal{Q}$ の分布．

$$2t \sim \frac{10 \text{ [m]}}{0.22 \times 3.0 \times 10^8 \text{ [m/s]}} \sim 1.5 \times 10^{-7} \text{ [s]} \tag{3.41}$$

と評価できる．この値が，前節で述べた「極めて大きな値 t_0（の 2 倍）」の目安である．式 (3.41) から，$\mathcal{Q}$ の分布幅は

$$\frac{2\pi}{t} \sim 8.3 \times 10^7 \text{ [s}^{-1}\text{]} \tag{3.42}$$

であることがわかる．ここで求めた $\Delta\omega_{\beta\alpha}$ と $2\pi/t$ はいずれも概算値であり，また，測定条件によって大きく変動しうるものである．しかし，たとえそれぞれの値が数桁動いたとしても，

$$\Delta\omega_{\beta\alpha} \gg \frac{2\pi}{t} \tag{3.43}$$

という性質は必ず保持される．その理由は結局のところ，$1/\Delta\omega_{\beta\alpha}$ がミクロの世界の時間であるのに対して，t がマクロの世界の時間だからである．

§ 3.7　フェルミの黄金律

では，式 (3.37) の計算に戻ろう．上述のとおり，測定のエネルギー幅は，β という指標が意味を失わない程度に小さい．したがって，この積分の範囲内では，行列要素 $\langle\beta|V|\alpha\rangle_{\mathfrak{W}}$ および状態数密度の変化は無視できると考えてよく，

$$\Delta w_{\beta\alpha}^{(1)} \approx \lim_{t\to\infty} \frac{4}{\hbar} |\langle\beta|V|\alpha\rangle_{\mathfrak{W}}|^2 \left(\frac{dN_\beta}{dE_\beta}\right) \int_{-\Delta\omega_{\beta\alpha}/2}^{\Delta\omega_{\beta\alpha}/2} \frac{\sin^2(\omega_{\beta\alpha}t)}{\omega_{\beta\alpha}^2} d\omega_{\beta\alpha} \tag{3.44}$$

となる．ここで，定積分

$$I \equiv \frac{1}{t}\int_{-\Delta\omega_{\beta\alpha}/2}^{\Delta\omega_{\beta\alpha}/2} \frac{\sin^2(\omega_{\beta\alpha}t)}{\omega_{\beta\alpha}^2} d\omega_{\beta\alpha} \tag{3.45}$$

を評価する．上で見たとおり，この被積分関数 $\mathcal{Q}$ は $\omega_{\beta\alpha}=0$ を中心とする幅 $2\pi/t$ の領域に局在する．測定のエネルギー幅は，式 (3.44) が満たされるように十分小さく取っているが，これに対応する式 (3.44) 中の積分幅 $\Delta\omega_{\beta\alpha}$ は，$\mathcal{Q}$ の分布幅 $2\pi/t$ と比較すると極めて（10 桁ほど）大きい．したがって，式 (3.45)

の計算を行う際には，事実上，積分範囲を $-\infty$ から ∞ に変更しても差し支えない．これより

$$I \approx \frac{1}{t}\int_{-\infty}^{\infty}\frac{\sin^2(\omega_{\beta\alpha}t)}{\omega_{\beta\alpha}^2}d\omega_{\beta\alpha} = \int_{-\infty}^{\infty}\frac{\sin^2 x}{x^2}dx \qquad (3.46)$$

が得られる．最後の等号では積分変数を $x = \omega_{\beta\alpha}t$ とした．この積分は，たとえば複素積分を用いて計算することができる．具体的な計算については適当な物理数学の教科書に譲ることとし，ここでは結果だけを書くと，

$$\int_{-\infty}^{\infty}\frac{\sin^2 x}{x^2}dx = \pi \qquad (3.47)$$

となる．

> 式 (3.46) の解釈であるが，これを $\omega_{\beta\alpha}$ が無限に大きいところまで本当に積分する式であるとは捉えない方がよい．そうではなく，式 (3.46) は，極めて大きな（しかし有限の）範囲にわたる定積分を近似的に評価する方法であると解釈する方が望ましい．さもなければ，同様に表記上無限に大きいとしている t との関係を見失ってしまうであろう．式 (3.39) と式 (3.41) の値を代入すれば
>
> $$\Delta\omega_{\beta\alpha}t/2 \sim 5.7 \times 10^{12} \qquad (3.48)$$
>
> となる．この値を用いて式 (3.45) を計算した結果と，式 (3.46) の結果である π との相対誤差はわずか 10^{-13} 程度である．この精度で，我々は式 (3.45) を π と近似することができる．

上記の結果を式 (3.44) に代入すると，

$$\Delta w_{\beta\alpha}^{(1)} \approx \lim_{t\to\infty}\frac{4\pi}{\hbar}t|\langle\beta|V|\alpha\rangle_{\mathfrak{W}}|^2\left(\frac{dN_\beta}{dE_\beta}\right) \qquad (3.49)$$

を得る．遷移確率が時間に比例するというのは一見不自然であるが，これは，我々が散乱波 Ψ を常に 1 に規格化していることの帰結である．我々は，どの時刻においても空間 $\mathfrak{W}$ には 1 つの粒子が存在するとしている．これは，粒子が状態 α で入射し，シュレディンガー方程式 (3.17) に従って各状態へと遷移する反応が，$\mathfrak{W}$ 中にただ 1 つの粒子が存在するという条件の下で，<u>常に継続している</u>

という状況に対応している．これが，時間の経過とともに遷移確率が増大する根本的な理由である[5]．

これは，窓ガラスにホースで勢いよく水を掛ける状況に喩えることができる．水流を一定にしてホースを動かさなければ，ホースから飛び出し，窓ガラスに当たって飛散する水の流れ全体が（近似的に）変化しない状況をつくり出すことができるであろう．このとき，水流を囲む有限の体積空間を考えると，その中に含まれる水の量は常に一定であると考えてよい．このとき，時間が経てば経つほど，窓ガラスに当たる水の総量は増加する．しかし水道代や窓ガラスの耐久性を評価するといった特殊な場合を除けば，この状況を物理的に記述する上で重要なのは，<u>単位時間あたりにどの程度の水が命中し，飛散したか</u>である．

以上の考察を踏まえると，我々が算定すべきは遷移確率の総量ではなく，単位時間あたりの遷移確率であることがわかる．測定の時間幅が $2t$ であることに留意すると，式から時間依存性は消え，

$$\frac{\Delta w_{\beta\alpha}^{(1)}}{2t} \approx \frac{2\pi}{\hbar} |\langle \beta |V| \alpha \rangle_{\mathfrak{W}}|^2 \left(\frac{dN_\beta}{dE_\beta}\right) \equiv d\bar{w}_{\beta\alpha}^{(1)} \qquad (3.50)$$

が得られる．$d\bar{w}_{\beta\alpha}^{(1)}$ は，1次の摂動で求めた単位時間あたりの微小遷移確率である[6]．次に，これまでに暗黙の前提としていた「式 (3.44) の積分は $\omega_{\beta\alpha} = 0$ ($E_\beta = E_\alpha$) を積分範囲に含む」ことを表式に取り入れることにしよう．自明ではあるが，仮に積分範囲が $\omega_{\beta\alpha} = 0$ を含まなければ，積分の評価値は（極めて高い精度で）0 である．これらの性質は，ディラック (Paul A. M. Dirac) のデルタ関数を用いて

$$\delta(E_\beta - E_\alpha)\, dE_\beta = \begin{cases} 1 & \text{(微小エネルギー幅 } dE_\beta \text{ が } E_\beta = E_\alpha \text{ を含むとき)} \\ 0 & \text{(それ以外のとき)} \end{cases} \qquad (3.51)$$

と表現することができる．ただしこれは，E_β についての積分を取ることを前提とした表記法であることに注意しておく必要がある．この表記法を取り入れると，式 (3.50) は

---

[5] この"問題"を抜本的に解消するには，波束を用いた散乱理論が必要となる（付録 B を参照）．
[6] ここまで，遷移確率の評価の際に考慮したエネルギー幅が有限であることを，Q の分布幅 $2\pi/t$ との比較のため強調してきたが，時間に関する処理を全て終えたいま，この観測の幅を微小幅と表記して差し支えない．

$$dw_{\beta\alpha}^{(1)} = \frac{2\pi}{\hbar} |\langle \beta |V| \alpha \rangle_{\mathfrak{W}}|^2 \left(\frac{dN_\beta}{dE_\beta}\right) \delta(E_\beta - E_\alpha) dE_\beta$$

$$= \frac{2\pi}{\hbar} |\langle \beta |V| \alpha \rangle_{\mathfrak{W}}|^2 dN_\beta \delta(E_\beta - E_\alpha) \quad (3.52)$$

となる．これは，**フェルミ** (Enrico Fermi) **の黄金律**とよばれる極めて重要な式である．

> フェルミの名を冠した式であるが，この式を初めて導出したのはフェルミではない．彼が付けた「黄金律 (golden rule)」という呼称があまりに的確で魅力的だったために，フェルミの名前とともにこの公式が広まったものと推察される．黄金律（と同等の式）を最初に導いたのはディラックである [6]．

式 (3.52) に示されているように，最終的には $E_\beta = E_\alpha$ の場合にしか弾性散乱は起きない．これは一見自明のことのように思われるが，実はそうではない．E_α や E_β は全系のハミルトニアン H の固有値ではなく，H から相互作用を除外した，いわゆる<u>自由ハミルトニアンの固有値</u>だからである．また，$E_\beta \neq E_\alpha$ のときは遷移確率は 0 となるが，式 (3.52) は（微小エネルギー幅の範囲内で）$E_\beta \neq E_\alpha$ の遷移を一旦認めた上で導かれていることには注意が必要である．このことは，式 (3.52) が微小状態数 dN_β を含んでいることからも読みとれるであろう．

§ 3.8 状態数の計上

我々は，巨視的な空間 $\mathfrak{W}$ で規格化された平面波を用いて定式化を進めている．したがって，状態数の計上もこの規格化に基づいて行う．式 (3.9), (3.10) より，k_x, k_y, k_z はそれぞれ，$L/(2\pi)$ ごとに 1 つの値をもつ．よって微小幅 $d\boldsymbol{K}_\beta = dK_{\beta_x} dK_{\beta_y} dK_{\beta_z}$ に含まれる状態の数（許される波数の数）は

$$dN_\beta = \left(\frac{L}{2\pi}\right)^3 dK_{\beta_x} dK_{\beta_y} dK_{\beta_z} = \left(\frac{L}{2\pi}\right)^3 d\boldsymbol{K}_\beta$$

$$= \left(\frac{L}{2\pi}\right)^3 K_\beta^2 dK_\beta d\Omega_\beta \quad (3.53)$$

となる．2 行目は微小波数を 3 次元極座標（球座標）表示で表したものであり，Ω_β は放出立体角である．式 (3.19) より，K_β と E_β は

を満たすから,

$$dE_\beta = \frac{\hbar^2}{m} K_\beta dK_\beta. \tag{3.55}$$

これを式 (3.53) に代入すると

$$dN_\beta = \left(\frac{L}{2\pi}\right)^3 \frac{mK_\beta}{\hbar^2} dE_\beta d\Omega_\beta \tag{3.56}$$

となる．これが黄金律の式に現れる微小状態数の具体形である．平面波と同様，dN_β には人為的に導入した空間 $\mathfrak{W}$ に対する依存性が残っている．また, $L \to \infty$ の極限では dN_β は発散してしまう．

§ 3.9 遷移確率と断面積

式 (3.26), (3.56) を式 (3.52) に代入すると,

$$\begin{aligned}
d\bar{w}^{(1)}_{\beta\alpha} &= \frac{2\pi}{\hbar} \left| \int_{\mathfrak{W}} \frac{1}{L^{3/2}} e^{-i\boldsymbol{K}_\beta \cdot \boldsymbol{R}} V(R) \frac{1}{L^{3/2}} e^{i\boldsymbol{K}_\alpha \cdot \boldsymbol{R}} d\boldsymbol{R} \right|^2 \\
&\quad \times \left(\frac{L}{2\pi}\right)^3 \frac{mK_\beta}{\hbar^2} \delta(E_\beta - E_\alpha) dE_\beta d\Omega_\beta \\
&= \frac{mK_\beta}{(2\pi)^2 \hbar^3 L^3} \left| \int e^{-i\boldsymbol{K}_\beta \cdot \boldsymbol{R}} V(R) e^{i\boldsymbol{K}_\alpha \cdot \boldsymbol{R}} d\boldsymbol{R} \right|^2 \delta(E_\beta - E_\alpha) dE_\beta d\Omega_\beta
\end{aligned} \tag{3.57}$$

となる．ただし右辺3行目では，積分空間を指定する $\mathfrak{W}$ を表記から落とした．これは，平面波を定義した有限の空間の情報が，$1/L^3$ という因子によって別途表現されているためである．式 (3.57) が表しているものは，(空間 $\mathfrak{W}$ で規格化された) 平面波状態 α から，微小エネルギー幅 dE_β をもった平面波状態 β に，ポテンシャルの1次の影響で変化する過程の，単位時間あたりの微小遷移確率である．すでに述べたように，確率の規格化は式 (3.21) で保証されている．3.1節によれば，確率が規格化されている場合，断面積は反応確率を単位面積あたりの入射粒子数 $\bar{n}_0$ で割ったものとして与えられる．ただし我々はいま，単位時間あたりの遷移確率を評価しているので，$\bar{n}_0$ もまた，<u>単位時間あたりの入射数と</u>

しなければならない．単位時間，単位面積あたりに入射する粒子の数は，量子力学においては，確率の流れ密度（**流束**）として定義される．入射波の流束は

$$j_\alpha \equiv \text{Re}\, \frac{\hbar}{mi} \frac{1}{L^{3/2}} e^{-i\bm{K}_\alpha \cdot \bm{R}} \left(\bm{\nabla}_{\bm{R}} \frac{1}{L^{3/2}} e^{i\bm{K}_\alpha \cdot \bm{R}} \right) = \frac{\hbar \bm{K}_\alpha}{L^3 m} \quad (3.58)$$

であるから，微小断面積は

$$\begin{aligned}
d\sigma^{(1)} &\equiv \frac{d\bar{w}^{(1)}_{\beta\alpha}}{j_\alpha} \\
&= \frac{L^3 m}{\hbar K_\alpha} \frac{m K_\beta}{(2\pi)^2 \hbar^3 L^3} \left| \int e^{-i\bm{K}_\beta \cdot \bm{R}} V(R) e^{i\bm{K}_\alpha \cdot \bm{R}} d\bm{R} \right|^2 \delta(E_\beta - E_\alpha) \, dE_\beta d\Omega_\beta \\
&= \frac{m^2}{(2\pi\hbar^2)^2} \frac{K_\beta}{K_\alpha} \left| \int e^{-i\bm{K}_\beta \cdot \bm{R}} V(R) e^{i\bm{K}_\alpha \cdot \bm{R}} d\bm{R} \right|^2 \delta(E_\beta - E_\alpha) \, dE_\beta d\Omega_\beta
\end{aligned}$$
$$(3.59)$$

となる．すなわち断面積は，<u>人為的に導入した巨視的な空間の大きさによらない</u>．

ここで注意を与えておく．式 (3.58) 右辺の大きさの単位は

$$\left[\frac{\hbar c K_\alpha c}{L^3 m c^2} \right] = \frac{\text{MeV} \cdot \text{fm} \cdot \text{fm}^{-1} \cdot \text{fm} \cdot \text{s}^{-1}}{\text{fm}^3 \cdot \text{MeV}} = \frac{1}{\text{fm}^2 \cdot \text{s}} \quad (3.60)$$

となる．これは，流束としてふさわしい単位（次元）である．そうなる理由は，式 (3.58) の右辺の分母に，長さの3乗の次元をもった L^3 が含まれるからである．以下の議論で，また多くの教科書で，平面波は無次元の波として扱われる．その場合には，対応する流束は式 (3.60) とは異なる次元をもつ点に注意すること．

式 (3.59) から，2重微分断面積の表式

$$\frac{d^2\sigma^{(1)}}{dE_\beta d\Omega_\beta} = \frac{m^2}{(2\pi\hbar^2)^2} \frac{K_\beta}{K_\alpha} \left| \int e^{-i\bm{K}_\beta \cdot \bm{R}} V(R) e^{i\bm{K}_\alpha \cdot \bm{R}} d\bm{R} \right|^2 \delta(E_\beta - E_\alpha)$$
$$(3.61)$$

が得られる．これは，これまで見てきた角分布に，終状態の微小エネルギー幅

の自由度を新たに付加した微分断面積である．ただし上述のとおり，我々は終状態のエネルギーについては積分を取ることを前提としている．これを遂行すると，

$$\int \frac{d^2\sigma^{(1)}}{dE_\beta d\Omega_\beta} dE_\beta = \frac{d\sigma^{(1)}}{d\Omega_\beta}$$

$$= \frac{m^2}{(2\pi\hbar^2)^2} \int \frac{K_\beta}{K_\alpha} \left| \int e^{-i\bm{K}_\beta \cdot \bm{R}} V(R) e^{i\bm{K}_\alpha \cdot \bm{R}} d\bm{R} \right|^2$$

$$\times \delta(E_\beta - E_\alpha) dE_\beta$$

$$= \frac{m^2}{(2\pi\hbar^2)^2} \left| \int e^{-i\bm{K}_\beta \cdot \bm{R}} V(R) e^{i\bm{K}_\alpha \cdot \bm{R}} d\bm{R} \right|^2 \quad (3.62)$$

を得る．これが1次の摂動に基づく，弾性散乱の角分布（微分断面積）の表式である．このとき，式 (3.62) の最後の行で，$\bm{K}_\beta$ に

$$K_\beta = K_\alpha \quad (3.63)$$

という制限が掛かっている点に注意すること．

こうして，巨視的な空間 $\mathfrak{W}$ を一旦導入し，散乱波を規格化することにより，弾性散乱の角分布の表式を得ることができた．その最終的な表式は，空間 $\mathfrak{W}$ に依存しない．したがって事実上，$\mathfrak{W}$ の大きさは無限に大きく取ったと考えてよい．この理解の下で，式 (3.62) を

$$\frac{d\sigma^{(1)}}{d\Omega_\beta} = \frac{(2\pi)^4 m^2}{\hbar^4} \left| \int \frac{1}{(2\pi)^{3/2}} e^{-i\bm{K}_\beta \cdot \bm{R}} V(R) \frac{1}{(2\pi)^{3/2}} e^{i\bm{K}_\alpha \cdot \bm{R}} d\bm{R} \right|^2$$

$$\equiv \frac{(2\pi)^4 m^2}{\hbar^4} |\langle \beta | V | \alpha \rangle|^2 \quad (3.64)$$

と表すことにしよう．すなわち，以下では平面波を

$$\phi_{\bm{K}_n}(\bm{R}) = \frac{1}{(2\pi)^{3/2}} e^{i\bm{K}_n \cdot \bm{R}} \quad (3.65)$$

と取ることにする．この平面波は無限の広がりをもち，規格直交性は

$$\int \phi^*_{\bm{K}'_n}(\bm{R}) \phi_{\bm{K}_n}(\bm{R}) d\bm{R} = \delta(\bm{K}'_n - \bm{K}_n) \quad (3.66)$$

と表される．そのような平面波は，断面積などの計算を行う上で扱いやすいという利点をもつ[7]．ただし，遷移確率や断面積の定式化の際には，巨視的な有限の空間で規格化された平面波が用いられている点に留意しておく必要がある．我々の立場は，そのようにして得た表式の具体的な計算を行う際に，1つの方便として，無限に広がった平面波を利用するというものである[8]．次節では，式 (3.64) を用いてラザフォード散乱の微分断面積を求めることにする．

§3.10　ラザフォード散乱の角分布

ラザフォード散乱を引き起こす相互作用は，点電荷間にはたらくクーロン相互作用

$$V_{\rm C}(R) = \frac{Z_{\rm P} Z_{\rm T} e^2}{R} \tag{3.67}$$

である．ただしここで，$Z_{\rm P}$ ($Z_{\rm T}$) は入射粒子（標的核）の原子番号である．第2章で述べたように，この相互作用のレンジは無限大である．そのため，式 (3.67) をそのまま式 (3.64) に代入すると，行列要素が発散してしまう．そこで遮蔽半径 $R_{\rm scr}$ を導入し，

$$V_{\rm C}(R) \to \frac{Z_{\rm P} Z_{\rm T} e^2}{R} e^{-R/R_{\rm scr}} \tag{3.68}$$

としておく．実際の散乱実験では標的核の周辺には電子がいるため，クーロン相互作用のレンジは有限に留まるというのが，$R_{\rm scr}$ を導入する物理的な根拠である．そして計算が終わった後，$R_{\rm scr} \to \infty$ の極限を取れば，遮蔽を考えない場合に対応する結果を得ることができる[9]．

式 (3.68) を式 (3.64) に代入すると

$$\frac{d\sigma^{(1)}}{d\Omega_\beta} = \frac{(2\pi)^4 m^2}{\hbar^4} \frac{1}{(2\pi)^6} \left| \int e^{-i\boldsymbol{K}_\beta \cdot \boldsymbol{R}} \frac{Z_{\rm P} Z_{\rm T} e^2}{R} e^{-R/R_{\rm scr}} e^{i\boldsymbol{K}_\alpha \cdot \boldsymbol{R}} d\boldsymbol{R} \right|^2. \tag{3.69}$$

---

[7] 有限の空間の中でしか定義できないことや，波数が離散的であることなどに留意する必要がない．

[8] ただしその代償として，運動量演算子や運動エネルギー演算子は，2つの平面波状態間での行列要素を考える際にはエルミート（自己随伴）でなくなってしまう．

[9] 実はこの方法は，無限のレンジをもつクーロン相互作用を簡便に処理するためのいわば方便であり，同じ方法を2次の摂動計算に適用すると，破綻が生じることが知られている．クーロン相互作用による散乱問題の正確な解法については，第9章で述べる．

§ 3.10 ラザフォード散乱の角分布

ここで移行運動量(正確には移行波数)

$$\boldsymbol{q} \equiv \boldsymbol{K}_\alpha - \boldsymbol{K}_\beta \tag{3.70}$$

を導入し[10],$\boldsymbol{q}$ と $\boldsymbol{R}$ のなす角度を η,$\boldsymbol{q}$ に対する $\boldsymbol{R}$ の方位角を ς とすると,

$$\begin{aligned}\bar{T} &\equiv \int e^{-i\boldsymbol{K}_\beta \cdot \boldsymbol{R}} \frac{e^{-R/R_{\text{scr}}}}{R} e^{i\boldsymbol{K}_\alpha \cdot \boldsymbol{R}} d\boldsymbol{R} \\ &= \int e^{iqR\cos\eta} \frac{e^{-R/R_{\text{scr}}}}{R} R^2 dR \sin\eta \, d\eta d\varsigma \\ &= 2\pi \int_0^\infty dR \int_{-1}^1 d(\cos\eta)\, e^{iqR\cos\eta} e^{-R/R_{\text{scr}}} R \\ &= 2\pi \int_0^\infty e^{-R/R_{\text{scr}}} \frac{e^{iqR} - e^{-iqR}}{iqR} R dR. \end{aligned} \tag{3.71}$$

オイラーの公式

$$e^{\pm i\theta} = \cos\theta \pm i\sin\theta \tag{3.72}$$

と部分積分を用いて計算を進めると,

$$\begin{aligned}\bar{T} &= 4\pi \int_0^\infty e^{-R/R_{\text{scr}}} \frac{\sin(qR)}{q} dR \\ &= 4\pi \left[-R_{\text{scr}}\, e^{-R/R_{\text{scr}}} \frac{\sin(qR)}{q}\right]_0^\infty + 4\pi \int_0^\infty R_{\text{scr}}\, e^{-R/R_{\text{scr}}} \cos(qR)\, dR \\ &= 4\pi \left[-R_{\text{scr}}^2\, e^{-R/R_{\text{scr}}} \cos(qR)\right]_0^\infty - 4\pi \int_0^\infty R_{\text{scr}}^2\, e^{-R/R_{\text{scr}}} q\sin(qR)\, dR \\ &= 4\pi R_{\text{scr}}^2 - R_{\text{scr}}^2 q^2 \bar{T}. \end{aligned} \tag{3.73}$$

よって,

$$\bar{T} = \frac{4\pi R_{\text{scr}}^2}{R_{\text{scr}}^2 q^2 + 1} = \frac{4\pi}{q^2 + 1/R_{\text{scr}}^2} \tag{3.74}$$

となる.$R_{\text{scr}} \to \infty$ の極限を取ると

---

[10] よく知られているように,摂動の 1 次で計算した角分布の形状は $\boldsymbol{q}$ だけで決まる.このことは,弾性散乱以外の反応でも一般に成立する.

$$\lim_{R_{\rm scr}\to\infty} \bar{T} = \frac{4\pi}{q^2}. \tag{3.75}$$

これを式 (3.69) に代入して

$$\frac{d\sigma^{(1)}}{d\Omega_\beta} = \frac{(2\pi)^4 m^2}{\hbar^4} \frac{1}{(2\pi)^6} \left(Z_{\rm P} Z_{\rm T} e^2 \frac{4\pi}{q^2}\right)^2 = \frac{4m^2 Z_{\rm P}^2 Z_{\rm T}^2 e^4}{\hbar^4 q^4}$$

$$= \frac{4m^2 Z_{\rm P}^2 Z_{\rm T}^2 e^4}{\hbar^4 [2K_\alpha \sin(\theta/2)]^4} = \frac{Z_{\rm P}^2 Z_{\rm T}^2 e^4}{[\hbar^2 K_\alpha^2/(2m)]^2 \, 16 \sin^4(\theta/2)}$$

$$= \frac{Z_{\rm P}^2 Z_{\rm T}^2 e^4}{16 E_\alpha^2 \sin^4(\theta/2)} \tag{3.76}$$

を得る．ただしここで，

$$q = 2K_\alpha \sin\frac{\theta}{2} \tag{3.77}$$

を用いた．θ は散乱角である[11]．

　式 (3.76) が，1 次の摂動に基づき，量子力学的に計算した，ラザフォード散乱の角分布である．その結果は，古典力学に基づいて求めた結果，すなわち式 (2.24) と完全に一致している．これは偶然の産物であると考えられている．よくいわれているように，この偶然があったからこそ，ラザフォードが導き出した様々な結果は，量子力学の影響を受けずに済んだのである．まさに僥倖といえよう．

> 　式 (2.24) と式 (3.76) は同一の式であるが，それらが準拠する物理はまったく異なる点に注意すること．式 (2.24) が，古典的な運動方程式を解いた結果であるのに対して，式 (3.76) は，波動関数で表現される量子状態の遷移確率に基づいて導かれたものである．ここで，量子状態の遷移を記述する上で本質的に重要となる，波（振幅）の干渉について述べておこう．式 (3.69) を見ると，$\boldsymbol{R}$ に関する積分は，絶対値二乗の中にある．この絶対値二乗を開いてみればわかるように，断面積の計算には，ある座標点 $\boldsymbol{R}$ と，別の点 $\boldsymbol{R}'$ の間の干渉が取り入れられている．そしてこの干渉のお陰で，正しい角度依存性をもった断面積が得られるのである．実際，もしも干渉がなけれ

---

[11] $R_{\rm scr}$ を有限のまま残せば，湯川型の相互作用（レンジ $= R_{\rm scr}$）による弾性散乱の角分布の表式が得られる．

ば，式 (3.69) の結果は定数となってしまう．このことは，式 (3.69) で，$\boldsymbol{R}$ に関する積分を絶対値二乗の外に移すことで，ただちに理解できるであろう．干渉が本質的であるということは，散乱（反応）現象を記述するとき，<u>どの場所で反応が起きたかという問いが意味をなさない</u>ということである．たとえば第 4 章 4.9 節で導入する黒体モデルは，原子核の表面だけが反応に寄与するという模型である．しかしこの模型を用いて断面積を計算する際には，$\boldsymbol{R}$ の角度が異なる点どうしの干渉が（自動的に）取り入れられている．「原子核の表面だけが反応に寄与する」というのは，遷移確率についてではなく，それを与える<u>振幅について</u>の性質なのである．量子力学的に散乱現象を記述する際には，干渉の存在を決して忘れてはならない．

§ 3.11 遷移行列

ここで，断面積の表式に現れる行列要素

$$T^{(1)}_{\beta\alpha} \equiv \langle \beta |V| \alpha \rangle \tag{3.78}$$

について少し掘り下げてみよう．この行列要素は，1 次の摂動で展開係数 C_β を計算した際に出てきたものである．式 (3.25) を見ると，本来 C_β を得るには，散乱波に含まれる様々な平面波状態 n が，相互作用 V によって状態 β へと遷移する振幅が必要であることがわかる．ただし 1 次の摂動では，V が作用する前の状態が，ポテンシャルの影響を受けていない入射平面波状態に限定されるため，V の行列要素として意味をもつのは式 (3.78) の $T^{(1)}_{\beta\alpha}$ ただ 1 つとなる．これが，3.9 節で導出した断面積の式 (3.64) に行列要素 $T^{(1)}_{\beta\alpha}$ だけが現れる理由である．

では，摂動の次数を上げるとどうなるだろうか．このとき，散乱波には入射平面波以外の状態も混ざってくる．それらの様々な平面波が重なり合ってできた散乱波が，V によって状態 β へと遷移する振幅を求めれば，その結果は 1 次の摂動のそれよりも正確であろう．摂動の次数を無限に上げれば，V の影響が正確に取り入れられた散乱波が求まり，このとき式 (3.78) の行列要素は

$$T_{\beta\alpha} = \langle \beta |V| \chi \rangle \tag{3.79}$$

へと移行する．式 (3.79) の行列要素を**遷移行列** (transition matrix) とよぶ．

ここで χ は時間に依存しないシュレディンガー方程式の解である[12]:

$$\left[-\frac{\hbar^2}{2m}\boldsymbol{\nabla}_{\boldsymbol{R}}^2 + V(R) - E_\alpha\right]\chi(\boldsymbol{R}) = 0. \qquad (3.80)$$

角分布の表式は

$$\frac{d\sigma}{d\Omega_\beta} = \frac{(2\pi)^4 m^2}{\hbar^4}|\langle\beta|V|\chi\rangle|^2 \qquad (3.81)$$

となる．

ここで2つ注意を与えておく．まず，断面積には，まったく相互作用を受けていない波は寄与していない．別のいい方をすれば，展開係数の無摂動解

$$C_n^{(0)}(t) = \delta_{n\alpha} \qquad (3.82)$$

は，断面積の計算には取り入れられていない．この無摂動解が表しているのは入射平面波そのものであるが，この波は，たとえ相互作用する相手がいなくても存在する．つまり，入射平面波は遷移過程とは無関係な波である．これを除外して断面積を計算するのは，第1章で議論した剛体球の散乱で，衝突径数 b が剛体球の半径 a よりも大きい領域（入射粒子が素通りする領域）を考慮しなかったことと同様に，至極もっともな処置であるといえる[13]．もう1つの注意は，式 (3.79) を導く際，波動関数の時間依存性の処理について，かなり議論を省略しているということである．この点については，付録Cを参照のこと．

§ 3.12 まとめ

入射粒子の固有運動量がその方向だけを変える過程を弾性散乱とよぶ．この章では，弾性散乱の角分布を量子力学的に計算する方法について学んだ．確率が規格化されているとき，断面積は，単位時間あたりに着目している反応が起きる確率を入射流束の大きさで割ったものとして与えられる．散乱波は無限に広がっているため，単純には規格化することができないが，巨視的な空間 $\mathfrak{W}$ を

---

[12] 通常，χ には伝播の方向を表す指標が付与されるが（第7章 7.9節を参照），当分の間，この指標は省略する．省略されている場合，伝播の方向は正，すなわち $t \to -\infty$ で自由な波に移行するものとする．

[13] 0°への散乱を考える場合には，このことと関連した，さらに掘り下げた議論が必要である．これについては付録Aで述べる．

導入することによって規格化や状態数の計上が可能となり，最終的に，$\mathfrak{W}$ に依存しない角分布の表式を得ることができる．断面積の計算は遷移行列の計算に帰着する．次章以降，この遷移行列を（近似的に）求める方法について述べていくこととする．

第4章 平面波近似に基づく反応解析と原子核の密度分布

中性子と原子核の弾性散乱断面積を1次の摂動計算（平面波近似）によって分析し，原子核の密度の飽和性を導く．

§4.1　散乱粒子がもつ分解能

　この章では，前章で学んだ量子力学に基づく角分布の表式を用いて，中性子と原子核の弾性散乱の実験データを解析し，原子核の構造を探究することにしよう．ミクロの世界を探るには，見たいスケールに見合った分解能（解像度）をもつ入射粒子を用いる必要がある．量子力学の黎明期，ド・ブロイ (Louis-Victor P. R. de Broglie) は，あらゆる粒子は波動性をもつという，いわゆる物質波（ド・ブロイ波）の概念を提唱した．この波の波長 λ（ド・ブロイ波長）は，粒子の運動量 P または波数 K を用いて

$$\lambda = \frac{h}{P} = \frac{2\pi}{K} \tag{4.1}$$

と表される．ただし h はプランク定数である．

　では，この物質波を伴う粒子がもつ，長さの分解能はどの程度であろうか？これを明らかにするために，図 4.1 のような散乱（干渉）実験を考えよう．図の左側遠方から位相の揃った波を入射させ，物体の上端と下端を経由する波どうしの干渉を利用して，この物体の幅 d を測定することが実験の狙いである．このとき，2つの波の経路差 Δl は，散乱角 θ を用いて

$$\Delta l = d \sin \theta \tag{4.2}$$

と表される．ただし観測を行う点の物体からの距離 L は，d と比べて十分大きく取るものとする．Δl が波長 λ の整数倍であれば，観測点において2つの波は強め合い，半整数倍であれば弱め合う．その結果，測定される波の強度は，図

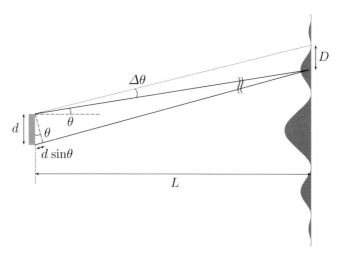

図 4.1 波を用いた干渉実験の模式図. 右側にある山の高さは, その点で観測される波の強度を表している. 実際には $D \gg d$ である.

にあるような干渉縞模様を示す. 波がある角度 θ_0 で強め合い, $\theta = \theta_0 + \Delta\theta$ で弱め合うとすると, これら 2 つの点で Δl は

$$d\sin(\theta + \Delta\theta) - d\sin\theta \sim d\Delta\theta \tag{4.3}$$

だけ異なる. ただし, 散乱角 θ は小さいとした. これが波長の 1/2 に等しいから,

$$\Delta\theta \sim \frac{\lambda}{2d} \tag{4.4}$$

を得る. したがって, d が一定の場合, 波長 λ が大きくなるにつれて干渉縞はぼやけてしまう. θ の定義域の幅は π であるから, 波の干渉から d を決定できる条件は

$$\Delta\theta < \pi, \tag{4.5}$$

すなわち

$$d > \frac{\lambda}{2\pi} \tag{4.6}$$

である. このことから, ド・ブロイ波長 λ をもつ粒子の長さの分解能は

$$\lambdabar \equiv \frac{\lambda}{2\pi} = \frac{\hbar}{P} = \frac{1}{K} \tag{4.7}$$

と表されることがわかる．$\lambdabar$ を換算ド・ブロイ波長とよぶ[1]．

干渉縞模様の山と谷の間隔 D は

$$D = L\tan(\theta + \Delta\theta) - L\tan(\theta) \sim L\Delta\theta \tag{4.8}$$

となる．これと式 (4.4) から

$$\Delta\theta \sim \frac{\lambda}{2d} \sim \frac{D}{L} \tag{4.9}$$

が得られる．いま，d と λ はミクロな量，すなわち直接測ることのできない長さであると考えよう．式 (4.9) の意味は，直接測れない長さの比 $\lambda/(2d)$ が，D と L という測定可能な（マクロの世界の）長さの比に変換できるというものである．この比が $\Delta\theta$ に他ならない．$\Delta\theta$ の測定結果と λ に関する量子力学的知見を活用して d を決定するというのが，目に見えない世界を散乱実験によって探究する方法の骨子である．ただしこのとき，<u>$\Delta\theta$ が d に反比例する</u>ことは注目に値する．これは以下で述べるように，散乱実験で観測するものが，本質的には観測対象の運動量分布であることを示唆している．

では，λ の値を具体的に計算してみよう．粒子の運動エネルギーを E，質量を m とすると，相対論では

$$E + mc^2 = \sqrt{(mc^2)^2 + (cP)^2} \tag{4.10}$$

より

$$(cP)^2 = (E + mc^2)^2 - (mc^2)^2 = E(E + 2mc^2) \tag{4.11}$$

であるから，

$$P = \frac{1}{c}\sqrt{E(E + 2mc^2)} \equiv P_{\rm rel} \tag{4.12}$$

---

[1] 式 (4.5) の考え方は，式 (4.3) で θ を小さいと想定していることと矛盾するが，大まかな評価方法としては十分機能する．なお，波長 λ の正弦波 $\sin(2\pi x/\lambda)$ は，$\lambda/(2\pi)$ の長さ（= 換算ド・ブロイ波長）を位相変化 1 として"検知"する．文献によっては，式 (4.7) をド・ブロイ波長と定義している．

表 4.1 換算ド・ブロイ波長の値（単位は fm）．（ ）内は非相対論的に求めた値．

E	光子	電子	中性子	α 粒子	^{208}Pb
1 MeV	200	140 (200)	4.6 (4.6)	2.3 (2.3)	0.32 (0.32)
10 MeV	20	19 (62)	1.4 (1.4)	0.72 (0.72)	0.10 (0.10)
100 MeV	2.0	2.0 (20)	0.45 (0.46)	0.23 (0.23)	0.032 (0.032)
1 GeV	0.20	0.20 (6.2)	0.12 (0.14)	0.068 (0.072)	0.010 (0.010)

となる．一方，非相対論的な近似では

$$P = \sqrt{2mE} \equiv P_{\mathrm{nr}} \tag{4.13}$$

である．求まった P の値を式 (4.7) に代入すれば，λ が得られる．表 4.1 に，いくつかの粒子の換算ド・ブロイ波長を示す（単位は fm）．エネルギーは 1 MeV，10 MeV，100 MeV，1 GeV ($= 10^3$ MeV) の 4 つの値を選んだ．計算には相対論的な式 (4.12) を用いているが，比較のため，非相対論的な近似式 (4.13) で求めた値も（ ）内に示している[2]．

当然，エネルギーが高くなるにつれて λ の値は小さくなるが，同じエネルギーでも，電子と中性子では λ の値がまったく異なることがわかる．すなわち，質量が大きい粒子を用いる方が，より小さい領域を探る上で有利である．また，中性子は電荷をもたないため，クーロンポテンシャルによるバリア（障壁）の影響を受けない．これらのことから，中性子は原子核の構造を探る良いプローブ（probe: 測定の道具．本来の語義は測定に使用する探針）とみなされている[3]．また表 4.1 からは，相対論的効果の重要性についても読みとることができる．1 MeV の電子が約 40 ％ の影響を受けるのに対し，中性子はエネルギーが 100 MeV に上がっても相対論的な影響は約 2 ％ に留まる．鉛（^{208}Pb）に至っては，1 GeV であっても相対論的効果は無視できるほど小さい．本書では，中性子よりも軽い入射粒子は取り扱わない．そこで以下では，原則としてエネルギーと運動量の関係を非相対論的に取り扱うことにする[4]．なお，エネルギーが極めて高い場合，式 (4.12) から質量の影響が消え，あらゆる粒子の換算ド・ブロイ波長は

---

[2] 質量をもたない光子は必ず相対論で扱わなければならないので，非相対論的な計算の結果は存在しない．
[3] 約 1/40 eV のエネルギーをもった熱中性子（常温の熱運動に対応するエネルギーをもつ中性子）の換算ド・ブロイ波長はおよそ 0.3 Å であり，物質の結晶構造を探る手段として活用されている．
[4] 第 6 章では高エネルギーの反応を扱う．その際には相対論的な補正を取り入れる．

§4.2 核力ポテンシャル

$$\lambda \to \frac{\hbar c}{E} \sim \frac{200}{E} \quad (4.14)$$

に近づく.

以下, 65 MeV の中性子による弾性散乱の実験データを解析し, 原子核の構造を探ることにしよう.

§4.2 核力ポテンシャル

第3章で見たように, 摂動の1次で弾性散乱を記述する遷移行列は

$$T^{(1)}_{\beta\alpha} = \langle \beta | V | \alpha \rangle = \int \frac{1}{(2\pi)^{3/2}} e^{-i\bm{K}_\beta \cdot \bm{R}} V(R) \frac{1}{(2\pi)^{3/2}} e^{i\bm{K}_\alpha \cdot \bm{R}} d\bm{R} \quad (4.15)$$

であり, 微分断面積 (角分布) は

$$\frac{d\sigma^{(1)}}{d\Omega_\beta} = \frac{(2\pi)^4 m^2}{\hbar^4} \left| T^{(1)}_{\beta\alpha} \right|^2 \quad (4.16)$$

で与えられる. 式 (4.15) の遷移行列では, 散乱波動関数としてポテンシャルの影響を受けていない平面波が用いられているため, この計算法はしばしば**平面波近似** (plane wave approximation) とよばれる[5]. 本章では全ての計算を平面波近似で行う. そこで以下の議論では, 上式の T および σ に付与されている添え字の (1) を省略する. また, $d\Omega_\beta$ の添字 β も表記から落とすこととする.

遷移行列を計算するにあたっては, 中性子と標的核の間にはたらくポテンシャル (核力ポテンシャル) V を求める必要がある. ここでは図 4.2 に示されている**畳み込み模型**に基づいて V を求めることにしよう. 畳み込み模型では, V を,

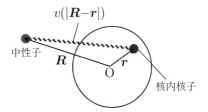

図 **4.2** 畳み込み模型.

---

[5] ボルン近似ともよばれる.

原子核を構成する**核子**（nucleon: 陽子と中性子の総称）と入射中性子の間にはたらく相互作用 v を，原子核の密度分布 ρ という重みを付けて積分したものとして評価する．式で書けば

$$V(R) = \int v(|\boldsymbol{r} - \boldsymbol{R}|)\rho(r)\,d\boldsymbol{r} \quad (4.17)$$

となる．ただしここでは簡単のため，v は中心力ポテンシャルで与えられるものとし，原子核の密度分布 ρ は等方的である（$\boldsymbol{r}$ の角度によらない）とした[6]．ρ は，位置 $\boldsymbol{r}$ で観測を行ったとき，その場所に原子核内の核子のいずれかを見出す確率（以下，単に「核子の存在確率」と表記）である．その確率を重みとして v の"期待値"を取るという式 (4.17) は，直観的にも理解が容易な式であろう．

式 (4.17) を式 (4.15) に代入すると

$$T_{\beta\alpha} = \int \frac{1}{(2\pi)^{3/2}} e^{-i\boldsymbol{K}_\beta \cdot \boldsymbol{R}} v(|\boldsymbol{r} - \boldsymbol{R}|)\rho(r) \frac{1}{(2\pi)^{3/2}} e^{i\boldsymbol{K}_\alpha \cdot \boldsymbol{R}} d\boldsymbol{r}d\boldsymbol{R} \quad (4.18)$$

となる．なお本書では，積分記号 $\int$ の数は必ずしも積分変数の数には一致させず，必要に応じて適当な数だけ式中に配置することとする．ここで，v としてゼロレンジ相互作用を採用する：

$$v(\boldsymbol{s}) = \bar{v}_0 \delta(\boldsymbol{s}). \quad (4.19)$$

これは接触型相互作用 (contact interaction) ともよばれるもので，関与する 2 粒子が重なったときのみはたらく相互作用である[7]．$\bar{v}_0$ は相互作用の強さを表すが，その次元はエネルギーではなく，[エネルギー・長さ^3] であることに注意すること．デルタ関数の性質より，$\boldsymbol{r}$ についての積分はただちに実行できて

$$T_{\beta\alpha} = \frac{\bar{v}_0}{(2\pi)^3} \int e^{-i\boldsymbol{K}_\beta \cdot \boldsymbol{R}} \rho(R) e^{i\boldsymbol{K}_\alpha \cdot \boldsymbol{R}} d\boldsymbol{R} = \frac{\bar{v}_0}{(2\pi)^3} \tilde{\rho}(-\boldsymbol{q}) = \frac{\bar{v}_0}{(2\pi)^3} \tilde{\rho}(\boldsymbol{q}). \quad (4.20)$$

ただしここで

$$\boldsymbol{q} = \boldsymbol{K}_\alpha - \boldsymbol{K}_\beta \quad (4.21)$$

---

[6] このとき，V は R の方向に依存しない．このことは，第 10 章 10.4.6 項で紹介する多重極展開を利用すれば容易に示すことができる．

[7] デルタ関数は発散を含む．この表式は積分を前提としたものである．

は移行運動量であり，$\tilde{\rho}$ は ρ のフーリエ変換である[8]：

$$\tilde{\rho}(\boldsymbol{Q}) \equiv \int \rho(r) e^{-i\boldsymbol{Q}\cdot\boldsymbol{r}} d\boldsymbol{r}. \quad (4.22)$$

式 (4.20) を式 (4.16) に代入すると

$$\frac{d\sigma}{d\Omega} = \frac{(2\pi)^4 m^2}{\hbar^4} \left| \frac{\bar{v}_0}{(2\pi)^3} \tilde{\rho}(q) \right|^2 = \frac{m^2}{(2\pi\hbar^2)^2} |\bar{v}_0|^2 |\tilde{\rho}(q)|^2 \quad (4.23)$$

を得る．式 (4.23) より，弾性散乱の角分布は，原子核密度のフーリエ変換の絶対値二乗に比例することがわかる．すなわち，構造を解明したい対象（標的原子核）の空間分布が運動量分布（入射粒子が持ち込んだ運動量に対する応答情報）に変換され，その強度が断面積として観測されるのである．平面波近似は摂動の1次のみが取り入れられた粗い計算法ではあるが，このように，解明したいミクロの情報と測定されるマクロの観測量との関係が極めて明快であるという優れた特徴を備えている．

なお，有限レンジの核子間相互作用 v を用いる場合には，式 (4.18) は

$$T_{\beta\alpha} = \int \frac{1}{(2\pi)^{3/2}} e^{-i\boldsymbol{K}_\beta \cdot (\boldsymbol{s}+\boldsymbol{r})} v(s) \rho(r) \frac{1}{(2\pi)^{3/2}} e^{i\boldsymbol{K}_\alpha \cdot (\boldsymbol{s}+\boldsymbol{r})} d\boldsymbol{r} d\boldsymbol{R}$$

$$= \frac{1}{(2\pi)^3} \tilde{\rho}(q) \tilde{v}(q) \quad (4.24)$$

となる．ここで $\tilde{v}$ は v のフーリエ変換である．式 (4.24) は，$\tilde{v}$ の分布に応じて $\tilde{\rho}$ の情報がぼやけることを意味している．

§ 4.3 階段型密度分布

式 (4.23) を用いれば，原理的には ρ の分布そのものを（近似の精度の範囲内で）決定することができる．ただしここでは，極めて単純な階段型密度分布

$$\rho(r) = \rho_0 \Theta(r - r_0), \quad \Theta(x) = \begin{cases} 1 & (x > 0) \\ 0 & (x < 0) \end{cases} \quad (4.25)$$

---

[8] ρ は $\boldsymbol{r}$ の方向によらないため，式 (4.20) のフーリエ変換は $\boldsymbol{q}$ の大きさのみの関数となる．このことは，式 (4.24) で現れる $\tilde{v}$ についても同様に当てはまる．

を仮定し，反応解析の簡単化を図ることにする．前節で述べた ρ の定義より，その規格化条件は

$$\int \rho(r) d\boldsymbol{r} = A \tag{4.26}$$

と表すことができる．ただし A は原子核の核子数である．式 (4.25) を代入すると，

$$4\pi\rho_0 \int_0^\infty \Theta(r-r_0) r^2 dr = 4\pi\rho_0 \int_0^{r_0} r^2 dr = \frac{4\pi}{3}\rho_0 r_0^3 = A. \tag{4.27}$$

これより

$$\rho_0 = \frac{3A}{4\pi r_0^3} \tag{4.28}$$

と定まる．したがって，階段型密度分布を特徴づけるパラメータは，その広がり r_0 のみであることがわかる．この r_0 を決定することが，ここでの反応解析の主な目的である．

式 (4.25) より，

$$\tilde{\rho}(q) = \int \rho_0 \theta(r-r_0) e^{i\boldsymbol{q}\cdot\boldsymbol{r}} d\boldsymbol{r} = \frac{4\pi\rho_0}{q} \int_0^{r_0} r\sin(qr) dr$$

$$= \frac{4\pi\rho_0}{q} \frac{\sin(qr_0) - qr_0\cos(qr_0)}{q^2} = \frac{3A}{q^3 r_0^3}[\sin(qr_0) - qr_0\cos(qr_0)] \tag{4.29}$$

となる．ただし式 (4.28) を用いた．以下，この表式を用いて角分布の計算を行うが，それに先立ち，原子核の半径の定義について少し考えてみることにしよう．

§ 4.4　半値半径と平均二乗根半径

我々の身のまわりにある様々な球体に関しては，その半径の定義は明確であろう．しかし我々の研究対象は量子力学によって支配される"もの"であるから，その形態は，粒子の存在確率の分布として捉える他ない．このことを念頭に置いて，原子核の密度分布と半径の対応関係を考えてみよう．まず明らかなのは，半径の定義は一意ではないということである．密度分布こそが，原子核の形態

を捉える際に参照すべきものであって，半径とは，そのある性質（側面）を抜き出したものにすぎないのである．とはいえ，密度分布を半径という1つの数字に集約することで得られる恩恵は決して無視できない．特に系統的な分析を行う場合には，半径の算定はほとんど必須といってもよいであろう．密度分布の広がりを表す指標としては，**半値半径** (half-value radius) $r_{1/2}$ と**平均二乗根半径** (root mean square radius) $r_{\rm rms}$ の2つが広く用いられている．

半値半径とは，密度が中心部の値の半分となる場所の，中心からの距離である．半値半径は，中心部付近の密度が一定で，かつ表面で密度が急激に小さくなるような分布に対して，分布の広がりの良い指標となる．たとえば前節で取り上げた階段型密度分布に適用すると，

$$r_{1/2} = r_0 \tag{4.30}$$

が得られる．これは直観ともよく合致する"半径"の値といえるであろう．しかし，たとえば中心部の密度分布が極端に小さく，表面に分布が集中しているような場合には，半値半径は分布の広がりの適切な指標とはなりえない．

一方平均二乗根半径は，次のように定義される：

$$r_{\rm rms} = \sqrt{\frac{\int \rho(r)\, r^2 d\boldsymbol{r}}{\int \rho(r)\, d\boldsymbol{r}}}. \tag{4.31}$$

平方根中の分子は r^2 の期待値であり，分母は確率分布の総和を表している．すなわち平均二乗根半径は，密度分布が確率分布であるという本来の定義に基づいて，期待値から算定した分布の広がりである．$r_{\rm rms}$ は分布の性質によらず，その広がりとして意味のある値を取る．したがって，平均二乗根半径は半値半径よりも汎用的であるといえるだろう．階段型密度分布に対して $r_{\rm rms}$ を計算すると，式 (4.25), (4.31) より

$$r_{\rm rms}^2 = \int_0^{r_0} r^4 dr \Big/ \int_0^{r_0} r^2 dr = \frac{3}{5} r_0^2 \rightarrow r_{\rm rms} = \sqrt{\frac{3}{5}}\, r_0 = \sqrt{\frac{3}{5}}\, r_{1/2} \tag{4.32}$$

となる．このように，一般に $r_{1/2}$ と $r_{\rm rms}$ には有意の差がある．

半値半径と平均二乗根半径のどちらが正しいかという問いには，あまり意味がない．目的に応じて，また，分布の性質に応じて，適切に使い分けるという

のが"正解"であろう．

§4.5 実験データの解析

本章で解析の対象とする反応は，65 MeV の中性子による弾性散乱とし，標的核としては ^{12}C, ^{40}Ca, ^{208}Pb の 3 種を考える．式 (4.29) を式 (4.23) に代入し，角分布の計算値が実験データを良く再現するように r_0 と $|\bar{v}_0|$ を決定することが解析の目的である．このようにして得られた角分布の結果を図 4.3 に示す．

それぞれの標的核に対する角分布の実験データ（計算結果）が丸（実線），四角（破線），三角（点線）で表されている．解析で得られた r_0 と $|\bar{v}_0|$ の値を表 4.2 に示す．実験データはいずれも，散乱角 θ の増加とともに振動しながら減少している．この振動パターンは，図 4.1 で示した干渉パターンと本質的には同じものである[9]．図 4.3 より，前方の角度では，平面波近似に基づく理論計算の結果は実験データと良く一致していることがわかる．もちろん，データとの一致が良くなるように r_0 と $|\bar{v}_0|$ を決定したわけであるが，ただ 2 つの調整

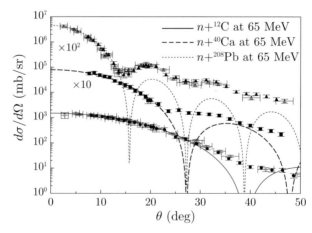

図 4.3 65 MeV の中性子による弾性散乱の角分布．標的核は ^{12}C（実線，丸），^{40}Ca（破線，四角），^{208}Pb（点線，三角）の 3 種類．実験データは文献 [7,8] による．

---

[9] ただし，あらゆる反応系（入射粒子と標的核の組み合わせ），入射エネルギーでこのような角分布が観測されるわけではない．中性子入射の場合も，入射エネルギーが低いと角分布は大きく変化する．その実例は第 8 章で取り扱う．

§4.5 実験データの解析

表 4.2 r_0 (fm) および $|\bar{v}_0|$ (MeV·fm^3) の値.

	^{12}C	^{40}Ca	^{208}Pb
r_0	3.8	5.4	9.3
$|\bar{v}_0|$	268	186	84.0

パラメータで断面積の前方の傾向をこれだけうまく再現できるかどうかは自明ではない．その一方で，後方角度では，r_0 と $|\bar{v}_0|$ をどのように調整してもデータを再現することができない．これらのことは，それぞれ平面波近似の威力と限界を表しているといえよう．実験データが示すように，後方散乱の微分断面積は，前方角度での値と比べて数桁程度小さい．断面積が小さいということは，それだけその反応が起きる確率が小さいということである．値の小さな断面積を再現するには，高い計算精度をもった模型（理論）が必要となることは想像にかたくない．第 5 章では，解析に用いる模型を改良することによって，後方角度における実験データの再現性が大きく改善することを示す．

> $|\bar{v}_0|$ は 2 核子の間にはたらく相互作用の強さの目安であるから，単純に考えれば標的核（や入射エネルギーなど）によらないはずである．しかし表 4.2 に示されているように，実際には $|\bar{v}_0|$ は標的核に強く依存している．このことは，$|\bar{v}_0|$ あるいは式 (4.17) 中の v が，単純な意味での基本相互作用ではないことを示唆している．本書では深く立ち入らないが，これは本質的には原子核が有限量子多体系であることの帰結といってよい．原子核反応論における v に対して 1 つの見通しを与える理論として，ワトソン (Kenneth M. Watson) の多重散乱理論 [9] がある（文献 [10] もあわせて参照のこと）．ここでは $|\bar{v}_0|$ は研究や考察の対象とせず，断面積の絶対値を決めるもの，という程度に考えておくことにしよう．

ここで，角分布の計算で r_0 と $|\bar{v}_0|$ が何を特徴づけているかを見ておこう．式 (4.29) を $qr_0 = 0$ のまわりでテイラー展開すると

$$\tilde{\rho}(q) \sim \frac{3A}{(qr_0)^3}\left[qr_0 - \frac{1}{6}(qr_0)^3 + \frac{1}{120}(qr_0)^5\right]$$

$$- \frac{3A}{(qr_0)^3}qr_0\left[1 - \frac{1}{2}(qr_0)^2 + \frac{1}{24}(qr_0)^4\right]$$

$$= \frac{3A}{(qr_0)^3}\left[\frac{1}{3}(qr_0)^3 - \frac{1}{30}(qr_0)^5\right] = A\left[1 - \frac{1}{10}(qr_0)^2\right] \quad (4.33)$$

が得られる.これは,qr_0 の 2 次まで取った $\tilde{\rho}$ の計算に相当する.式 (4.33) を式 (4.23) に代入すると,同じく qr_0 の 2 次までで

$$\frac{d\sigma}{d\Omega} \sim \frac{m^2}{(2\pi\hbar^2)^2}|\bar{v}_0|^2\left|A\left[1 - \frac{1}{10}(qr_0)^2\right]\right|^2$$

$$\sim \frac{m^2 A^2}{(2\pi\hbar^2)^2}|\bar{v}_0|^2\left[1 - \frac{1}{5}(qr_0)^2\right] \quad (4.34)$$

を得る.すなわち角分布は,q の 2 次関数(放物線)となることがわかる.r_0 は,その放物線の広がりを決めている.したがって,前方で角分布のデータが精度良く与えられていれば,その関数の形(減衰の度合い)から r_0 を決めることができる.一方,$|\bar{v}_0|$ は角分布の絶対値から求まる.

式 (4.34) で $q = 0$ とすると,

$$\left.\frac{d\sigma}{d\Omega}\right|_{\theta\sim 0°} \sim \frac{m^2 A^2}{(2\pi\hbar^2)^2}|\bar{v}_0|^2 \quad (4.35)$$

が得られる[10].この結果は,式 (4.20),(4.23) から直接得ることもできる.この断面積は標的核の質量数の 2 乗に比例している.これは,$\tilde{\rho}$ の定義式 (4.22) から明らかなように,$q = 0$ のとき,$\tilde{\rho}$ が密度分布の全空間にわたる積分値($= A$)となるためである.すなわち,最前方の微分断面積は,散乱標的の密度の積分値を反映したものと解釈することができる.もちろんこの解釈は,平面波近似が成立する場合にのみ正確であるが,角分布を解釈する際の 1 つの足場となるだろう.

---

[10] 散乱角が 0° のときには,微分断面積の定義そのものを考え直す必要がある.詳細については付録 A を参照のこと.ここでは,その問題が顕在化しない程度には大きく,しかし式 (4.35) が成立するとみなせるほどに小さい散乱角を想定し,これを「最前方」と表現している.

§4.5 実験データの解析

以下，式 (4.34) を利用した解析の例を紹介する．解析の対象としては，最前方の測定値が存在する実験データを選ぶ必要がある．ここでは，136 MeV の中性子と ^{208}Pb との弾性散乱断面積のデータ [11] を採用することとする．図 4.4 に解析の結果を示す．横軸は移行運動量 $q = 2K_\alpha \sin(\theta/2)$ である．横軸の上限 $q = 0.5$ fm^{-1} は，いまの場合 $\theta \sim 11°$ に対応している．実線が，式 (4.34) を用いて前方 2 点のデータ（中心値）から r_0 と $|\bar{v}_0|$ を決定した結果である．このとき，$|\bar{v}_0| = 107$ MeV·fm^3, $r_0 = 8.3$ fm となる．前方 4 点（$q \sim 0.15$ fm^{-1} 以下）の実験値の傾向をおおむね再現していることが見てとれる．5 点目以降，特に 7 点目あたりから，計算結果はデータの傾向を再現できない．これは，式 (4.34) を導く際に無視した qr_0 の高次の影響であると考えられる（このことは数値計算で直接確認することができる）．

ここで得られた r_0 と $|\bar{v}_0|$ は，表 4.2 中にある ^{208}Pb に対する結果とは異なっている．前者は 136 MeV のデータの前方 2 点だけで決定した結果，後者は 65 MeV のデータをできるだけ後方まで再現するようにして決めた結果である．そこで 136 MeV のデータについても，式 (4.29) を用いてなるべく後方までデータに合うようにしてみると，$r_0 = 9.3$ fm という結果が得られる．図 4.4 の破線が，そのときの結果である（$|\bar{v}_0|$ は 107 MeV·fm^3 のまま）．前方では実

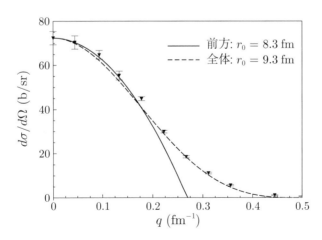

図 4.4 136 MeV の中性子と ^{208}Pb の弾性散乱角分布．横軸は移行運動量．実線は，式 (4.34) を用いた結果 ($r_0 = 8.3$ fm)．破線は $r_0 = 9.3$ fm とした平面波近似の結果．実験データは文献 [11] による．

線の方がデータとの一致が良いが，破線は $q = 0.5$ fm^{-1} までの全域で，ほぼ実験値のエラーバーの中に収まっている．実験データに有限の誤差があり，また平面波近似の信頼性がどの q まで担保されているかが明確でない[11]以上，r_0 として 8.3 fm と 9.3 fm のどちらが正解かという議論にはあまり意味がないと考えられる．むしろ，この 2 つの値の違いはたかだか 10 ％ 程度であり，用いている模型の単純さからすると，十分許容できる差であるといえよう．

§4.6 密度の飽和性

では，表 4.2 で示した解析結果を分析しよう．特にここでは r_0 に着目する．原子核の半径を r_0 と r_{rms} のどちらとみなしても，その ^{12}C, ^{40}Ca, ^{208}Pb についての比は

$$1.0 : 1.4 : 2.5 \tag{4.36}$$

となる．この比を，A^n の比 ($n = 1, 2, 1/2, 1/3, 1/4$) と比較したものが表 4.3 である．この結果から，半径の比と最も対応が良いのは $A^{1/3}$ の比であることがわかる．すなわち原子核の半径 r_{nucl} は，比例定数を c_0 として

$$r_{\mathrm{nucl}} \sim c_0 A^{1/3} \tag{4.37}$$

で与えられることが，平面波近似を用いた反応解析から導き出される．

式 (4.37) は**密度の飽和性**を表しており，原子核の密度分布を特徴づける極めて重要な式である．その意味は，原子核内の核子数密度 $\bar{\rho}$ が

$$\bar{\rho} = \frac{A}{V_{\mathrm{nucl}}} = \frac{A}{4\pi r_{\mathrm{nucl}}^3/3} \sim \frac{3}{4\pi} \frac{1}{c_0^3} \tag{4.38}$$

という<u>定数</u>となることから理解できる．ただしここで V_{nucl} は原子核の体積で

表 4.3 原子核の"半径"の比と質量数 A の n 乗の比．いずれも ^{12}C を基準とする．

	半径	A	A^2	$A^{1/2}$	$A^{1/3}$	$A^{1/4}$
^{12}C	1.0	1.0	1.0	1.0	1.0	1.0
^{40}Ca	1.4	3.3	11.1	1.8	1.5	1.4
^{208}Pb	2.5	17.3	300.4	4.2	2.6	2.0

---

[11] 正確には，これは現時点での立場であって，第 8 章で述べる方法で正確な散乱波を計算すれば，平面波近似の信頼性を定量的に評価することはもちろん可能である．

ある．数密度が原子核によらず一定であるということは，核子数が増加しても，密度が $\bar{\rho}$ 以上の値を取ることはできないということであり，原子核の密度が飽和しているということである．この事実は，原子核を非圧縮性の流体として捉える，いわゆる液滴模型の基礎となっている[12]．

§4.7　原子核の密度分布

前節で見たように，中性子と原子核の弾性散乱の実験データを解析することにより，原子核の密度分布の情報を得ることができる．上の例では，平面波近似を用い，接触型の核子間相互作用の畳み込みで中性子-原子核のポテンシャルを記述し，さらに原子核の密度分布として階段型の関数を仮定して，反応解析を行った．実際には，そのような近似的取り扱いや事前の仮定を行わず，様々な入射エネルギーにおいて，様々な標的核に対する断面積の測定と解析がなされた[13]．入射粒子として用いられたのは，主として電子，陽子，α 粒子，そして中性子である．本節では，そのような系統的な解析で得られた，原子核の密度分布についての知見を紹介することにしよう．

原子核の密度分布がもつ特徴は，次の3つにまとめることができる．

1. 原子核中心付近の核子数密度 ρ_0 は，全ての原子核でほぼ一定の値 $\rho_0 \sim 0.17$ (fm^{-3}) を取る（密度の飽和性）．
2. 原子核の密度は，核表面付近で急速に減少する．密度が $\rho_0/2$ となる半径 R_0 はある程度重い（A が大きい）核では約 $1.1A^{1/3}$ となる．密度が中心値の 90 % から 10 % に変化する領域の幅 d_0 は，非常に軽い核を除いて一定で，約 2.4 fm である．すなわち原子核は，はっきりとした表面（正確には表面領域）をもつ．
3. 陽子と中性子は区別なく分布している．すなわち核子として等しく分布している（図 4.5(b) を参照）．

上記 1. と 2. の特徴をもつ原子核の密度分布は，次のウッズ-サクソン型の関

[12) この原子核の描像は極めて"原始的"なものであり，現実の原子核は極めて多彩な様相を示す．詳しくは，原子核物理学（特に原子核構造論）の専門書を参照のこと．
[13) 弾性散乱の角分布だけでなく，第 6 章で取り扱う全反応断面積や，本書では扱わない，スピンの自由度が関わる観測量も解析対象として用いられる．また歴史的には，電子散乱を用いた原子核の電荷密度分布の決定が，極めて重要な役割を果たしてきた．

数によってうまく表現することができる:

$$\rho(r) = \frac{\rho_0}{1 + \exp\left[(r - R_0)/a_0\right]}. \tag{4.39}$$

ここで広がり (radial) パラメータ R_0 は上述のとおりおよそ $1.1A^{1/3}$ であるが，軽い核に対する補正を入れると

$$R_0 \sim 1.12A^{1/3} - 0.86A^{-1/3} \text{ [fm]} \tag{4.40}$$

となることが知られている．拡散 (diffuseness) パラメータ a_0 は一定値

$$a_0 \sim 0.54 \text{ [fm]} \tag{4.41}$$

を取る．

$\rho(r) = 0.9\rho_0$ のとき $\exp[(r - R_0)/a_0] = 1/9$ であり，$\rho(r) = 0.1\rho_0$ のとき $\exp[(r - R_0)/a_0] = 9$ である．よって上で定義した表面領域の幅 d_0 は

$$d_0 = a_0 \ln 9 + R_0 - (a_0 \ln 9^{-1} + R_0) = 4a_0 \ln 3 \sim 4.4a_0 \tag{4.42}$$

で与えられる．$a_0 = 0.54$ のとき，確かに $d_0 \sim 2.4$ となっている．

ρ_0 は規格化条件

$$\int \rho(r)\, d\boldsymbol{r} = A \tag{4.43}$$

から決定されるが，その値はおよそ 0.17 となる[14]．このとき，核子の平均距離は

$$\frac{1}{\bar{\rho}^{1/3}} \sim 1.8 \text{ [fm]} \tag{4.44}$$

となる．陽子の半径が約 0.88 fm であることを考えると，核子が相当な密度で詰まっているという描像が浮かび上がってくるであろう．なお原子核の質量密度 $\bar{m}$ は，核子 1 個の質量を，1 g（1 mol の水素原子の質量）をアボガドロ定数で割ったものと見積もって，

$$\bar{m} \sim 0.17 \times \left(10^{13}\right)^3 \times \frac{1}{6.02 \times 10^{23}} \sim 2.8 \times 10^{14} \text{ [g/cm}^3\text{]} = 2.8 \times 10^8 \text{ [t/cm}^3\text{]} \tag{4.45}$$

§4.7 原子核の密度分布

と求まる．すなわち，1 cm^3 あたり約3億トンである．

図 4.5 に，式 (4.39) で求めた原子核の密度分布を示す．左の図の実線，破線，点線はそれぞれ ^{12}C, ^{40}Ca, ^{208}Pb の密度分布である．上述の 1. と 2. の性質が満たされていることが見てとれる．右の図は，^{208}Pb の核子密度分布（実線：左の図の点線と同じもの）を陽子の分布 ρ_p（破線）と中性子の分布 ρ_n（点線）に分けたものである．性質 3. より，

$$\rho_p(r) = \frac{Z}{A}\rho(r), \quad \rho_n(r) = \frac{N}{A}\rho(r) \tag{4.46}$$

としてプロットしている．ここで Z と N はそれぞれ陽子数（原子番号）と中性子数である．右の図は見方に少し注意が必要である．図では ρ_p と ρ_n の大きさに違いがあるが，これは，^{208}Pb の中の 1 つの核子を観測したとき，その核子が陽子であるか中性子であるかが，^{208}Pb に含まれる陽子と中性子の数の比で決まるということを表しているにすぎない．これは，n 個の赤い玉と m 個の白い玉から無作為に 1 つ球を取り出す問題と同等である．意味をもっているのはあくまで核子の分布なのである．捉え方としては，陽子と中性子が完全に混在している核子の集団をイメージすればよいだろう[15]．

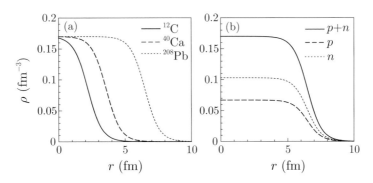

図 4.5 (a) ^{12}C（実線），^{40}Ca（破線），^{208}Pb（点線）の密度分布．(b) ^{208}Pb の核子密度（実線），陽子密度（破線），中性子密度（点線）．

---

[14] 実は式 (4.40) の補正は，この条件を満たすように取り入れられたものである．
[15] 詳細に見れば，陽子と中性子の分布には差が存在する．たとえば ^{208}Pb では，中性子は陽子よりもほんのわずか外にしみ出している．しかしそれは極めて精密な話であって，基本的には，陽子と中性子は区別なく分布すると理解しておいてよい．なお，第 6 章ではこの想定が著しく崩れる例を紹介する．

§4.8 核子-原子核間ポテンシャル

前節で述べた系統的な解析の結果，入射粒子と標的原子核の間にはたらくポテンシャルについての知見も飛躍的に深まった．ここでは，数 MeV から 200 MeV 程度の入射エネルギー領域における，核子と原子核の間にはたらく核力ポテンシャルの特徴を大まかにまとめておく．これらは，実験データを系統的に説明することを条件として見出された，**現象論的な性質**である．

1. 実部と虚部（いずれも符号は負）をもつ複素ポテンシャルである．
2. 多くの場合，関数形は原子核の密度分布に近い．ただし広がりパラメータ，拡散パラメータともに原子核の密度分布に用いられる値よりも若干大きい．
3. 入射エネルギー E に依存する．一般に実部は E とともに深さが浅くなり，虚部は E とともに深さが増大する．また，エネルギーが低い領域を中心として，虚部に密度分布の微分型（表面にピークをもつ形）が用いられることがある[16]．

非常に不可解な性質が 1. であろう．というのも，複素ポテンシャルは非エルミート演算子であり，通常，初等量子力学ではそのような相互作用は扱わないからである．この複素ポテンシャルの理論的基礎付けについては第 7 章で詳しく論じることにする．ここでは，現象論的に得られた事実として複素ポテンシャルの存在を受け入れるという立場で話を進めることにしよう．

まず，ポテンシャルの虚部の役割を明らかにしておこう．簡単のため 1 次元の問題を考える．シュレディンガー方程式は

$$\left[-\frac{\hbar^2}{2m}\frac{\partial^2}{\partial x^2} + V(x,t) + iW(x,t) \right] \chi(x,t) = i\hbar \frac{\partial}{\partial t}\chi(x,t) \quad (4.47)$$

で与えられる．ただし V および W は実数の関数であるとし，W は 0 または負であるとする．この粒子の確率密度

$$\rho(x,t) = |\chi(x,t)|^2 \quad (4.48)$$

と確率の流れ密度（流束）

$$j(x,t) = \mathrm{Re}\frac{\hbar}{mi}\chi^*(x,t)\frac{\partial \chi(x,t)}{\partial x} \quad (4.49)$$

---

[16] さらにエネルギーが高い領域では，実部が斥力的になることが知られている．

§4.8 核子-原子核間ポテンシャル

の間には

$$\frac{\partial \rho(x,t)}{\partial t} + \frac{\partial j(x,t)}{\partial x} = \frac{2}{\hbar}\rho(x,t)W(x,t) \tag{4.50}$$

という関係が成り立つ.

式 (4.50) は次のようにして示すことができる．まず，式 (4.50) の左辺第 1 項を具体的に計算すると，

$$\begin{aligned}\frac{\partial \rho(x,t)}{\partial t} &= \frac{\partial \chi(x,t)}{\partial t}\chi^*(x,t) + \chi(x,t)\frac{\partial \chi^*(x,t)}{\partial t} \\ &= \frac{1}{i\hbar}\chi^*(x,t)\left[-\frac{\hbar^2}{2m}\frac{\partial^2}{\partial x^2} + V(x,t) + iW(x,t)\right]\chi(x,t) \\ &\quad - \frac{1}{i\hbar}\chi(x,t)\left[-\frac{\hbar^2}{2m}\frac{\partial^2}{\partial x^2} + V(x,t) - iW(x,t)\right]\chi^*(x,t) \\ &= -\frac{\hbar}{2mi}\left[\chi^*(x,t)\frac{\partial^2 \chi(x,t)}{\partial x^2} - \chi(x,t)\frac{\partial^2 \chi^*(x,t)}{\partial x^2}\right] \\ &\quad + \frac{2}{\hbar}W(x,t)\chi(x,t)\chi^*(x,t) \end{aligned} \tag{4.51}$$

となる．ただし，$\partial \chi^*/\partial t$ は式 (4.47) の複素共役を取ることによって求めた．一方，流束の x 微分は

$$\begin{aligned}\frac{\partial j(x,t)}{\partial x} &= \frac{\partial}{\partial x}\left(\frac{\hbar}{2mi}\left[\chi^*(x,t)\frac{\partial \chi(x,t)}{\partial x} - \chi(x,t)\frac{\partial \chi^*(x,t)}{\partial x}\right]\right) \\ &= \frac{\hbar}{2mi}\left[\chi^*(x,t)\frac{\partial^2 \chi(x,t)}{\partial x^2} - \chi(x,t)\frac{\partial^2 \chi^*(x,t)}{\partial x^2}\right]. \end{aligned} \tag{4.52}$$

式 (4.51) と式 (4.52) を辺々加えると，式 (4.50) が得られる.

式 (4.50) を区間 x_1 から x_2 まで積分すると，

$$\int_{x_1}^{x_2}\frac{\partial \rho(x,t)}{\partial t}dx + \int_{x_1}^{x_2}\frac{\partial j(x,t)}{\partial x}dx = \frac{2}{\hbar}\int_{x_1}^{x_2}\rho(x,t)W(x,t)\,dx \tag{4.53}$$

より，

$$\frac{d}{dt}\int_{x_1}^{x_2}\rho(x,t)\,dx = [j(x_1,t) - j(x_2,t)] - \frac{2}{\hbar}\int_{x_1}^{x_2}\rho(x,t)|W(x,t)|\,dx \tag{4.54}$$

を得る．ただしここで，式の意味を理解しやすくするために

$$W(x,t) \to -|W(x,t)| \tag{4.55}$$

と表記した．式 (4.54) の意味は，$x_1 \leq x \leq x_2$ の区間に粒子が存在する確率の時間変化は，粒子（の確率の流れ）が x_1 から流入する量と x_2 から出ていく量の差から，$|W|$ の当該区間にわたる期待値の $2/\hbar$ 倍を引いたもので与えられるというものである．すなわち負の虚数ポテンシャル W は確率を減少（消失）させる役割を果たしていることがわかる．この現象を，標的核による入射粒子の**吸収**と表現し，吸収をもたらす複素ポテンシャルを**光学ポテンシャル** (optical potential) とよぶ．吸収の実体については第 6 章で議論する．

この吸収という概念を用いると，図 4.3 で示されている振動パターンが現れる理由を，波の回折現象によって簡単に説明することができる．もし，原子核による吸収が非常に強ければ，入射した波のうち，原子核の端で回折するものだけが弾性散乱のイベントとして観測されるであろう．これは図 4.1 で示した干渉実験そのものであり，このとき観測される現象をフラウンホーファー回折とよぶ．裏を返せば，このフラウンホーファー回折のパターンが観測されていることが，原子核による吸収が強いことを端的に示しているといえる．

> フラウンホーファー回折が観測されるためには，吸収が強いことと，波源および観測点がいずれも散乱体から無限に離れているという 2 つの条件が必要である．入射粒子と標的核の間に強いクーロン相互作用がはたらく場合には，古典軌道が大きく曲がるため，実質的に波源が原子核から有限の距離にある場合の散乱に移行する．このときは，散乱体がつくる影の大きさが観測される波の強度に色濃く反映される．これをフレネル回折とよぶ．ある程度のエネルギーをもった中性子が入射する場合には，吸収が強くありさえすればフラウンホーファー回折が実現する．

§4.9 黒体モデル

平面波近似には，前節で述べた吸収の効果が取り入れられていない．なぜなら，我々が採用したモデルでは，相互作用の情報は全て $|\bar{v}_0|$ という量に押し込められてしまい，相互作用が実数か複素数かは，断面積の計算結果にまったく影響しないからである．さらにいえば，平面波近似では相互作用が引力か斥力

§ 4.9 黒体モデル

かの区別も実際にはできていないのである.

ここで，表 4.2 に示されている r_0 の値から式 (4.37) の比例係数 c_0 を求めてみよう．3 つの原子核の平均値を取ると，$c_0 \sim 1.6$ となる．すなわち，階段型で表した原子核の密度分布の半値半径は，4.5 節に示した解析の結果,

$$r_0 \sim 1.6 A^{1/3} \tag{4.56}$$

となる．一方，ウッズ-サクソン型密度分布の半値半径 R_0 は，上述のとおりおよそ $1.1 A^{1/3}$ である．前者は後者よりも 50 % 近くも大きい．すなわち平面波近似は，式 (4.37) の比例係数を正しく求める精度を有していないといえる．その原因の 1 つとして考えられるのが，平面波近似では原子核による吸収が角分布に与える影響をまったく取り入れていない点である．

このことを定性的に理解するため，原子核を強い吸収体とみなす，黒体モデルを採用してみよう．具体的には，階段型の密度分布を仮定した上で，$r = r_0$ のごく近傍だけが反応に関与するとする．このとき,

$$\tilde{\rho}(q) \approx \Delta_{r_0} \int \rho(r) \delta(r - r_0) e^{i\boldsymbol{q}\cdot\boldsymbol{r}} d\boldsymbol{r} = \Delta_{r_0} \frac{4\pi \rho_0}{q} r_0 \sin(qr_0)$$
$$= \Delta_{r_0} \frac{3A}{r_0} \frac{\sin(qr_0)}{qr_0} \tag{4.57}$$

となる．ただし Δ_{r_0} は積分に関与する r の幅 ($r_0 \gg \Delta_{r_0}$) である．断面積の前方での振る舞いは

$$|\tilde{\rho}(q)|^2 \propto \left| \frac{1}{qr_0} \left[qr_0 - \frac{1}{6}(qr_0)^3 \right] \right|^2 \sim 1 - \frac{1}{3}(qr_0)^2 \tag{4.58}$$

で表される．式 (4.34) と比較すると，同じ r_0 の値に対して，q の関数として捉えた放物線の幅が 3/5 倍に狭まることがわかる．したがって，黒体モデルを用いて 4.5 節と同様に反応解析を行うことにより，平面波近似で得た表 4.2 の r_0 の値は約 $\sqrt{3/5}$ 倍になると推察される．式 (4.56) に対してこの補正を施すと,

$$r_0 \to \sqrt{\frac{3}{5}} \times 1.6 A^{1/3} \sim 1.2 A^{1/3} \tag{4.59}$$

となり，ウッズ-サクソン型密度分布の R_0 にかなり近い結果が得られる．また

$r_0 \gg \Delta_{r_0}$ であるから，吸収の効果によって断面積の絶対値が大幅に小さくなることが予想される．裏を返せば，吸収を取り入れた場合，これを考慮しない場合と比べて，反応解析で決定される $|v_0|$ の値は大きくなるであろう．

以上が，平面波近似に基づく反応解析で得られる結果に対し，吸収がもたらす影響の定性的（あるいは半定量的）な理解である．しかしこの理解を真に定量的なものとするには，平面波近似では力不足である．

§ 4.10 まとめ

散乱実験は，波の干渉を利用することによって，ミクロのスケールをもった観測対象の大きさを測定する手段である．第 3 章で学んだ 1 次の摂動計算では，弾性散乱の角分布は，観測対象の運動量分布の絶対値二乗に比例する．この計算法は平面波近似とよばれる．平面波近似は極めて原始的な反応模型であるが，散乱実験の結果に対して直観的な解釈を与えるという優れた長所を有している．本章では，65 MeV の中性子と原子核の弾性散乱実験の結果を平面波近似で分析することにより，原子核の密度の飽和性，すなわち原子核の半径が核子数 A の 1/3 乗に比例することを導いた．ただし，解析で得られた比例係数 (~ 1.6) は，よく知られている値 (~ 1.1) と比べて有意に大きい．また，平面波近似では角分布の後方はまったく再現することができない．これらのことは，平面波近似の限界を示唆していると考えられる．

これまでの系統的な研究により，核子と原子核の間には，エネルギーに依存する複素ポテンシャルが作用することがわかっている．このポテンシャルを光学ポテンシャルとよぶ．ポテンシャルの虚部 (< 0) は，入射粒子（の流束）の一部を消失させる役割を果たす．この消失は吸収とよばれる．その実体については第 6 章で議論する．また，複素ポテンシャルの起源は第 7 章で明らかとなる．平面波近似の枠組みでは，相互作用は 1 次の摂動で扱われ，入射状態と観測される状態を結びつける"強さ"という役割しかもっていない．したがって，平面波近似では上記の吸収の効果を正しく取り扱うことができない．そこで次章では，散乱問題の近似解法であるアイコナール近似を紹介し，これに基づいた反応解析を遂行する．

第 5 章 アイコナール近似に基づく反応解析

簡便かつ強力な反応模型であるアイコナール近似を紹介し，これを中性子と原子核の弾性散乱に適用する．

§5.1 散乱波のアイコナール近似計算

前章で我々は，平面波近似による核反応解析の実例を見た．平面波近似では，遷移行列を計算する際，始状態の波動関数を入射平面波としている．これは，ポテンシャルの影響を取り入れた散乱状態の波動関数を求めることなく，断面積の計算を行ったということである．このような近似計算には，散乱観測量と標的体の密度分布との関係が明快であるというメリットがあるが，同時に，実験データとの一致が限定的であったり，吸収の効果を定量的に分析・理解することができなかったりするというデメリットも存在する．この章では，平面波近似の限界を克服するべく，ポテンシャルの下での散乱波動関数を求める方法について学ぶ．ただし，正確な純量子力学的計算法については第 8 章に譲ることとし，本章では**アイコナール近似** (eikonal approximation) という，簡便かつ強力な散乱波の近似的計算法を紹介することにしよう[1]．計算の対象は，前章で取り扱った中性子と原子核の弾性散乱とする[2]．

我々の課題は，ポテンシャル U の下での時間に依存しないシュレディンガー方程式

$$\left[\hat{T}_{\boldsymbol{R}} + U(R) - E\right]\chi(\boldsymbol{R}) = 0 \tag{5.1}$$

を解き，その解である散乱波 χ を得ることである．ここで $\hat{T}_{\boldsymbol{R}}$ は入射中性子の運動エネルギー演算子

$$\hat{T}_{\boldsymbol{R}} = -\frac{\hbar^2}{2m}\boldsymbol{\nabla}_{\boldsymbol{R}}^2 \tag{5.2}$$

であり，E は入射エネルギー，m は中性子の質量である．これまでと同様，標

---
[1] アイコン (eikon) はギリシャ語で映像 (image) を意味する．聖画像の「イコン」や，コンピュータ用語の「アイコン」の語源でもある（ただしこれらのスペルは icon）．
[2] 無限のレンジをもつクーロン相互作用がはたらく場合については，第 9 章で議論する．

的核は入射中性子と比べて無限に重く，座標原点に静止していると仮定する．また，V としては中心力ポテンシャル（$\boldsymbol{R}$ の方向によらないもの）のみを考える．第 3 章で見たように，式 (5.1) の解 χ を散乱波動関数として採用した遷移行列

$$T_{\beta\alpha} = \langle \beta | U | \chi \rangle \tag{5.3}$$

を用いれば，ポテンシャルの影響を無限次まで取り入れた断面積の計算が可能である．以下，χ を近似的に求めるが，その近似の範囲内では，ポテンシャルの影響は全て（高次の項まで）取り入れられている点に留意すること．すなわち，本章で学ぶ計算法は摂動論的な手法ではない．

アイコナール近似では，図 5.1 に示すような円筒座標系を採用する．入射方向を z 軸とし，$\boldsymbol{R}$ を z 軸に垂直な平面に射影した 2 次元のベクトルを $\boldsymbol{b}$ と表記する．ϕ_R は $\boldsymbol{b}$ が x 軸となす角度であり，$\boldsymbol{b}$ の大きさ b は衝突径数に他ならない．当然，

$$R = \sqrt{b^2 + z^2} \tag{5.4}$$

である．初等力学で学ぶように，円筒座標系での $\boldsymbol{\nabla}_R$ の表現は

$$\boldsymbol{\nabla}_R = \boldsymbol{e}_b \frac{\partial}{\partial b} + \boldsymbol{e}_z \frac{\partial}{\partial z} + \boldsymbol{e}_{\phi_R} \frac{1}{b} \frac{\partial}{\partial \phi_R} \tag{5.5}$$

となる．ただし $\boldsymbol{e}_b, \boldsymbol{e}_z, \boldsymbol{e}_{\phi_R}$ はそれぞれ b, z, ϕ_R 方向の単位ベクトルである．

さて，ここで散乱波を

$$\chi(\boldsymbol{R}) = \psi(b, z) \frac{1}{(2\pi)^{3/2}} e^{i\boldsymbol{K}\cdot\boldsymbol{R}} = \psi(b, z) \frac{1}{(2\pi)^{3/2}} e^{iKz} \tag{5.6}$$

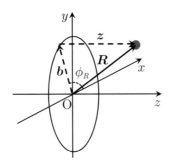

図 **5.1** 円筒座標系の図．

§5.1 散乱波のアイコナール近似計算

と表すことにしよう．ただし K は入射波数であり，

$$\frac{\hbar^2 K^2}{2m} = E \tag{5.7}$$

である．式 (5.6) は近似ではなく，単に散乱波をこのように表現することに決めただけである．なお，我々はポテンシャルとして中心力を考えているため，ハミルトニアン $\hat{H}$ は ϕ_R に対して対称であり，$\hat{H}$ の固有状態である χ もまた同じ対称性をもつ．式 (5.6) で ψ が ϕ_R によらないのはこのためである．式 (5.6) を式 (5.1) に代入すると，$\nabla_R^2 \chi$ という項の処理が必要になる．アイコナール近似では，その際に

$$\nabla_R^2 \psi(b, z) \approx 0 \tag{5.8}$$

とする．これは，ψ の R に関する変化が，平面波のそれと比べて小さいと想定する近似である．別のいい方をすると，ポテンシャルによって散乱波 χ は平面波から変化するが，その変化は緩やかであるというのが，アイコナール近似の考え方である．大雑把にいえば，これはエネルギーが高い場合に有効な近似である．近似の成立条件については，次節であらためて述べる．式 (5.8) を用いて $\nabla_R^2 \chi$ を計算すると，

$$\nabla_R^2 \chi \approx \psi(b,z) \left[\nabla_R^2 \frac{1}{(2\pi)^{3/2}} e^{iKz} \right] + 2 \left[\nabla_R \psi(b,z) \right] \cdot \left[\nabla_R \frac{1}{(2\pi)^{3/2}} e^{iKz} \right]$$
$$= -K^2 \psi(b,z) \frac{1}{(2\pi)^{3/2}} e^{iKz} + 2 \left[\frac{\partial}{\partial z} \psi(b,z) \right] iK \frac{1}{(2\pi)^{3/2}} e^{iKz} \tag{5.9}$$

となる．2 行目の第 2 項は，

$$\nabla_R \frac{1}{(2\pi)^{3/2}} e^{iKz} = iK \frac{1}{(2\pi)^{3/2}} e^{iKz} \boldsymbol{e}_z \tag{5.10}$$

と

$$\nabla_R \psi(b,z) = \boldsymbol{e}_b \frac{\partial}{\partial b} \psi(b,z) + \boldsymbol{e}_z \frac{\partial}{\partial z} \psi(b,z) \tag{5.11}$$

の内積を取った結果として得られる．

式 (5.9) を用いつつ，式 (5.6) を式 (5.1) に代入すると，

$$-\frac{\hbar^2}{2m}2\left[\frac{\partial}{\partial z}\psi(b,z)\right]iK\frac{1}{(2\pi)^{3/2}}e^{iKz}+U(R)\psi(b,z)\frac{1}{(2\pi)^{3/2}}e^{iKz}=0 \tag{5.12}$$

を得る．ここで式 (5.7) を用いた．この式を整理すると

$$\frac{\partial}{\partial z}\psi(b,z)=\frac{1}{i\hbar v}U(R)\psi(b,z) \tag{5.13}$$

となる．ただし

$$v\equiv\frac{\hbar K}{m} \tag{5.14}$$

であり，古典力学的な解釈をすれば，v は入射中性子の速さを表す．

式 (5.13) は変数分離型の z に関する微分方程式であるから，容易に解くことができる．その解は，積分定数を C として

$$\psi(b,z)=C\exp\left[\frac{1}{i\hbar v}\int_{-\infty}^{z}U(b,z')\,dz'\right] \tag{5.15}$$

で与えられる．この積分定数は，$z\to-\infty$ ではポテンシャルの影響が存在せず，散乱波は入射平面波となるという境界条件を課すことにより，

$$\lim_{z\to-\infty}\psi(b,z)=C\exp\left[\frac{1}{i\hbar v}\int_{-\infty}^{-\infty}U(b,z')\,dz'\right]=1 \tag{5.16}$$

から

$$C=1 \tag{5.17}$$

と定まる[3]．よって

$$\psi(b,z)=\exp\left[\frac{1}{i\hbar v}\int_{-\infty}^{z}U(b,z')\,dz'\right] \tag{5.18}$$

となり，アイコナール近似の下では，散乱波は

$$\chi(\boldsymbol{R})=\exp\left[\frac{1}{i\hbar v}\int_{-\infty}^{z}U(b,z')\,dz'\right]\frac{1}{(2\pi)^{3/2}}e^{iKz} \tag{5.19}$$

で与えられる．ポテンシャルの影響は，その z に関する積分値（を $i\hbar v$ で割っ

---

[3] 実際には式 (5.16) もアイコナール近似の一部である（次節参照）．

§ 5.2 アイコナール近似の成立条件

たもの) を指数の肩に乗せた因子で表現される．後に第 8 章で学ぶ，アイコナール近似を用いない正確な解法と比べると，これは極めて簡単な散乱波の計算法であるといえる．その平明さと適用範囲の広さから，アイコナール近似は様々な反応研究の最前線で活躍している．

§ 5.2 アイコナール近似の成立条件

では，式 (5.8) が成立する条件はどのように表されるであろうか．その答えはいくつかの方法で得られるが，ここでは，アイコナール近似で得られた結果を利用して近似の成立条件を評価することにしよう．式 (5.18) にラプラシアン ∇_R^2 を作用させると，

$$\begin{aligned}
\nabla_R^2 \psi(b,z) &= \frac{\partial^2}{\partial b^2}\psi(b,z) + \frac{\partial^2}{\partial z^2}\psi(b,z) \\
&= \frac{1}{i\hbar v}\left[\frac{\partial}{\partial z}U(R)\right]\psi(b,z) + \left[\frac{1}{i\hbar v}U(R)\right]^2\psi(b,z) \\
&\quad + \left[\frac{1}{i\hbar v}\int_{-\infty}^{z}\frac{\partial^2}{\partial b^2}U(b,z')dz'\right]\psi(b,z) \\
&\quad + \left[\frac{1}{i\hbar v}\int_{-\infty}^{z}\frac{\partial}{\partial b}U(b,z')dz'\right]^2\psi(b,z) \quad (5.20)
\end{aligned}$$

となる．ここで式 (5.13) を用いた．一方，平面波については

$$\nabla_R^2 e^{iKz} = \frac{\partial^2}{\partial z^2}e^{iKz} = -K^2 e^{iKz} \quad (5.21)$$

である．ψ の変化量と平面波のそれとの比を

$$\mathfrak{D} = \left|\frac{\nabla_R^2\psi(b,z)}{\psi(b,z)}\right| \Big/ \left|\frac{\nabla_R^2 e^{iKz}}{e^{iKz}}\right| \quad (5.22)$$

と定義すると，$\mathfrak{D}$ の最大値は

$$\begin{aligned}
\mathfrak{D}_{\max} &= \frac{1}{2EK}\left|\frac{\partial}{\partial z}U(R)\right| + \left(\frac{|U(R)|}{2E}\right)^2 + \frac{1}{2EK}\left|\int_{-\infty}^{\infty}\frac{\partial^2}{\partial b^2}U(b,z)dz\right| \\
&\quad + \left[\frac{1}{2E}\int_{-\infty}^{\infty}\frac{\partial}{\partial b}U(b,z)dz\right]^2 \quad (5.23)
\end{aligned}$$

で与えられる．ただし式 (5.14) より

$$\frac{1}{\hbar v}\frac{1}{K} = \frac{1}{\hbar^2 K^2/m} = \frac{1}{2E} \qquad (5.24)$$

と書けることを利用した．式 (5.23) の右辺を評価するにあたり，ポテンシャル U は長さ a のレンジをもち，その中で $|U|$ が U_0 から 0 まで変化すると考えると，大雑把にいって

$$\left|\frac{\partial}{\partial z}U(R)\right| \sim \frac{|U_0|}{a}, \quad \frac{\partial^2}{\partial b^2}U(b,z) \sim 0, \quad \int_{-\infty}^{\infty}\frac{\partial}{\partial b}U(b,z)\,dz \sim |U_0| \qquad (5.25)$$

であるから，

$$\mathfrak{D}_{\max} \sim \frac{|U_0|}{2E}\frac{1}{Ka} + 2\left(\frac{|U_0|}{2E}\right)^2 \qquad (5.26)$$

となる．これを 0 とみなすのがアイコナール近似であるから，その成立条件は

$$\frac{|U_0|}{2E} \ll 1 \qquad (5.27)$$

および

$$\frac{1}{Ka} = \frac{\lambda}{a} \ll 1 \qquad (5.28)$$

であることがわかる．ただし λ は第 4 章で導入した換算ド・ブロイ波長である．なお，式 (5.26) から見てとれるように，アイコナール近似で無視されているのは $|U_0|/(2E)$ および $1/(Ka)$ の **2 次**のオーダーであることに注意せよ．

1 つ目の条件式 (5.27) は，ポテンシャルの強さが反応のエネルギーと比べて十分小さいことを要請している．したがって，アイコナール近似はエネルギーが高い場合に良く成立する．一方，2 つ目の条件式 (5.28) の要請は，ポテンシャルが λ の範囲で急激に変化してはならないというものである．急激に変化するポテンシャルは一般に反射波を生成するため，式 (5.28) が満たされない場合，式 (5.16) を境界条件として用いることができず，アイコナール近似は破綻する．ただし幸いにして，通常の散乱問題では，式 (5.27) が成り立てば式 (5.28) も同時に満たされることがほとんどである．以上が，アイコナール近似が想定している反応条件である．

詳細は省くが，$Ka \gg 1$ のとき，すなわち式 (5.28) が成立しているとき，平面波近似が成立するための十分条件は

$$\frac{|U(R)|}{2E} Ka \ll 1 \tag{5.29}$$

であることが知られている．$Ka \gg 1$ に留意すると，この条件は式 (5.27) よりもはるかに厳しいことがわかる．また，式 (5.19) の表記にならえば，式 (5.29) は

$$\left| \frac{1}{i\hbar v} \int_{-\infty}^{z} U(b, z')\, dz' \right| \ll 1 \tag{5.30}$$

と等価であることがわかっている．一方式 (5.27) は

$$\left| \frac{1}{i\hbar v} U_0 \right| \ll K \tag{5.31}$$

と表すことができる．これらの表式を見比べると，平面波近似では，ポテンシャルの影響の集積値（z で積分した量）が 1 と比べて十分小さくなければならないのに対し，アイコナール近似では，ポテンシャルの強さの指標（z で積分しない量）が K と比べて小さいことだけが要請されている．すなわち 2 つの近似において，無視されている高次項の実体はまったく異なっている．したがってアイコナール近似は，平面波近似に高次項の補正を取り入れたものではない．前節でアイコナール近似が摂動論的な手法ではないと強調したのは，この理由による．

§ 5.3 ポテンシャルが散乱波に及ぼす影響

では，アイコナール近似の下で散乱波がどのように振る舞うかを見てみよう．取り上げるのは，前章でも議論した，65 MeV の中性子と ^{40}Ca との弾性散乱である．この反応を記述する光学ポテンシャルは現象論的に決定されており，次のウッズ-サクソン型をしている：

$$U(R) = -V_0 \frac{1}{1+\exp[(R-R_v)/a_v]} - iW_0 \frac{1}{1+\exp[(R-R_w)/a_w]}. \tag{5.32}$$

各パラメータの値は

$$V_0 = 40.55 \text{ [MeV]}, \quad R_v = 1.17 A^{1/3} \text{ [fm]}, \quad a_v = 0.75 \text{ [fm]},$$
$$W_0 = 10.73 \text{ [MeV]}, \quad R_w = 1.26 A^{1/3} \text{ [fm]}, \quad a_w = 0.58 \text{ [fm]} \quad (5.33)$$

で与えられる[4]．ここで A は標的核の質量数 ($= 40$) である．図 5.2 は，$y = 0$ 平面上における，このポテンシャルの実部をプロットしたものである．式 (5.19) より，ポテンシャルが散乱波に及ぼす影響は

$$\psi(b, z) = \exp\left[\frac{1}{i\hbar v} \int_{-\infty}^{z} U(b, z') \, dz'\right] \quad (5.34)$$

で表される．すなわち，ある与えられた b (図 5.2 では $|x|$ に相当) に対し，図に示されるポテンシャルを z について積分したもの (を $1/(i\hbar v)$ 倍して指数の肩に乗せたもの) が，ポテンシャルによる平面波からの変化の指標である．以下，式 (5.34) の ψ を歪曲関数とよぶことにする．歪曲関数の 1 からのずれは，b が小さければ大きく，b が大きければ小さい．$b = 0, 5$ fm に対して，ポテンシャルの実部・虚部をプロットしたものが図 5.3 である．左 (右) が実部 (虚部) を表しており，実線が $b = 0$ fm に，破線が $b = 5$ fm に対応している．$b = 5$ fm では，最も原子核に近い $z = 0$ fm であってもポテンシャルは非常に小さい．

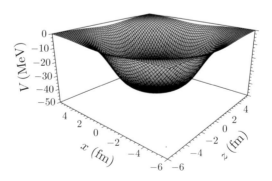

図 5.2 65 MeV の中性子と ^{40}Ca の間にはたらく光学ポテンシャルの実部．$y = 0$ の平面上での値．

---

[4] このポテンシャルは文献 [12] に基づくものである．ただし，中心力だけで弾性散乱の断面積を再現するよう，パラメータに若干の調整を施している．

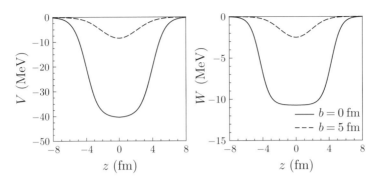

図 5.3 65 MeV の中性子と ^{40}Ca の間にはたらく光学ポテンシャルの実部（左）と虚部（右）．横軸は z で，実線・破線はそれぞれ $b = 0, 5$ fm に対応．

次に，式 (5.19) の散乱波 χ の振る舞いを見ていくことにしよう．図 5.4 に，$b = 0$ fm における結果を示す．ただし縦軸の数字を簡単化するため，χ を $(2\pi)^{3/2}$ 倍したものをプロットしている．左が実部，右が虚部であり，それぞれの図中において実線は散乱波，破線は平面波（の $(2\pi)^{3/2}$ 倍）を表している．z が小さい領域では散乱波と平面波は一致しているが，z が大きくなるとともに，両者の違いが現れる．図 5.4 から，ポテンシャルによって (1) 散乱波の絶対値が小さくなり，(2) z の負の方向に波が引き込まれていることが見てとれる．U の実部を V，虚部を W とすると，歪曲関数は

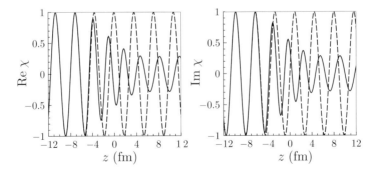

図 5.4 ^{40}Ca に 65 MeV で入射した中性子の $b = 0$ における散乱波．左が実部，右が虚部．各図中の実線はポテンシャルの影響を取り入れた散乱波，破線は入射平面波を表す．簡単のため，波動関数の係数 $1/(2\pi)^{3/2}$ を 1 としてプロットしている．

$$\psi(b,z) = \exp\left[\frac{1}{i\hbar v}\int_{-\infty}^{z}[V(b,z')+iW(b,z')]\,dz'\right]$$
$$= \exp\left[\frac{1}{\hbar v}\int_{-\infty}^{z}W(b,z')\,dz'\right]\exp\left[-\frac{i}{\hbar v}\int_{-\infty}^{z}V(b,z')\,dz'\right]$$
(5.35)

と書ける．V と W はいずれも負であることに留意すれば，この表式からただちに，上記 (1)，(2) の変化が，それぞれポテンシャルの虚部と実部によってもたらされていることがわかる．このことをより明確に見るため，図 5.5 に χ の絶対値（左図）と偏角（右図）を示す．ここでは $b=0$ fm（実線）以外に $b=5$ fm（破線）の結果もあわせて示している．絶対値の減少と位相の変化（進み）が明確に示されている．$b=5$ fm ではそれらはいずれも小さいが，無視できない程度には存在している．このように，アイコナール近似では，ポテンシャルの実部と虚部がもたらす影響が明確に分離しており，散乱波の平面波からの変化を容易に理解することができる．

もちろんこれはアイコナール近似の帰結であり，純量子力学的な計算を行うと，実ポテンシャルしか存在しない場合にも，ポテンシャルの作用領域では波動関数の振幅は変化する．このことは，1次元の散乱問題で容易に確かめることができる．

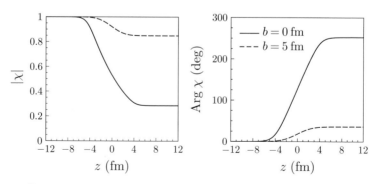

図 5.5　^{40}Ca に 65 MeV で入射した中性子の散乱波（左: 絶対値，右: 偏角）．各図中で実線と破線はそれぞれ $b=0, 5$ fm における結果を表している．

§ 5.4 アイコナール近似と直線近似

上で見たように，アイコナール近似の結果，b は動的な変数ではなくなり，b ごとに z についての微分方程式を解くことで散乱波が得られる．別のいい方をすれば，ある b における散乱波を求める際，他の b における散乱波の情報は一切必要ない．このことから，アイコナール近似の下では，粒子（波動関数）は z 軸に沿って運動（伝播）しているように見える．事実，アイコナール近似は往々にして直線近似ともよばれる．しかしこの表現には注意が必要である．なぜなら，アイコナール近似で求めた波動関数は b に依存しており，したがって b 方向に有限の大きさの流束をもつからである．

このことを直接確認してみよう．流束は

$$\boldsymbol{j}(\boldsymbol{R}) = \mathrm{Re}\,\frac{\hbar}{mi} \chi^*(b,z)\,\boldsymbol{\nabla}\chi(b,z) \tag{5.36}$$

で定義される．ここで散乱波 χ は式 (5.19) で与えられる．$\boldsymbol{\nabla}_R$ には式 (5.5) の表式を用いる．χ を b, z, ϕ_R で偏微分した結果は

$$\frac{\partial}{\partial b}\chi(b,z) = \frac{1}{i\hbar v}\left[\int_{-\infty}^{z}\frac{\partial}{\partial b}U(b,z')\,dz'\right]\chi(b,z), \tag{5.37}$$

$$\frac{\partial}{\partial z}\chi(b,z) = \left[iK + \frac{1}{i\hbar v}U(b,z)\right]\chi(b,z), \tag{5.38}$$

$$\frac{\partial}{\partial \phi_R}\chi(b,z) = 0 \tag{5.39}$$

となる．ここで

$$\begin{aligned}\chi^*(b,z)\chi(b,z) &= \frac{1}{(2\pi)^3}\exp\left[\frac{-1}{i\hbar v}\int_{-\infty}^{z}U^*(b,z')\,dz'\right] \\ &\quad \times \exp\left[\frac{1}{i\hbar v}\int_{-\infty}^{z}U(b,z')\,dz'\right] \\ &= \frac{1}{(2\pi)^3}\exp\left[\frac{2}{\hbar v}\int_{-\infty}^{z}W(b,z')\,dz'\right], \end{aligned} \tag{5.40}$$

$$\mathrm{Re}\,\frac{\hbar}{mi}\frac{1}{i\hbar v}\left[\int_{-\infty}^{z}\frac{\partial}{\partial b}U\left(b,z'\right)dz'\right]=\frac{\hbar}{m}\frac{-1}{\hbar v}\left[\int_{-\infty}^{z}\frac{\partial}{\partial b}V\left(b,z'\right)dz'\right],\tag{5.41}$$

$$\mathrm{Re}\,\frac{\hbar}{mi}\left[iK+\frac{1}{i\hbar v}U\left(b,z\right)\right]=\frac{\hbar}{m}\left[K-\frac{1}{\hbar v}V\left(b,z\right)\right]\tag{5.42}$$

に留意すると,

$$j_b\left(\boldsymbol{R}\right)=\frac{1}{\left(2\pi\right)^3}\frac{\hbar}{m}\exp\left[\frac{2}{\hbar v}\int_{-\infty}^{z}W\left(b,z'\right)dz'\right]\frac{-1}{\hbar v}\left[\int_{-\infty}^{z}\frac{\partial}{\partial b}V\left(b,z'\right)dz'\right],\tag{5.43}$$

$$j_z\left(\boldsymbol{R}\right)=\frac{1}{\left(2\pi\right)^3}\frac{\hbar}{m}\exp\left[\frac{2}{\hbar v}\int_{-\infty}^{z}W\left(b,z'\right)dz'\right]\left[K-\frac{1}{\hbar v}V\left(b,z\right)\right]\tag{5.44}$$

が得られる.

式 (5.43), (5.44) より, W による吸収の影響は流束の b 成分と z 成分で共通で,

$$\exp\left[\frac{2}{\hbar v}\int_{-\infty}^{z}W\left(b,z'\right)dz'\right]\tag{5.45}$$

であることがわかる[5]. これに対して V は, 両成分に異なる影響を与える. 図 5.2 から明らかなように,

$$-\frac{\partial}{\partial b}V\left(b,z'\right)<0\tag{5.46}$$

であり, b 成分については, V によって負の値が生じる. これは直観的には, ポテンシャルが深い方向に粒子が引き込まれる様子, あるいは波の屈折を表している. この屈折の効果は, z が大きくなるとともに集積していき, 最終的にポテンシャルが存在しない領域に達してもその影響は残る.

一方 z 成分については, V は漸近波数 K を局所波数

$$K\left(b,z\right)\equiv K-\frac{1}{\hbar v}V\left(b,z\right)\tag{5.47}$$

---

[5] ポテンシャルの虚部の平均値を $\bar{W}$ とすれば, この式は, 入射粒子の平均自由行程が $\hbar v/\left(-2\bar{W}\right)$ で表されることを意味している.

§ 5.4 アイコナール近似と直線近似

に変化させる．式 (5.47) はエネルギー保存則を表している．なぜなら，局所的なエネルギー保存の式

$$\frac{\hbar^2 K^2(b,z)}{2m} + V(b,z) = \frac{\hbar^2 K^2}{2m} = E \tag{5.48}$$

から，近似的に

$$K(b,z) = K\sqrt{1 - \frac{2m}{\hbar^2 K^2}V(b,z)} = K\sqrt{1 - \frac{V(b,z)}{E}}$$
$$\approx K\left[1 - \frac{V(b,z)}{2E}\right] = K - \frac{1}{\hbar v}V(b,z), \tag{5.49}$$

すなわち式 (5.47) が導かれるからである．ただしここで

$$\frac{K}{2E} = \frac{m}{\hbar^2 K} = \frac{1}{\hbar v} \tag{5.50}$$

を用いた．いま $V < 0$ であるから，式 (5.47) は引力による粒子の加速，あるいは波長の収縮を意味している．この効果はポテンシャルが存在する領域でのみ発生し，$z=0$ で最大となる．$z>0$ では z の増加とともに V は 0 に近づくため，($z=0$ での値と比べて) 粒子は減速し，やがて入射した速さに戻る．このことは，図 5.4 の結果にも表れている (平面波と散乱波の波長を比較するとよい)．なお，この速さ (波長) の変化は $z \to \infty$ では消失するが，図 5.4, 5.5 で示されているように，それがもたらした位相のずれは，$z \to \infty$ でも消えない点に注意すること．図 5.6 に，^{40}Ca に 65 MeV で入射した中性子の流束 j を示す．ただし上記の屈折の効果を見やすくするため，ここでは $W=0$ として計算を行っている．j_z の変化をこの図から読みとることは難しいが，有限の j_b が発生する様子がはっきりと示されている．

本節で述べた V が流束に及ぼす影響は，いずれも入射波数 K を基準として，

$$\frac{|V(b,z)|}{\hbar v K} = \frac{|V(b,z)|}{2E} \tag{5.51}$$

のオーダーである．アイコナール近似の成立条件である式 (5.27) より，これは 1 と比べて十分小さい．ただし 5.2 節で強調したように，アイコナール近似で無視されているのは $|V|/(2E)$ の 2 次以上であるから，この近似の下でも j_b は 0

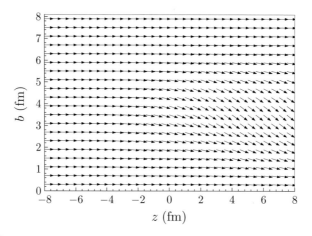

図 5.6 ^{40}Ca に 65 MeV で入射した中性子の流束．ポテンシャルの虚数部を 0 とした結果．

ではない[6]．この意味で，アイコナール近似は直線近似ではない．ただし，アイコナール近似で求めた散乱波が b に依存することを重々承知した上で，b ごとに切り分けた問題を考える際，z 軸に沿った波の伝播として散乱現象を捉えることには意味があるといえよう．

§5.5 微分断面積の計算

では，アイコナール近似を用いて中性子の弾性散乱角分布を計算してみよう．5.1 節で述べたように，今回は式 (5.3) を用いて遷移行列の計算を行う．これにより，アイコナール近似の下でという条件つきではあるが，摂動ではなく，ポテンシャルの影響を無限次まで取り入れた断面積の計算が可能である．式 (5.3) に式 (5.19) および状態 β を表す平面波の具体形を代入すると，

$$T = \left\langle \frac{1}{(2\pi)^{3/2}} e^{i\boldsymbol{K}'\cdot\boldsymbol{R}} \middle| U(b,z) \middle| \exp\left[\frac{1}{i\hbar v}\int_{-\infty}^{z} U(b,z')\,dz'\right] \frac{1}{(2\pi)^{3/2}} e^{iKz} \right\rangle$$

$$= \frac{1}{(2\pi)^3} \int e^{i\boldsymbol{q}\cdot\boldsymbol{R}} U(b,z) \exp\left[\frac{1}{i\hbar v}\int_{-\infty}^{z} U(b,z')\,dz'\right] d\boldsymbol{R} \quad (5.52)$$

となる．ただし $\boldsymbol{K}'$ は散乱後の中性子の波数であり，大きさは K で，方向だけ

---

[6] 同様に，局所波数と漸近波数の差も 0 ではない．

が K と異なる．$q \equiv K - K'$ は移行運動量を表している．座標系は次のように取ることにする．

1. 入射方向を z 軸とする．
2. 右手系とする．
3. y 軸を $K \times K'$ の方向に取る．

これは，本書全体を通じてのルールとする．また，以下ではこれを**マディソン規約**とよぶ[7]．

ここで，K' が z 軸となす角度 θ が小さいと仮定すると，q は x 軸と反平行で，その大きさは

$$q = 2K \sin \frac{\theta}{2} \sim K\theta \tag{5.53}$$

であるとみなせる（図 5.7 を参照）．これを**前方散乱近似**とよぶ[8]．円筒座標系では R の x 成分が $b \cos \phi_R$ で与えられることに留意すれば，このとき

$$q \cdot R \approx -Kb\theta \cos \phi_R \tag{5.54}$$

と近似することができる．この結果，式 (5.52) における z についての積分は

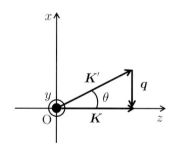

図 5.7 前方散乱近似の概念図．

---

[7] 正確には，1970 年に米国のマディソンで開催された国際会議で定められた規約 [13] の一部．マディソン規約は，スピンが関与する観測量（本書では扱わない）の表示から不定性を取り除くために制定されたものである．
[8] しばしば，前方散乱近似はアイコナール近似の一部とみなされる．

$$I(b,\phi_R) \equiv \int_{-\infty}^{\infty} U(b,z) \exp\left[\frac{1}{i\hbar v}\int_{-\infty}^{z} U(b,z')\,dz'\right] dz$$

$$= \int_{-\infty}^{\infty} U(b,z)\,\psi(b,z)\,dz \tag{5.55}$$

とまとめることができる．式 (5.13) を利用すると，この積分は解析的に実行でき，

$$I(b,\phi_R) = \int_{-\infty}^{\infty} i\hbar v \left[\frac{\partial}{\partial z}\psi(b,z)\right] dz = i\hbar v\,[\psi(b,z)]_{-\infty}^{\infty}$$

$$= i\hbar v\left[S^{\mathrm{EK}}(b) - 1\right] \tag{5.56}$$

となる．ただしここで

$$S^{\mathrm{EK}}(b) \equiv \lim_{z\to\infty} \psi(b,z) = \exp\left[\frac{1}{i\hbar v}\int_{-\infty}^{\infty} U(b,z)\,dz\right] \tag{5.57}$$

とし，また式 (5.16) を用いた．

式 (5.57) で定義される S^{EK} を，アイコナール S 行列とよぶことにする[9]．S^{EK} は，ポテンシャルが平面波を最終的にどう変化させたかを表す，極めて重要な量である．図 5.8 に，65 MeV の中性子と $^{40}\mathrm{Ca}$ との弾性散乱に対応する S^{EK} を示す．左の図では，横軸を b とし，実線と破線で S^{EK} の実部と虚部がそれぞれプロットされている．右の図では，横軸を S^{EK} の実部，縦軸を S^{EK} の虚部として，b の値（単位: fm）とともに S^{EK} がどう変化するかが示されている．右の図から明らかなように，S^{EK} は b の変化とともにガウス平面上を滑らかに動き，やがて $(1,0)$ に収束する．5.3 節で議論したとおり，$|S^{\mathrm{EK}}|$ を決めているのはポテンシャルの虚部であり，S^{EK} の偏角を決めているのはポテンシャルの実部である．

式 (5.54)，(5.56) を式 (5.52) に代入すると，

$$T \approx \frac{i\hbar v}{(2\pi)^3}\int_0^{\infty} db \int_0^{2\pi} d\phi_R\, e^{-iKb\theta\cos\phi_R}\left[S^{\mathrm{EK}}(b)-1\right]b \equiv T^{\mathrm{EK}} \tag{5.58}$$

となる．ここで積分公式

---

[9] プロファイル関数 (profile function) ともよばれる．

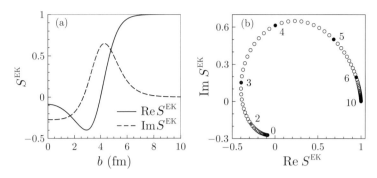

図 5.8 65 MeV 入射の中性子と ^{40}Ca の弾性散乱のアイコナール S 行列．左は横軸を b に取り，実部を実線で，虚部を破線でプロットしたもの．右は，ガウス平面上で b の変化に伴う S^{EK} の挙動を示したもの．右の図中の数字は b の値を示す（単位: fm）．

$$\int_0^{2\pi} e^{-iKb\theta\cos\phi_R} d\phi_R = 2\pi J_0(Kb\theta) \tag{5.59}$$

より，

$$T^{\mathrm{EK}} = \frac{i\hbar v}{(2\pi)^2} \int_0^\infty J_0(Kb\theta) \left[S^{\mathrm{EK}}(b) - 1 \right] b\, db \tag{5.60}$$

を得る．ただし J_0 は 0 次の第 1 種ベッセル関数である．式 (5.60) が，アイコナール近似に基づく遷移行列の最終表式である．弾性散乱の角分布は

$$\frac{d\sigma}{d\Omega} = \frac{(2\pi)^4 m^2}{\hbar^4} \left| T^{\mathrm{EK}} \right|^2 = K^2 \left| \int_0^\infty J_0(Kb\theta) \left[S^{\mathrm{EK}}(b) - 1 \right] b\, db \right|^2 \tag{5.61}$$

で与えられる．ただし式 (5.14) を用いた．

式 (5.61) を用いて計算した中性子の弾性散乱角分布を図 5.9 に示す．計算の対象とする反応は，第 4 章の図 4.3 で解析した 3 つの反応である．^{208}Pb 標的については，アイコナール近似の計算結果は実験データをほぼ再現していることが見てとれる．標的核が軽い場合，前方においてデータとの一致がやや悪くなるものの，全体的に見て，実験データをおおむね再現できているといってよいであろう．計算に使用した光学ポテンシャルは，いずれも 5.3 節の脚注 4) で述べた方針で決定されたものである．すなわちこれらのポテンシャルを用いて，純量子力学計算（第 8 章で学習する計算）を行えば，実験データが再現される．これは，いわば自明な結果である．しかしそのようなポテンシャルを用いたア

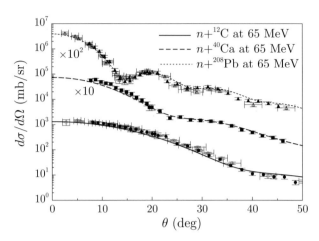

図 5.9 65 MeV の中性子の弾性散乱角分布. 実線, 破線, 点線はそれぞれ ^{12}C, ^{40}Ca, ^{208}Pb 標的の場合を表す.

イコナール近似計算が実験データを再現できるかどうかは，まったく自明なことではない．図 5.9 は，65 MeV という，ポテンシャルと比べて十分に高いとはいいがたいエネルギーにおいても，アイコナール近似がかなり良く成立していることを示す，重要な結果であるといえる．

比較のため，平面波近似で角分布を計算した結果を図 5.10 に示す．絶対値が

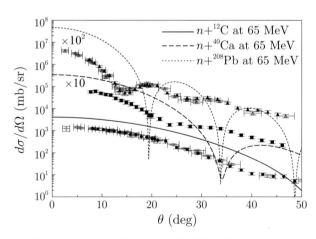

図 5.10 図 5.9 と同様．ただし平面波近似で計算した結果．

§5.5 微分断面積の計算

大きく出すぎていること，角分布の振動の幅が実験データよりも広くなっていることがわかる．これらの傾向は，前章の最後（4.9節）で述べた吸収の効果と完全に整合している．平面波近似による解析では，絶対値の問題は全て $|\bar{v}_0|$ の値に押し込めていた．その上で，振動パターンを決定する原子核（あるいはポテンシャル）の広がりについては，原子核を変えたときの相対変化に絞って，その定量的な決定を行った．この方法により，原子核の密度の飽和性が導かれたことは，前章で見たとおりである．このことは，平面波近似の限界を認識した上で，その<u>近似の範囲内で決定できることを決定した</u>，と総括することができよう．図 5.10 から，平面波近似では図に示されている実験データを説明できないことは明白である．しかしだからといって，平面波近似がこれらのデータの解析にまったく役立たないと結論することは早計であろう．実はこのような考え方は，最先端の研究においてもしばしば重要である．

最後に，式 (5.53) で表される前方散乱近似について補足しておこう．この近似のお陰で，遷移行列を計算する際，z に関する積分を解析的に処理できる．しかしその積分を数値的に実行することを厭わなければ，前方散乱近似は不要である．実際にそのようにして計算した中性子と ^{208}Pb の弾性散乱角分布を図 5.11 の一点鎖線で示す．点線は，図 5.9 に示したものと同じもの，すなわち前方散乱近似入りの結果である．図から，前方散乱近似を行った方が，実験デー

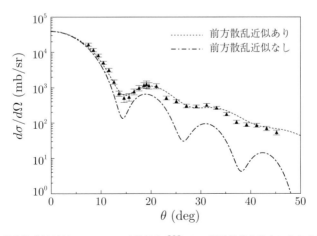

図 5.11 前方散乱近似が 65 MeV の中性子と ^{208}Pb の弾性散乱角分布に与える影響．点線（一点鎖線）が前方散乱近を用いた（用いない）計算結果を表す．

タとの一致が良いことがわかる．これは少々理解に苦しむ結果であろう．しかし，何らかの近似に基づく計算の過程で，もう1つ別の近似を行ったとき，それが計算結果を改善することは実は珍しいことではない．前方散乱近似は，アイコナール近似の影響で正解からずれてしまった角度依存性を元に戻す役割を果たしていると考えられる．これがどのような理由で実現しているかを示すことは，残念ながら難しい．ただし前方散乱近似を施した結果が，そうでない結果よりも正しい角分布を与えるメカニズムは，アイコナール近似の結果と純量子力学計算の結果との対応からある程度理解することができる．これについては第10章10.4.8項で述べる．

§5.6 まとめ

この章では，散乱問題を近似的に解く手法として，アイコナール近似を紹介した．アイコナール近似は，端的にいえばエネルギーが高いときに有効な近似法である．この近似により，散乱問題は衝突径数bごとに切り分けられ，シュレディンガー方程式はzについての1階の微分方程式となる．その解は解析的に表現され，ポテンシャルが散乱波に及ぼす影響（実部による屈折と虚部による吸収）を直観的に読みとることができる．遷移行列の計算も，前方散乱近似を用いることで容易に可能である．計算された65 MeVの中性子と原子核の弾性散乱角分布は実験データをかなり良く再現する．アイコナール近似は，その平明さの割りに強力な近似法であり，研究の最前線でも活躍を続けている．

第6章　全反応断面積で探る不安定核の性質

全反応断面積をアイコナール近似によって分析することにより，不安定については密度の飽和性が成り立たないことを示す．

§6.1　不安定原子核

ラザフォードによる原子核の発見以降，膨大な数の実験的・理論的研究がなされ，原子核の性質は徐々に解明されていった．第4章で取り上げた原子核の密度の飽和性は，そのようにして確立された原子核の基本性質の1つである．では，この"基本性質"は，あらゆる原子核について成り立つのであろうか？

自然界には，約300種の原子核（安定核）が存在している．原子核の種類を特徴づけるものは，その陽子数 Z と中性子数 N である．一方元素の種類は，メンデレーエフ (Dmitri I. Mendeleev) の周期表で示されているように，Z で決まる．自然界に存在する元素は約100種である[1]．安定核の種類が元素の種類の3倍程度しかないということは，安定核の N は，Z によって強く制限を受けていることを意味する．このことは，核図表とよばれる原子核の一覧表（図6.1）に明確に示されている．図では，横軸に N，縦軸に Z を取って，原子核ひとつひとつが四角形でプロットされている．黒塗りの四角形が安定核である．安定核が極めて狭い範囲にのみ存在していることが見てとれるであろう．見方を変えると，核図表に記載されている原子核の大部分は，自然界には存在しない短寿命の原子核ということになる．それらを不安定原子核（**不安定核**）とよぶ．

図6.1のグレーの四角形が不安定核である．色の濃さは半減期[2]の長さの区分を表している．安定核の (N, Z) の組み合わせと比べて N が大きいものを中性子過剰核，Z が大きいものを陽子過剰核とよぶ．不安定核のほとんどは，β 崩

---

[1] 元素がいくつあるかは未確定であり，新元素発見に向けた探索は，物理学の最重要課題の1つである．2016年，Nh（ニホニウム，原子番号113），Mc（モスコビウム，原子番号115），Ts（テネシン，原子番号117），Og（オガネソン，原子番号118）が新元素として加わり，周期表の第7周期までの全ての元素が出揃った．

[2] 放射性元素の数が半分になるまでに要する時間 $t_{1/2}$ のこと．平均寿命 τ は $t_{1/2}$ の $1/\ln 2$ 倍（およそ 1.44 倍）である．

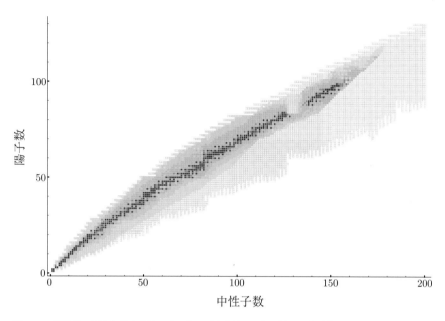

図 6.1 核図表.黒塗りが安定核,その他は不安定核で,色の濃さは半減期の区分を表す(色が薄いほど半減期が短い).民井淳氏提供.

壊によって別の原子核に変化する[3].すなわち原子核内の陽子が中性子に (β^+ 崩壊),あるいは中性子が陽子に (β^- 崩壊) 変化することを繰り返し,やがて安定核へとたどり着く.不安定核の種類は,6000 から 7000 にも及ぶと予想されている[4].これは安定核の約 300 核種と比べて圧倒的に大きい数である.安定核に限定せず不安定核も包括することによって,原子核の性質を (N, Z) の 2 次元平面上で俯瞰しようというのが,核図表なるものを考える主な動機である.

1980 年代以降,重い原子核の破砕反応で生成される不安定核を分離し,これを入射粒子として利用する,RI ビーム (RI: Radioactive Isotopes) とよばれる革新的技術が開発され,不安定核の研究は一気に進展した.21 世紀に入ってもこの潮流は衰えることなく続いており,2007 年から稼働を始めた理化学研究所の RI ビームファクトリー (Radioactive Isotope Beam Factory: RIBF)

---

[3] ただし Z が 85 から 90 程度の原子核のほとんどは α 粒子を放出して壊れる (α 崩壊).第 2 章で取り上げたラザフォード散乱では,そのような原子核が α 粒子の生成源として利用されている.

[4] 自発性核分裂核まで含めると,約 10000 核種になるといわれている.

からは，続々と新しい実験結果が報告されている．また，ドイツの重イオン研究所 (Gesellschaft für SchwerIonenforschung: GSI) の FAIR (Facility for Antiproton and Ion Research) や米国ミシガン州立大学 (Michigan State University: MSU) の FRIB (Facility for Rare Isotope Beams) といった大型実験施設の建設も進められており，不安定核物理は今後も一層の発展を遂げるものと期待されている．

ではここで，冒頭で掲げた問いに戻ろう．安定核の研究で確立した原子核の基本性質は，不安定核についても成立するのであろうか? 本章では，**全反応断面積**という物理量の分析を通じて，この問いに答えることにしよう．

§ 6.2 　全反応断面積

今回議論の対象とするのは，陽子と原子核の全反応断面積 (total reaction cross section) という物理量である．全反応断面積とは，弾性散乱以外の何らかの反応が起きたイベントを全て計上して求めた断面積を意味する．つまり全反応断面積の実体は，（弾性散乱以外の）起こりうるあらゆる反応の断面積の総和である．このように定義すると，全反応断面積の測定や計算は複雑きわまりないように思えるかもしれないが，実はそうではない．なぜなら，入射粒子の数（確率の流れ）と弾性散乱した粒子の数の差を取れば，弾性散乱以外の何らかの反応を引き起こした粒子の総数がわかるからである．以下，この考えに基づき，アイコナール近似を用いた全反応断面積の定式化を行うことにする．

アイコナール近似を用いる場合は，図 6.2 のように円筒形の反応領域を考えると便利である．この領域は，標的核の大きさ（正確には標的核がもたらす光学ポテンシャル U のレンジ）と比べて十分大きく，たとえば巨視的な大きさに取

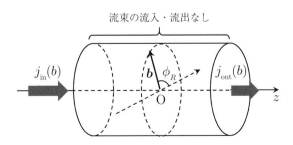

図 6.2 円筒形の反応領域に関する流束の流入と流出の評価．

るものとする．$z \to -\infty$ の彼方から入射粒子がやってくるものとすれば，我々が求めるべきは，この円筒の左側面から流れ込む確率の流れ（流束）$j_{\rm in}$ と，弾性散乱を起こして右側面から出て行く流束 $j_{\rm out}$ である[5]．なお，左右の側面以外の円筒の表面では，流束の流入・流出は存在しない．この面上では U は存在せず，流束ベクトルの b 成分が 0 であるためである．ただしこのことは，アイコナール近似を用いる場合にのみ成立することには注意しておこう．

第 5 章で学んだように，アイコナール近似の下では，散乱波は

$$\chi(\boldsymbol{R}) = \exp\left[\frac{1}{i\hbar v}\int_{-\infty}^{z} U(b,z')\,dz'\right]\frac{1}{(2\pi)^{3/2}}e^{iKz} \tag{6.1}$$

と表される．$j_{\rm in}(b)$ は $z \to -\infty$ での波動関数すなわち入射平面波の流束であるから，

$$j_{\rm in}(b) = {\rm Re}\,\frac{\hbar}{mi}\left(\frac{e^{iKz}}{(2\pi)^{3/2}}\right)^{*}\frac{\partial}{\partial z}\frac{e^{iKz}}{(2\pi)^{3/2}} = \frac{\hbar K}{(2\pi)^{3} m} \equiv j_{\rm in} \tag{6.2}$$

となる．一方 $z \to \infty$ における波動関数は，第 5 章で定義したアイコナール S 行列

$$S^{\rm EK}(b) \equiv \lim_{z\to\infty}\psi(b,z) = \exp\left[\frac{1}{i\hbar v}\int_{-\infty}^{\infty} U(b,z)\,dz\right] \tag{6.3}$$

を用いて

$$\chi(\boldsymbol{R}) \to S^{\rm EK}(b)\frac{1}{(2\pi)^{3/2}}e^{iKz} \tag{6.4}$$

と表される．式 (6.1) の散乱波は弾性散乱に寄与する波動関数であるから，その流束こそ，我々が欲しい $j_{\rm out}$ である：

$$\begin{aligned}j_{\rm out}(b) &= {\rm Re}\,\frac{\hbar}{mi}\left(S^{\rm EK}(b)\frac{e^{iKz}}{(2\pi)^{3/2}}\right)^{*}\frac{\partial}{\partial z}\left(S^{\rm EK}(b)\frac{e^{iKz}}{(2\pi)^{3/2}}\right) \\ &= \frac{\hbar K}{(2\pi)^{3} m}\left|S^{\rm EK}(b)\right|^{2}. \end{aligned} \tag{6.5}$$

---

[5] これらの流束はベクトル量であるが，ここで我々が問題にしているのはその z 成分のみである．

§ 6.2 全反応断面積

よって，反応によって消失した流束は

$$j_{\text{loss}}(b) \equiv j_{\text{in}} - j_{\text{out}}(b) = \frac{\hbar K}{(2\pi)^3 m}\left(1 - \left|S^{\text{EK}}(b)\right|^2\right) \quad (6.6)$$

となる．これを b について積分したものが消失した流束の総量，すなわち弾性散乱以外の反応が起きる確率 P_{R} である：

$$P_{\text{R}} \equiv \int j_{\text{loss}}(b)\, d\boldsymbol{b} = \frac{\hbar K}{(2\pi)^3 m} 2\pi \int_0^\infty \left(1 - \left|S^{\text{EK}}(b)\right|^2\right) b\,db. \quad (6.7)$$

したがって全反応断面積 σ_{R} は，これを j_{in} で割ることにより

$$\sigma_{\text{R}} = \frac{P_{\text{R}}}{j_{\text{in}}} = 2\pi \int_0^\infty \left(1 - \left|S^{\text{EK}}(b)\right|^2\right) b\,db \quad (6.8)$$

と求まる．

光学ポテンシャル U を

$$U(R) = V(R) + iW(R) \quad (6.9)$$

と表すと（V および W は実関数），式 (6.3) より

$$S^{\text{EK}}(b) = \exp\left[\frac{1}{i\hbar v}\int_{-\infty}^{\infty} V(b,z)\,dz\right] \exp\left[\frac{1}{\hbar v}\int_{-\infty}^{\infty} W(b,z)\,dz\right] \quad (6.10)$$

となり，これから

$$\left|S^{\text{EK}}(b)\right|^2 = \left|\exp\left[\frac{1}{i\hbar v}\int_{-\infty}^{\infty} V(b,z)\,dz\right] \exp\left[\frac{1}{\hbar v}\int_{-\infty}^{\infty} W(b,z)\,dz\right]\right|^2$$

$$= \exp\left[\frac{2}{\hbar v}\int_{-\infty}^{\infty} W(b,z)\,dz\right] \quad (6.11)$$

を得る．すなわち，全反応断面積をもたらしているのは，光学ポテンシャルの虚部 W である[6]．

---

[6] ここまで，反応粒子間のクーロン相互作用 V^{C} を無視してきたが，式 (6.11) の結果から，実数ポテンシャル V^{C} は全反応断面積には寄与しないと推察できる．これが（アイコナール近似の下での）正しい結論であることは，第 9 章で示される．

この結果は，第4章で簡単に議論した，W は入射流束の吸収（あるいは消失）をもたらすという性質をそのまま反映している．今回新たにわかったことは，W がもたらす吸収とは，弾性散乱以外のあらゆる反応が起きることを指すということである（＝広義の吸収）．そしてその確率を定量化する指標として用いられる観測量こそが，全反応断面積なのである．我々が日常生活で用いる"吸収"という言葉からは，入射粒子が標的核と一体化するイメージが喚起されるが，それは融合反応という，吸収として扱われる種々雑多な反応のうちの1つにすぎない（＝狭義の吸収）．原子核反応における吸収は，ほぼ全ての場合において広義の吸収を指す．図 6.3 に，吸収として扱われる反応の例を示しておく．このうち，非弾性散乱は第 7 章で，分解反応は第 10 章で取り扱う．

　図 6.3 では，原子核を「核子がぎっしりと集まったもの」として描いている．これは，第 4 章で学んだ密度の飽和性に基づいて描いた原子核の"姿"である．第 4 章でも断ったように，これは，原子核構造に対する最も原始的な解釈にすぎない．また，原子核は量子的な存在であるから，あたかも古典的な物体のように原子核を描くことはもちろん正しくない．しかし，原子核の絵を用いることなく反応の様子をわかりやすく示すことは，ほとんど不可能であろう．図 6.3 は，反応のイメージを伝えるための方便であり，そこに含まれている原子核の図は，その目的を達成するためにあえて簡略化したものであると理解されたい．なお，原子核の姿を見事に視覚化したものとして，

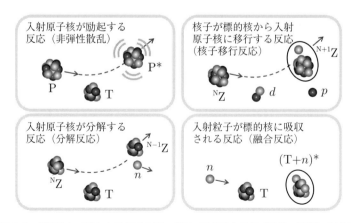

図 6.3　吸収として扱われる反応の例．右下の図が融合反応（狭義の吸収）を示す．

文献 [14] の表紙の絵が有名である.

第 4 章で述べたように,弾性散乱を系統的に記述するためには,複素光学ポテンシャルが必須であった.これは,弾性散乱を記述する際には,弾性散乱以外の反応も起きうることを考慮しなければならないということを意味している.ただし,それらの起きうる反応を個々に記述することはせず,弾性散乱に寄与する状態(波動関数)だけを定量的に記述しようとするところが,光学ポテンシャルの妙である.弾性散乱以外の特定の反応を光学ポテンシャルだけで記述することはできないが,弾性散乱以外の反応の総和は光学ポテンシャルで記述できるのである.このような考え方は,関与する自由度の数が膨大な事象を扱う際には極めて重要である.原子核反応はその典型といえるであろう.この点については,第 7 章および第 10 章であらためて言及することにする.

> 正確には,複合核過程という極めて複雑な反応の寄与は,光学ポテンシャルでは記述できない.複合核過程とは,入射粒子が標的原子核に持ち込んだエネルギーが全ての核子に分散され,反応系全体が準安定な一種の束縛状態を形成した後,粒子の放出が起きるという反応であり,一般に低エネルギーで重要となる.そのエネルギーの基準を定量的に示すことは難しいが,以下で分析の対象とする反応については,σ_R に対する複合核過程の寄与は無視して構わない.なお,弾性散乱の角分布を議論する際にも同様の注意が必要であるが,本書で扱う弾性散乱に関しては,全て複合核過程の寄与は無視できると考えてよい.

式 (6.11) を式 (6.8) に代入すると,

$$\sigma_R = 2\pi \int_0^\infty \left(1 - \exp\left[\frac{2}{\hbar v}\int_{-\infty}^\infty W(b,z)\,dz\right]\right) b\,db \quad (6.12)$$

を得る.なお,σ_R は 1 つの数字であり,弾性散乱と異なり,微分断面積を定義することはできない.これは,σ_R が表す反応の実体が特定できないことから自然に理解できるであろう.では翻って,弾性散乱断面積の角分布を積分した結果は,どのように表され,σ_R とどういう関係にあるのだろうか? 不安定核の全反応断面積の分析に先立ち,しばらくこの点について考察することにしよう.

§ 6.3 全弾性散乱断面積と全断面積

本節と次節では，中性子と原子核の反応を考える．第5章で見たように，アイコナール近似の下では弾性散乱の角分布は

$$\frac{d\sigma_{\text{elas}}}{d\Omega} = K^2 \left| \int_0^\infty J_0(Kb\theta) \left[S^{\text{EK}}(b) - 1 \right] b \, db \right|^2 \tag{6.13}$$

で与えられる．ただしここで，反応が弾性散乱であることを明示するため，σ に下付きの文字 elas を付与した．これを放出立体角 Ω について積分した断面積を求めよう．ただしその際，ϕ_R に関する積分を実行する前の表式

$$\begin{aligned}\frac{d\sigma_{\text{elas}}}{d\Omega} &= \frac{K^2}{(2\pi)^2} \left| \int_0^\infty db \int_0^{2\pi} d\phi_R \, e^{-iKb\theta\cos\phi_R} \left[S^{\text{EK}}(b) - 1 \right] b \right|^2 \\ &= \frac{K^2}{(2\pi)^2} \left| \int e^{i\boldsymbol{q}_b \cdot \boldsymbol{b}} \left[S^{\text{EK}}(b) - 1 \right] d\boldsymbol{b} \right|^2 \end{aligned} \tag{6.14}$$

から出発することにする．ここで $\boldsymbol{q}_b$ は，移行運動量

$$\boldsymbol{q} = \boldsymbol{K} - \boldsymbol{K}' \tag{6.15}$$

を xy 平面に射影した，2次元のベクトルである．絶対値二乗を開くと，

$$\begin{aligned}\frac{d\sigma_{\text{elas}}}{d\Omega} = \frac{K^2}{(2\pi)^2} &\int e^{-i\boldsymbol{q}_b \cdot \boldsymbol{b}'} \left[S^{\text{EK}*}(b') - 1 \right] d\boldsymbol{b}' \\ &\times \int e^{i\boldsymbol{q}_b \cdot \boldsymbol{b}} \left[S^{\text{EK}}(b) - 1 \right] d\boldsymbol{b} \end{aligned} \tag{6.16}$$

となる．積分に際して前方散乱近似を用いると，図6.4 から，微小立体角 $d\Omega$ は

$$d\Omega = \frac{d\boldsymbol{q}_b}{K^2} = \frac{dq_x dq_y}{K^2} \tag{6.17}$$

と表される．その結果，全立体角にわたる積分は xy 平面全体にわたる $\boldsymbol{q}_b$ の積分に置き換えられる．式 (6.16) の被積分関数で放出立体角 Ω に依存するのは移行運動量 $\boldsymbol{q}_b$ のみであるから，

§ 6.3 全弾性散乱断面積と全断面積

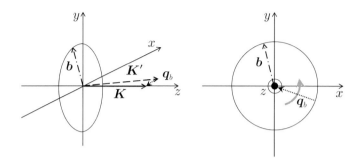

図 6.4 前方散乱近似に基づく 2 次元移行運動量 $\bm{q}_b$ の評価．右は z 軸方向から見た図．$\bm{q}_b$ は xy 平面上を動く．

$$\int e^{-i\bm{q}_b\cdot\bm{b}'} e^{i\bm{q}_b\cdot\bm{b}} d\Omega = \int e^{-i(q_x x' + q_y y')} e^{i(q_x x + q_y y)} \frac{dq_x dq_y}{K^2}$$

$$= \frac{1}{K^2} \int_{-\infty}^{\infty} e^{iq_x(x-x')} dq_x \int_{-\infty}^{\infty} e^{iq_y(y-y')} dq_y$$

$$= \frac{(2\pi)^2}{K^2} \delta(x-x') \delta(y-y') = \frac{(2\pi)^2}{K^2} \delta(\bm{b}-\bm{b}') \tag{6.18}$$

となる．したがって，式 (6.16) を全立体角について積分することにより

$$\sigma_{\text{elas}} = \frac{K^2}{(2\pi)^2} \frac{(2\pi)^2}{K^2} \int \left[S^{\text{EK}*}(b') - 1\right] \left[S^{\text{EK}}(b) - 1\right] \delta(\bm{b}-\bm{b}') d\bm{b}' d\bm{b}$$

$$= 2\pi \int_0^\infty \left|S^{\text{EK}}(b) - 1\right|^2 b\, db \tag{6.19}$$

が得られる．これを**全弾性散乱断面積** (total elastic cross section) とよぶことにする．

全反応断面積と全弾性散乱断面積の和を取ると，弾性散乱か否かを問わず，ともかく何らかの反応が起きた断面積が得られる．これを**全断面積** σ_{tot} (total cross section) とよぶ[7]．

---

[7] 文献によっては，全弾性散乱断面積を全断面積とよぶことがあり，混乱の原因となっている．

$$1 - \left|S^{\text{EK}}(b)\right|^2 + \left|S^{\text{EK}}(b) - 1\right|^2 = 2 - S^{\text{EK}}(b) - S^{\text{EK}*}(b)$$
$$= 2\left[1 - \operatorname{Re} S^{\text{EK}}(b)\right] \qquad (6.20)$$

より,

$$\sigma_{\text{tot}} \equiv \sigma_{\text{R}} + \sigma_{\text{elas}} = 2\pi \int_0^\infty 2\left[1 - \operatorname{Re} S^{\text{EK}}(b)\right] b\, db \qquad (6.21)$$

が得られる.もし吸収が存在しなければ, $\sigma_{\text{R}} = 0$ であり, σ_{tot} は σ_{elas} に一致する.では逆に,吸収が強い極限では何が起きるのだろうか？

§ 6.4 影散乱

強吸収の極限として,黒体球による粒子の散乱を考えてみよう.黒体球の半径を a とすると,アイコナール S 行列は

$$S^{\text{EK}}(b) = \begin{cases} 0 & (b \leq a) \\ 1 & (b > a) \end{cases} \qquad (6.22)$$

となる.これは,黒体球の背後では,入射波は完全に吸収されてしまい,波動関数が 0 となる様子を表している.一方 $b > a$ では,黒体球は入射粒子に何の影響も及ぼさない.すなわちこのとき入射粒子は単に素通りするだけであり,反応したかどうかを判定していない[8].式 (6.22) を用いて σ_{R} と σ_{elas} を計算すると,

$$\sigma_{\text{R}} = 2\pi \int_0^\infty \left(1 - \left|S^{\text{EK}}(b)\right|^2\right) b\, db = 2\pi \int_0^a b\, db = \pi a^2, \qquad (6.23)$$

$$\sigma_{\text{elas}} = 2\pi \int_0^\infty \left|S^{\text{EK}}(b) - 1\right|^2 b\, db = 2\pi \int_0^a b\, db = \pi a^2 \qquad (6.24)$$

となる.

σ_{R} が黒体球の古典的な断面積に一致するのは,第 1 章で述べた断面積の定義から自然に理解されるであろう.しかし, σ_{elas} もまた πa^2 となるのは奇妙に映るのではないだろうか.この有限の σ_{elas} を理解する上で鍵となるのは,弾性散乱の断面積を評価する際,入射粒子が素通りするイベントが除外されている

---

[8] 第 1 章の議論を思い出すこと.式 (6.12), (6.19) からわかるように, $S^{\text{EK}}(b) = 1$ のときには σ_{R} にも σ_{elas} にも寄与をもたない.

ということである.量子力学の言葉でいえば,入射平面波がそのまま出て行ったものは,反応として計上されない.すなわち標的核との相互作用を取り入れた散乱波動関数 χ から入射平面波を差し引いたものが,弾性散乱に寄与する波として考慮されているのである[9].上述のとおり,黒体球の背後では,入射平面波は全て吸収されている.これは,入射平面波をちょうど打ち消す仮想的な波が黒体球の背後で発生した結果と解釈することができる.χ(黒体球の背後では 0)と入射平面波の差を取ると,この仮想的な波が残り,それが弾性散乱の断面積として計上されていることになる.これを**影散乱** (shadow scattering) とよぶ.

影散乱は,入射波の不在を"観測"したものであるともいえる.影散乱の断面積は,黒体球の場合に限らず,吸収を伴う反応が起きる場合には常に存在する.極めてエネルギーが高い場合を除けば,この仮想的な波(= 入射平面波の消失)は,黒体球周辺の入射平面波に回折を生み,これによって影散乱の断面積が有限の角度で観測される[10].このような形で,仮想的な波は現実の世界に姿を現すことになる.

黒体球による弾性散乱の角分布は,式 (6.22) を式 (5.61) に代入して

$$\frac{d\sigma_{\text{elas}}}{d\Omega} = K^2 \left| \int_0^a J_0(Kb\theta) b \, db \right|^2 = K^2 \frac{1}{(K\theta)^4} \left| [\varpi J_1(\varpi)]_0^{Ka\theta} \right|^2$$
$$= a^2 \frac{J_1^2(Ka\theta)}{\theta^2} \tag{6.25}$$

と求まる.ただしここで

$$\varpi \equiv Kb\theta \tag{6.26}$$

とおき,特殊関数の積分公式

$$\int \varpi J_0(\varpi) \, d\varpi = \varpi J_1(\varpi) + C \tag{6.27}$$

を用いた(C は積分定数).J_1 は 1 次の第 1 種ベッセル関数である.図 6.5 に,

---

[9] 第 3 章 3.11 節で指摘したように,遷移行列を用いた計算では,この処理は自動的に行われている.
[10] この有限の角度が,素通りする入射平面波との区別を許すほどに大きいことが,影散乱が観測される条件である.なお,散乱角 0° およびそのごく近傍では,この影散乱の問題に限らず,χ と入射平面波の分離は自明ではなくなり,断面積の定義そのものを変更する必要が生じる.この点については,付録 A で議論する.

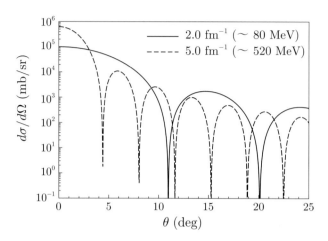

図 6.5 黒体による弾性散乱（影散乱）の角度分布．実線（破線）は入射波数 2 fm^{-1} (5 fm^{-1}) に対応．

式 (6.25) の計算結果を示す．ただし $a = 10$ fm とし，K は 2.0 fm^{-1}（実線）および 5.0 fm^{-1}（破線）とした．中性子散乱のエネルギーに換算すれば，それぞれ約 80 MeV と 520 MeV に対応する．J_1 の性質から，角分布が極小値を取る θ の値は，おおよそ

$$\theta = \frac{1.22\pi}{Ka}, \frac{2.23\pi}{Ka}, \frac{3.24\pi}{Ka}, \cdots \quad (6.28)$$

となる [15]．よって角分布の山と谷の間隔はおよそ

$$\Delta\theta \sim \frac{1}{2}\frac{\pi}{Ka} = \frac{1}{2}\frac{\lambda}{2a} = \frac{\lambda}{2d} \quad (6.29)$$

である．ただし d は黒体の直径を表している．これは，第 4 章で言及したフラウンホーファー回折の振動パターン，すなわち式 (4.9) と同一のものである．この振動パターンと実験データとの比較から原子核半径の系統性を研究した仕事として，文献 [16] を挙げておく．

§ 6.5 全反応断面積の分析（準備）

では，測定された全反応断面積の分析に取りかかろう．計算には式 (6.12) を用い，光学ポテンシャルの虚数部 W は，ゼロレンジ畳み込みモデルを用いて

$$W(R) = -\int \bar{w}_0 \delta(\bm{R}-\bm{r}) \rho(r) d\bm{r} = -\bar{w}_0 \rho(R) \tag{6.30}$$

と表す．$\bar{w}_0\ (>0)$ は 2 核子間相互作用の虚部の強さを表すパラメータであり，ρ は原子核の核子密度分布である．以下で述べるように，ρ を特徴づけるパラメータはその広がり r_0 のみとする．分析の方針は以下のとおりである．

1. 密度 (r_0) がよくわかっている安定核 A と陽子の全反応断面積を計算し，実験データを再現するように $\bar{w}_0$ を決める．
2. A と同じ陽子数をもつ中性子過剰核 A' と陽子の全反応断面積を，1. で決めた $\bar{w}_0$ を用いて計算し，実験データを再現するように A' の密度 (r_0) を決定する．

なおこのとき，1. と 2. で用いる実験データのエネルギーは大体一致させておく．さもなければ，1. で決定した $\bar{w}_0$ をそのまま 2. で用いることの信頼性が乏しくなってしまう．原子核 A-A' のペアとしては，^{4}He-^{6}He，^{9}Be-^{11}Be，^{12}C-^{22}C の 3 つを取り上げる．

まず，安定核 ^{4}He，^{9}Be，^{12}C について，陽子の入射エネルギー $E_{\rm in}$ と全反応断面積 $\sigma_{\rm R}$ の実験値を表 6.1 に示す．今回分析の対象とする原子核はいずれも軽い（質量数 A が比較的小さい）ため，密度分布としてガウス関数

$$\rho(r) = \rho_0 \exp\left[-(r/r_0)^2\right] \tag{6.31}$$

を用いることにする．第 4 章の図 4.5(a) の実線（^{12}C の密度分布）が示すように，広がりが小さいウッズ-サクソン型の分布は，ガウス分布とよく似た形をしている．実際，軽い原子核の密度分布は，式 (6.31) で表現されることも多い．ガウス分布は，その広がり r_0 のみがパラメータであるから，ウッズ・サクソン分布と比べてパラメータの決定が容易である．また以下で見るように，様々な積分が解析的に実行可能であるという利点もある．

式 (6.31) 中の規格化係数 ρ_0 は，第 4 章と同様に，密度分布の積分値が核子

表 6.1 各原子核に対する陽子の入射エネルギー $E_{\rm in}$ および全反応断面積の実験値 $\sigma_{\rm R}^{\rm exp}$．

	$E_{\rm in}$ (MeV)	$\sigma_{\rm R}^{\rm exp}$ (mb)
^{4}He	702	99.8 ± 0.9 [17]
^{9}Be	43.1	375 ± 12 [18]
^{12}C	40.0	371 ± 11 [19]

数 A となるように決める:

$$\int \rho(r)\,d\boldsymbol{r} = 4\pi\rho_0 \int_0^\infty \exp\left[-(r/r_0)^2\right] r^2 dr = A. \tag{6.32}$$

この積分はガウス関数の積分公式

$$\int_0^\infty \exp(-\alpha x^2) x^{2N} dx = \frac{(2N-1)!!}{2^{N+1}} \sqrt{\frac{\pi}{\alpha^{2N+1}}},$$

$$(\alpha \text{は正の実数}, N \text{ は } 0 \text{ 以上の整数}) \tag{6.33}$$

を用いて求めることができる．ただしここで，$n!!$ は n の 2 重階乗 (double factorial) とよばれる量であり，

$$n!! = \begin{cases} n \cdot (n-2) \ldots 3 \cdot 1 & (n \text{ が正の奇数のとき}) \\ n \cdot (n-2) \ldots 4 \cdot 2 & (n \text{ が正の偶数のとき}) \\ 1 & (n \text{ が } 0 \text{ または } -1 \text{ のとき}) \end{cases} \tag{6.34}$$

と定義されている．式 (6.33) より，式 (6.32) は

$$4\pi\rho_0 \frac{1}{4} \sqrt{\frac{\pi}{(1/r_0^2)^3}} = A \tag{6.35}$$

となり，これより

$$\rho_0 = \frac{A}{r_0^3 \pi^{3/2}} \tag{6.36}$$

と定まる．また，平均二乗根半径は

$$r_{\rm rms}^2 = \frac{1}{A} \int \rho(r) r^2 d\boldsymbol{r} = \frac{4\pi\rho_0}{A} \int_0^\infty \exp\left[-(r/r_0)^2\right] r^4 dr$$

$$= \frac{4\pi}{r_0^3 \pi^{3/2}} \frac{3}{8} r_0^5 \sqrt{\pi} = \frac{3}{2} r_0^2 \tag{6.37}$$

より

$$r_{\rm rms} = \sqrt{\frac{3}{2}}\, r_0 \tag{6.38}$$

となる.ただし式 (6.33), (6.36) を用いた.

式 (6.12) に式 (6.30), (6.31), および $R^2 = b^2 + z^2$ を代入すると,

$$\sigma_{\rm R} = 2\pi \int_0^\infty \left(1 - \exp\left[\frac{-2}{\hbar v} \int_{-\infty}^\infty \bar{w}_0 \rho_0 \exp\left(-\frac{b^2 + z^2}{r_0^2}\right) dz\right]\right) b\, db$$

$$= 2\pi \int_0^\infty \left(1 - \exp\left[\frac{-2\bar{w}_0 \rho_0}{\hbar v} \exp\left(-\frac{b^2}{r_0^2}\right) \int_{-\infty}^\infty \exp\left(-\frac{z^2}{r_0^2}\right) dz\right]\right) b\, db \tag{6.39}$$

となる.ここで z についての積分は,被積分関数が z に関する偶関数であることに留意して

$$\int_{-\infty}^\infty \exp\left(-\frac{z^2}{r_0^2}\right) dz = 2 \int_0^\infty \exp\left(-\frac{z^2}{r_0^2}\right) dz = \sqrt{\pi} r_0 \tag{6.40}$$

と求まる.ただし式 (6.33) を用いた.

以上より,

$$\sigma_{\rm R} = 2\pi \int_0^\infty \left(1 - \exp\left[\frac{-2\bar{w}_0}{\hbar v} \frac{A}{r_0^2 \pi} \exp\left(-\frac{b^2}{r_0^2}\right)\right]\right) b\, db \tag{6.41}$$

が得られる.この式が含む未定のパラメータ $\bar{w}_0$ と r_0 を,本節の冒頭で述べた方針に従って決定することが,今回の解析の目的である.

§6.6 運動学の補正

前章までに我々が議論してきた反応は,入射エネルギーが 10 MeV から 100 MeV 程度で,かつ標的粒子が入射粒子と比べて十分に重いとみなせるものであった.しかし表 6.1 に示されているように,今回の解析の対象とする反応では,これらのいずれかもしくは両方の条件が満たされていない.この場合,核反応の運動学に対して,これまで考えてこなかった2つの補正を取り入れなければならない.1つは,重心運動の分離に関わる補正であり,もう1つは,相対論的な運動学の補正である.

6.6.1 重心補正

入射粒子と比べて標的核が無限に重い場合,標的核は散乱後も同じ場所に静

止し続けると近似的にみなせるため，ここまでの反応計算では，入射粒子の運動のみが考慮されてきた[11]．この条件が満たされない場合には，標的核もまた，散乱後に運動量をもつ．よって我々は，原理的には2体問題を扱わなければならない．しかし初等力学で学ぶように，2粒子の重心の運動を分離することによって，2体問題は1体問題に還元することができる．2粒子の重心の運動は反応前後で不変であるから，反応計算で記述すべきものは，2粒子の相対運動の変化である．

2体問題の取り扱いについては，初等力学で詳しく学習したはずなので，ここでは要点のみをまとめておく．まず，座標系に名前をつけておこう．反応が始まる前に標的核が静止している座標系を実験室系 (laboratory frame) とよび，2粒子系の重心とともに運動する座標系を重心系 (center-of-mass frame) とよぶ．重心系では，入射粒子と標的核は，同じ大きさで逆向きの運動量（波数）をもつ．したがって，重心系から反応現象を"観測"する場合には，片方の粒子の運動にだけ注目していればよい．ただし反応系の（運動）エネルギーを求める際には，その系で測った<u>2粒子の運動エネルギーの和</u>を考えなければならない点に注意すること．

一般に入射エネルギーとは，実験室系で測った入射粒子 P（質量を m_P とする）の運動エネルギーのことである．これを E_P^L としよう．このように，実験室系で測られる量には，当面，上付きの L を添えることにする．実験室系では，反応前に標的核 T（質量 m_T）がもっている運動エネルギーは 0 であるから，始状態の系のエネルギー E^L は

$$E^\mathrm{L} = E_\mathrm{P}^\mathrm{L} \tag{6.42}$$

となる．入射波数（運動量）の大きさを K_P^L (P_P^L) とすると，当然

$$E_\mathrm{P}^\mathrm{L} = \frac{\hbar^2 \left(K_\mathrm{P}^\mathrm{L}\right)^2}{2m_\mathrm{P}} = \frac{\left(P_\mathrm{P}^\mathrm{L}\right)^2}{2m_\mathrm{P}} \tag{6.43}$$

という関係が成り立つ．

マディソン規約の下では，2粒子系の重心は z 軸方向に一定の速度

$$V_z^\mathrm{L} \equiv \frac{m_\mathrm{P} v_{\mathrm{P}z}^\mathrm{L} + m_\mathrm{T} v_{\mathrm{T}z}^\mathrm{L}}{m_\mathrm{P} + m_\mathrm{T}} = \frac{m_\mathrm{P} v_{\mathrm{P}z}^\mathrm{L}}{m_\mathrm{P} + m_\mathrm{T}} \tag{6.44}$$

---

[11] したがってこれまでの計算では，厳密には運動量保存則が破れていたことになる．

§6.6 運動学の補正

で運動している.ただしここで $v_{\mathrm{P}z}^{\mathrm{L}}$ および $v_{\mathrm{T}z}^{\mathrm{L}}$ は,それぞれ P および T が入射状態でもつ速度の z 成分である.実験室系では,はじめ T は静止しているから,$v_{\mathrm{T}z}^{\mathrm{L}} = 0$ である.

重心系で測った量には上付きの C を添えることにすると,以上のことから

$$v_{\mathrm{P}z}^{\mathrm{C}} = v_{\mathrm{P}z}^{\mathrm{L}} - V_z^{\mathrm{L}} = \frac{m_{\mathrm{T}} v_{\mathrm{P}z}^{\mathrm{L}}}{m_{\mathrm{P}} + m_{\mathrm{T}}}, \tag{6.45}$$

$$v_{\mathrm{T}z}^{\mathrm{C}} = -V_z^{\mathrm{L}} = -\frac{m_{\mathrm{P}} v_{\mathrm{P}z}^{\mathrm{L}}}{m_{\mathrm{P}} + m_{\mathrm{T}}} \tag{6.46}$$

となる.それぞれの粒子がもつ運動量の z 成分を求めれば,

$$\hbar K_{\mathrm{P}z}^{\mathrm{C}} = m_{\mathrm{P}} v_{\mathrm{P}z}^{\mathrm{C}} = \frac{m_{\mathrm{P}} m_{\mathrm{T}} v_{\mathrm{P}z}^{\mathrm{L}}}{m_{\mathrm{P}} + m_{\mathrm{T}}}, \tag{6.47}$$

$$\hbar K_{\mathrm{T}z}^{\mathrm{C}} = m_{\mathrm{T}} v_{\mathrm{T}z}^{\mathrm{C}} = -\frac{m_{\mathrm{P}} m_{\mathrm{T}} v_{\mathrm{P}z}^{\mathrm{L}}}{m_{\mathrm{P}} + m_{\mathrm{T}}} \tag{6.48}$$

となり,確かに

$$K_{\mathrm{P}z}^{\mathrm{C}} = -K_{\mathrm{T}z}^{\mathrm{C}} \equiv K_z^{\mathrm{C}} \tag{6.49}$$

となっていることがわかる.したがって重心系で2粒子を扱う場合,運動量(波数)に粒子を識別するための添字は不要である[12].弾性散乱の終状態では,波数ベクトル $\boldsymbol{K}'^{\mathrm{C}}$ は $\boldsymbol{K}^{\mathrm{C}}$ と同じ大きさで,方向が θ^{C} だけ変わる.この θ^{C} が,重心系における散乱角である.また,2粒子の運動エネルギー E^{C} は

$$E^{\mathrm{C}} = \frac{\left(\hbar K_{\mathrm{P}}^{\mathrm{C}}\right)^2}{2m_{\mathrm{P}}} + \frac{\left(\hbar K_{\mathrm{T}}^{\mathrm{C}}\right)^2}{2m_{\mathrm{T}}} = \left(\frac{1}{2m_{\mathrm{P}}} + \frac{1}{2m_{\mathrm{T}}}\right) \hbar^2 \left(K^{\mathrm{C}}\right)^2 \equiv \frac{\hbar^2 \left(K^{\mathrm{C}}\right)^2}{2\mu} \tag{6.50}$$

と与えられる.ただしここで換算質量 μ を

$$\mu = \left(\frac{1}{m_{\mathrm{P}}} + \frac{1}{m_{\mathrm{T}}}\right)^{-1} = \frac{m_{\mathrm{P}} m_{\mathrm{T}}}{m_{\mathrm{P}} + m_{\mathrm{T}}} \tag{6.51}$$

と定義した.

---
[12] ただし $\boldsymbol{K}^{\mathrm{C}}$ はあくまで 2 粒子のいずれか(いまの場合は P)の運動量ベクトルを表しており,もう片方のそれを表したい場合は $-\boldsymbol{K}^{\mathrm{C}}$ としなければならないことには注意しておこう.

$$P_{\rm P}^{\rm L} = m_{\rm P} v_{\rm P}^{\rm L} = \frac{m_{\rm P} + m_{\rm T}}{m_{\rm T}} P^{\rm C} \tag{6.52}$$

であることに留意すると,

$$E^{\rm C} = \frac{\hbar^2 \left(K^{\rm C}\right)^2}{2\mu} = \frac{1}{2} \frac{m_{\rm P} + m_{\rm T}}{m_{\rm P} m_{\rm T}} \left(\frac{m_{\rm T}}{m_{\rm P} + m_{\rm T}} \hbar K_{\rm P}^{\rm L}\right)^2 = \frac{m_{\rm T}}{m_{\rm P} + m_{\rm T}} \frac{\hbar^2 \left(K_{\rm P}^{\rm L}\right)^2}{2 m_{\rm P}}$$
$$= \frac{m_{\rm T}}{m_{\rm P} + m_{\rm T}} E^{\rm L} \tag{6.53}$$

が得られる.

前述のとおり, 我々が行うべきは, 重心系において遷移過程を記述することである. これは, いままで我々が用いてきた遷移行列や断面積の式において, 以下の置き換えをするだけで達成できる:

$$m \left(\equiv m_{\rm P}\right) \to \mu = \frac{m_{\rm P} m_{\rm T}}{m_{\rm P} + m_{\rm T}}, \tag{6.54}$$

$$E \left(\equiv E_{\rm P}^{\rm L}\right) \to E^{\rm C} = \frac{m_{\rm T}}{m_{\rm P} + m_{\rm T}} E_{\rm P}^{\rm L}, \tag{6.55}$$

$$K \left(\equiv K_{\rm P}^{\rm L}\right) \to K^{\rm C} = \frac{m_{\rm T}}{m_{\rm P} + m_{\rm T}} K_{\rm P}^{\rm L} = \frac{\sqrt{2\mu E^{\rm C}}}{\hbar}. \tag{6.56}$$

置き換え後の表式で $m_{\rm P}/m_{\rm T} \to 0$ の極限を取れば, いずれの量も置き換え前の表式に戻ることが確認できるであろう. なお, 重心系の散乱角 $\theta^{\rm C}$ は, 実験室でのそれ $\theta^{\rm L}$ とは異なるが, 弾性散乱の角分布の実験値として発表されているものは, ほとんどの場合 $d\sigma/d\Omega^{\rm L}$ ではなく $d\sigma/d\Omega^{\rm C}$ であるから, このことは問題にならない. すなわち, 上の置き換えをして計算した断面積 $d\sigma/d\Omega^{\rm C}$ は, 弾性散乱の実験データと直接比較してよい. これは測定を行った人たちが, データの発表に際し, 測定量を $d\sigma/d\Omega^{\rm L}$ から $d\sigma/d\Omega^{\rm C}$ に変換してくれているからである. ただし変換前の $d\sigma/d\Omega^{\rm L}$ がデータとして発表されることもありうるので, 実験データが何を表しているのかは, 正しく理解しておく必要がある.

なお本章で取り扱っている, 角度積分された断面積をアイコナール近似で計算する場合は, 運動学が関係する因子は v のみである. v は 2 粒子の相対速度の大きさであり, 式 (6.45), (6.46) の定義からわかるように, ガリレイ変換に対して不変な量である. このことは

$$v^{\rm L} \equiv \frac{\hbar K_{\rm P}^{\rm L}}{m_{\rm P}} = \frac{\hbar}{m_{\rm P}} \frac{m_{\rm P} + m_{\rm T}}{m_{\rm T}} K_{\rm P}^{\rm C} = \frac{\hbar K_{\rm P}^{\rm C}}{\mu} \equiv v^{\rm C} \tag{6.57}$$

から直接確かめることもできる．すなわち角度積分された断面積をアイコナール近似を用いて計算した結果は，実際には上記の重心運動の補正の影響を受けない．これは断面積の定義から考えても自然であり，アイコナール近似を行うか否かに関わらず，一般的に成り立つ性質である．

6.6.2 相対論的補正

本書は，非相対論的な散乱理論（反応論）に特化したものであるが，入射エネルギーが高くなると，相対論的効果を全て無視したままでは，実験データの定量的解析が難しくなってくる．そのような場合に広く用いられているのが，粒子の運動学 (kinematics) のみを相対論的に扱う補正法である．具体的には，反応計算の入力として用いるエネルギーや運動量などを，相対論に基づいて求める．この方法は，入射エネルギーが核子あたり 1 GeV 程度までの反応を記述する際に，十分良く機能することが知られている．

ここでも，補正の要点のみを述べることにする．基本的な記号の使い方は前項と同じであるが，相対論的エネルギー（全エネルギー）を $\mathcal{E}$ で表すことにする．実験室系では，

$$\mathcal{E}_\mathrm{P}^\mathrm{L} = E_\mathrm{P}^\mathrm{L} + m_\mathrm{P} c^2 = \sqrt{(m_\mathrm{P} c^2)^2 + (\hbar c K_\mathrm{P}^\mathrm{L})^2}, \tag{6.58}$$

$$\hbar K_{\mathrm{P}z}^\mathrm{L} = \hbar K_\mathrm{P}^\mathrm{L} = \sqrt{(\mathcal{E}_\mathrm{P}^\mathrm{L})^2 - (m_\mathrm{P} c^2)^2}/c = \sqrt{E_\mathrm{P}^\mathrm{L}(E_\mathrm{P}^\mathrm{L} + 2m_\mathrm{P} c^2)}/c, \tag{6.59}$$

$$\mathcal{E}_\mathrm{T}^\mathrm{L} = m_\mathrm{T} c^2, \tag{6.60}$$

$$\hbar K_{\mathrm{T}z}^\mathrm{L} = \hbar K_\mathrm{T}^\mathrm{L} = 0 \tag{6.61}$$

となる．重心系における各粒子のエネルギーと運動量を得るには，4元運動量ベクトル $(\hbar \boldsymbol{K}_\mathrm{P}^\mathrm{L}, E_\mathrm{P}^\mathrm{L}/c)$ および $(\hbar \boldsymbol{K}_\mathrm{T}^\mathrm{L}, E_\mathrm{T}^\mathrm{L}/c)$ を，z 方向について

$$\beta \equiv \frac{v_\mathrm{cm}^\mathrm{L}}{c} = \frac{cP_\mathrm{P}^\mathrm{L}}{\mathcal{E}_\mathrm{P}^\mathrm{L} + \mathcal{E}_\mathrm{T}^\mathrm{L}} \tag{6.62}$$

によりブースト (boost)[13] すればよい．ただし v_cm^L は実験室系で測った系の重心の速さである．結果は以下のようになる．

---
[13] 回転を伴わないローレンツ変換のことをローレンツブーストという．

$$\hbar K_{\mathrm{P}z}^{\mathrm{C}} = \hbar K_{\mathrm{P}}^{\mathrm{L}} \frac{m_{\mathrm{T}}c^2}{\sqrt{(m_{\mathrm{P}}c^2)^2 + (m_{\mathrm{T}}c^2)^2 + 2m_{\mathrm{T}}c^2 \mathcal{E}_{\mathrm{P}}^{\mathrm{L}}}} \equiv \hbar K^{\mathrm{C}}, \quad (6.63)$$

$$\mathcal{E}_{\mathrm{P}}^{\mathrm{C}} = \sqrt{(m_{\mathrm{P}}c^2)^2 + (\hbar c K^{\mathrm{C}})^2}, \quad (6.64)$$

$$\hbar K_{\mathrm{T}z}^{\mathrm{C}} = -\hbar K^{\mathrm{C}}, \quad (6.65)$$

$$\mathcal{E}_{\mathrm{T}}^{\mathrm{C}} = \sqrt{(m_{\mathrm{T}}c^2)^2 + (\hbar c K^{\mathrm{C}})^2}. \quad (6.66)$$

また換算質量は，換算エネルギー

$$\mu_{\mathcal{E}} c^2 = \frac{\mathcal{E}_{\mathrm{P}}^{\mathrm{C}} \mathcal{E}_{\mathrm{T}}^{\mathrm{C}}}{\mathcal{E}_{\mathrm{PC}} + \mathcal{E}_{\mathrm{T}}^{\mathrm{C}}} \quad (6.67)$$

に置き換えられることが一般的である[14]．このとき，重心系における全系の運動エネルギー E^{C} は

$$E^{\mathrm{C}} = \frac{\hbar^2 (K^{\mathrm{C}})^2}{2\mu_{\mathcal{E}}} \quad (6.68)$$

によって与えられる．

以上より，重心運動の補正に加えて相対論的補正を行う場合は，

$$m (\equiv m_{\mathrm{P}}) \to \mu_{\mathcal{E}} = \frac{1}{c^2} \frac{\sqrt{(m_{\mathrm{P}}c^2)^2 + (\hbar c K^{\mathrm{C}})^2}\sqrt{(m_{\mathrm{T}}c^2)^2 + (\hbar c K^{\mathrm{C}})^2}}{\sqrt{(m_{\mathrm{P}}c^2)^2 + (\hbar c K^{\mathrm{C}})^2} + \sqrt{(m_{\mathrm{T}}c^2)^2 + (\hbar c K^{\mathrm{C}})^2}}, \quad (6.69)$$

$$E (\equiv E_{\mathrm{P}}^{\mathrm{L}}) \to E^{\mathrm{C}} = \frac{\hbar^2 (K^{\mathrm{C}})^2}{2\mu_{\mathcal{E}}}, \quad (6.70)$$

$$K (\equiv K_{\mathrm{P}}^{\mathrm{L}}) \to K^{\mathrm{C}} = K_{\mathrm{P}}^{\mathrm{L}} \frac{m_{\mathrm{T}}c^2}{\sqrt{(m_{\mathrm{P}}c^2)^2 + (m_{\mathrm{T}}c^2)^2 + 2m_{\mathrm{T}}c^2 \mathcal{E}_{\mathrm{P}}^{\mathrm{L}}}} \quad (6.71)$$

という置き換えを行えばよいことがわかる．2粒子の相対速度の大きさ v は，相対論的運動学の下でもやはり不変量であり，実験室系における物理量を用いて

---

[14] ただしこれが唯一正しい処方というわけではなく，実は他の選択肢も存在する．これは，相対論では原理的に重心運動の分離ができないという事実に起因する，理論的不定性である．ただしその不定性は，通常それほど大きくはないとされている．

$$v = \frac{\hbar K_{\rm P}^{\rm L}}{\mathcal{E}_{\rm P}^{\rm L}/c^2} \tag{6.72}$$

と表される．ただし v と重心系で測った物理量との関係は

$$v = \frac{\hbar c^2 K_{\rm P}^{\rm L} \left(\mathcal{E}_{\rm PC} + \mathcal{E}_{\rm T}^{\rm C}\right)}{\mathcal{E}_{\rm P}^{\rm C} \mathcal{E}_{\rm T}^{\rm C} + \left(\hbar c K_{\rm P}^{\rm L}\right)^2} \tag{6.73}$$

であり，

$$v \neq \frac{\hbar K_{\rm P}^{\rm C}}{\mu_{\mathcal{E}}/c^2} \tag{6.74}$$

であることには注意しておく必要がある．

以降，本書では重心運動の補正を取り入れた表式を標準的に用いることとする．すなわち，運動量やエネルギーは全て重心系で測るものとする．この了解の下で，座標系を指定する添え字を省略する．ただし入射エネルギーだけは，その定義に従って実験室系で測られているものとし，$E_{\rm in}$ と表記する．相対論的補正については，エネルギーが高い場合に，必要に応じて取り入れることにしよう．

なお本節では，入射状態における運動学についてのみ議論した．観測がなされる終状態では一般に粒子の運動の方向が変化するため，座標系の変更に伴う物理量の変換則は，上記のものとは異なる．ただし終状態の変換則が必要なのは，ある系で評価した物理量を，別の系で表現したいときのみである．すなわち，一貫して重心系で計算・分析を行うと決めてしまえば，終状態における座標変換を行う必要はない．本書では，重心系で表現された測定量（または座標系によらない量）を分析・議論の対象とし，終状態における座標変換は扱わないこととする．

§ 6.7 陽子-安定核の全反応断面積解析

では，式 (6.41) を用いて表 6.1 のデータを解析し，$\bar{w}_0$ を決定しよう．安定核 ^{4}He, ^{9}Be, ^{12}C の陽子分布は，主に電子散乱を用いて詳しく調べられており，平均二乗根半径 $r_{\rm rms}$ が決定されている[15]．その結果を表 6.2 に示す．

---

[15] 実験で測定されているのは電荷密度分布であり，本当はこれを陽子密度分布に直す手続きが必要であるが，ここでは両者の密度分布の違いは無視する．

表 6.2 電子散乱などで決定された各原子核の平均二乗根半径 $r_{\rm rms}$ [20] と，その中心値に対応するガウス分布の広がりパラメータ r_0 の値（単位はともに fm）．

	$r_{\rm rms}$	r_0
^{4}He	1.6757 ± 0.0026	1.368
^{9}Be	2.5180 ± 0.0114	2.056
^{12}C	2.4703 ± 0.0022	2.017

第 4 章で強調したように，原子核中で陽子と中性子は区別なく（核子として）分布している．したがって表中の $r_{\rm rms}$ は，核子の平均二乗根半径と解釈してよく，これからガウス型密度分布の r_0 が式 (6.38) によって決定される．この r_0 を式 (6.41) に代入し，表 6.1 の $\sigma_{\rm R}$ を再現するように $\bar{w}_0$ を決めることが，本節の目的である．図 6.6 に，$\bar{w}_0$ を変化させたときの $\sigma_{\rm R}$ の振る舞いを示す．左が 702 MeV の陽子と ^{4}He の反応，右が 40 MeV の陽子と ^{12}C の反応の結果である．それぞれの図で，実線は相対論的運動学を用いた結果を表し，破線は非相対論的運動学を用いた結果を表している．また水平の点線は，$\sigma_{\rm R}$ の実験データの中心値である．

式 (6.41) からわかるように，$\bar{w}_0 = 0$ で $\sigma_{\rm R} = 0$ であり，$\bar{w}_0$ を増やすと $\sigma_{\rm R}$ は単調に増加し，$\bar{w}_0 \to \infty$ の極限で $\sigma_{\rm R} \to \infty$ となる．一方 $\bar{w}_0$ が小さい領域では，$\sigma_{\rm R}$ は $\bar{w}_0$ に比例する．これは式 (6.39) の指数因子を展開すればただちに理解できる：

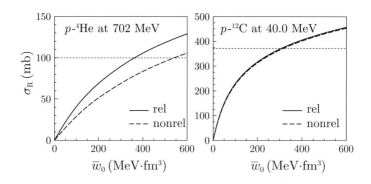

図 6.6 陽子-安定核の全反応断面積の $\bar{w}_0$ 依存性．左が ^{4}He，右が ^{12}C の結果を示す．各図中の実線（破線）は相対論的（非相対論的）運動学を用いた場合に対応．水平の点線は実験データの中心値を示す．

§6.7 陽子-安定核の全反応断面積解析

$$\sigma_R \approx 2\pi \int \left(1 - \left[1 - \frac{2\bar{w}_0 \rho_0}{\hbar v} \exp\left(-\frac{b^2}{r_0^2}\right) \int_{-\infty}^{\infty} \exp\left(-\frac{z^2}{r_0^2}\right) dz\right]\right) b\, db$$

$$= 2\pi \frac{2\bar{w}_0}{\hbar v} \rho_0 \int_0^\infty \exp\left(-\frac{b^2}{r_0^2}\right) \int_{-\infty}^{\infty} \exp\left(-\frac{z^2}{r_0^2}\right) dz\, b\, db$$

$$= \frac{2\bar{w}_0}{\hbar v} \rho_0 \int \exp\left(-\frac{R^2}{r_0^2}\right) d\boldsymbol{R} = \frac{2\bar{w}_0}{\hbar v} A. \tag{6.75}$$

注意すべきは，このとき σ_R は原子核の質量数の指標となり，半径の指標とはならないことである．しかし実際には原子核の吸収は強いため，式 (6.75) が実現することはほとんどないと考えてよい．

> $\bar{w}_0 \to \infty$ は強吸収の極限を意味するが，上記の結果は，6.4 節で議論した半径 a の黒体球による反応の分析結果とは異なることに注意しよう．黒体球のように半径がはっきりした密度分布（第 4 章で扱った階段型分布関数）を用いると，$\bar{w}_0 \to \infty$ で確かに $\sigma_R = \pi a^2$ となる．これは，$\bar{w}_0$ がどれだけ大きくても，$r > r_0$ では密度分布が正確に 0 であることにより，全反応断面積に寄与する衝突径数 b の上限が a に定まるからである．一方ガウス型密度分布は，$r > r_0$ においても有限の値を取り続ける．$b \gg r_0$ の場合，σ_R の計算には $r \gg r_0$ の領域だけが関与し，当然そこでは密度は極めて小さい．しかし $\bar{w}_0 \to \infty$ の極限では，密度がどれだけ小さくても，有限でありさえすれば，σ_R に対しての寄与は有限となる．つまりこのとき，σ_R に寄与する衝突径数の上限は有限の値に収まらない．これが，ガウス型密度分布を用いたとき，$\bar{w}_0 \to \infty$ で $\sigma_R \to \infty$ となる理由である．この結論は，無限遠方まで裾を引いている任意の密度分布に対して成り立つ．

図 6.6 の実線または破線と点線との交点から，$\bar{w}_0$ の値が定まる．702 MeV での反応（左の図）では運動学の相対論的効果が大きく，実験値を再現する $\bar{w}_0$ に 30 % 程度の影響をもたらすことがわかる．一方 40 MeV（右の図）では，相対論的効果は無視できるほど小さい．67.4 MeV の陽子と ^{9}Be の反応でも，同様に相対論的効果が小さいことが数値的に確認されている．以下では，^{4}He-^{6}He ペアの反応についてのみ，相対論的補正を行うことにする．

表 6.3 に，解析で得られた $\bar{w}_0$ の値を示す．この結果を用いて，陽子と不安定核の全反応断面積の解析に着手することにしよう．

表 6.3 陽子-安定核の反応解析で得られた $\bar{w}_0$ の値（単位: MeV·fm^3）．

	$\bar{w}_0$
^{4}He	361.0
^{9}Be	418.9
^{12}C	315.3

§ 6.8 陽子-不安定核の全反応断面積解析

解析の対象とする陽子-不安定核の反応を表 6.4 に示す．ここで，入射エネルギーの単位が MeV/nucleon であることに注意しよう．これは，核子あたりの入射エネルギーを表している．不安定核は短寿命であり，通常，標的核とすることは不可能であるから，この種の実験では不安定核は入射粒子として用いられる．すなわちいまの場合，陽子（水素）を標的として実験が行われる．このような反応を逆運動学 (inverse kinematics) の反応とよぶ．これに対して，前節で解析した，原子核を標的とする陽子入射反応は，順運動学 (normal kinematics または forward kinematics) の反応とよばれる．どちらが normal かはものの見方によるが，核反応では，性質を明らかにしたい対象を標的とし，そのために用いるプローブを入射粒子とする反応を normal とすることが一般的である．したがって，不安定核が関与する反応の多くは逆運動学である[16]．

理論的には，順運動学と逆運動学は，採用する座標系が異なるだけである．しかし一般に，ある反応を順運動学と逆運動学のどちらで見るかによって，入射エネルギー（= 入射粒子の運動エネルギー）は大きく変化する．これは，同種粒子どうしの散乱を除いて，反応する 2 粒子の質量が異なるためである．当然ながら，反応のエネルギーの指標は，順運動学と逆運動学のどちらを採用しても変わらない方が望ましい．そこで登場するのが，核子あたりの入射エネルギーという指標である．

表 6.4 解析対象とする陽子-不安定核反応の入射エネルギー E_{in} および全反応断面積の実験値 $\sigma_{\text{R}}^{\text{exp}}$．

	E_{in} (MeV/nucleon)	$\sigma_{\text{R}}^{\text{exp}}$ (mb)
^{6}He	721	161.3 ± 3.7 [17]
^{11}Be	45.4	591 ± 30 [21]
^{22}C	40.0	1338 ± 274 [22]

---

[16] ただし，性質のよくわかった不安定核を入射粒子として，標的安定核の未知の特性を調べるような反応は，順運動学とみなされる．

§6.8 陽子-不安定核の全反応断面積解析

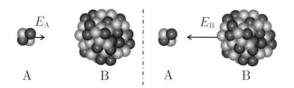

図 6.7 原子核 A と原子核 B の反応の模式図．左が順運動学，右が逆運動学に対応．

図 6.7 に，原子核 A（質量数: A）と原子核 B（質量数: B）の反応を模式的に示す．便宜上，左の図が順運動学，右の図が逆運動学に対応するということにしよう．順運動学での A の入射エネルギーを E_A とする．簡単のため，非相対論的な運動学で考えると，このとき A は速さ

$$v = \sqrt{\frac{2E_A}{Am_N}} \tag{6.76}$$

で右向きに運動している．ただし A の質量を近似的に Am_N とした．この反応を逆運動学で記述すると，原子核 B は速さ v で左向きに運動している（ガリレイ変換）から，B の運動エネルギーは

$$E_B = \frac{1}{2} B m_N \frac{2E_A}{Am_N} = \frac{B}{A} E_A \tag{6.77}$$

となり（B の質量を Bm_N とした），これから

$$\frac{E_A}{A} = \frac{E_B}{B} \tag{6.78}$$

が得られる．すなわち，ある1つの反応を順運動学と逆運動学で見たとき，入射粒子の核子あたりの運動エネルギーは等しい．これが，不安定核が関与する反応のエネルギーを表す際，核子あたりの入射エネルギーを指標として用いる理由である[17]．

表 6.4 中の入射エネルギーを見ると，表 6.1 のそれとよく対応していることが見てとれるであろう．そこで，前節で ^{4}He, ^{9}Be, ^{12}C の反応に対して決定した $\bar{w}_0$ を，それぞれ ^{6}He, ^{11}Be, ^{22}C の反応に対してそのまま用いることにする．一方密度分布のパラメータ r_0 については，第4章で述べた原子核の密度の飽和

[17) 相対論的な運動学でもこの議論はまったく同様である．ただしガリレイ変換の代わりにローレンツブーストを用いる必要がある．

表 **6.5** 密度の飽和性に基づく不安定核の広がり（r_0 および $r_{\rm rms}$）の推定値と，陽子-不安定核の全反応断面積の計算値および実験値．

	r_0 (fm)	$r_{\rm rms}$ (fm)	σ_R (mb)	$\sigma_R^{\rm exp}$ (mb)
^{6}He	1.566	1.918	140.4	161.3 ± 3.7 [17]
^{11}Be	2.198	2.692	431.0	591 ± 30 [21]
^{22}C	2.469	3.024	594.6	1338 ± 274 [22]

性を利用して，前節で用いた値を $(A_{\rm ust}/A_{\rm stb})^{1/3}$ 倍したものを用いることにしよう．ただし $A_{\rm ust}$ と $A_{\rm stb}$ はそれぞれ，ペアとして解析する不安定核と安定核の質量数である．たとえば炭素同位体でいえば，前節で用いた $r_0 = 2.017$ fm を $(22/12)^{1/3}$ 倍した 2.469 fm を ^{22}C の r_0 として用いる．このような計算によって得られた σ_R の値を表 6.5 に示す．表中には，表 6.4 で示した測定値を再掲している．いずれの反応でも，実験データを過小評価していることがわかる．特に ^{22}C では，計算値は実験値の 1/2 程度にしかならない．これは，上記の解析で想定した何かが，決定的に破綻していることを強く示唆している．これが，ラザフォードによる原子核の発見からおよそ 70 年の後，1980 年代に原子核物理学で起きた革命の始まりである．

§ 6.9 飽和性の破れ

前節で示した不安定核の反応解析では，安定核で得られた知見が利用されている．1 つは $\bar{w}_0$ の値であり，もう 1 つは密度の飽和性に基づいて評価した原子核の密度分布である．このうち $\bar{w}_0$ については，図 6.6 に示されているように，ある程度 $\bar{w}_0$ が大きい領域では σ_R の $\bar{w}_0$ 依存性は小さい．したがって，たとえ用いた $\bar{w}_0$ に相応の誤差があったとしても，表 6.4 に示した全反応断面積の過小評価の原因を，$\bar{w}_0$ のみに負わせることは難しい．

他方，σ_R は吸収をもたらす領域の幾何学的面積に対応する物理量であるから[18]，原子核の密度分布に敏感であると考えられる．したがって，全反応断面積の大幅な過小評価問題を解決するための有力な手段として，

「不安定核の半径は常識的な値よりもはるかに大きな値を取りうる」

という仮説を考えることができる．これは，安定核の系統的研究から導かれた，

---

[18] 6.4 節で見たように，黒体モデルでは，核子と原子核の σ_R は原子核の幾何学的断面積に正確に一致する．

§ 6.9 飽和性の破れ

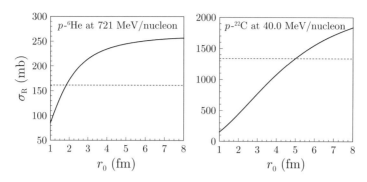

図 6.8 陽子-^{6}He（左）および陽子-^{22}C（右）の反応断面積の r_0 依存性. 水平の点線は実験データの中心値.

密度の飽和性という原子核の基本性質を棄却することに他ならない.

安定核の全反応断面積で決定した $\bar{w}_0$ を用い，密度の広がり r_0 を変化させたときの σ_R の振る舞いを図 6.8 に示す. 左が ^{6}He，右が ^{22}C の結果である. 水平の点線は実験値の中心値を表す. いずれの場合も，r_0 がある程度小さい領域では，σ_R は r_0 とともに大きく変化している[19]).

図 6.8 の結果から得られた，σ_R の計算値が実験値と一致する r_0 と，対応する $r_{\rm rms}$ を表 6.6 に示す. 表 6.5 に示した，密度の飽和性に基づく推定値と比べてはるかに大きな半径となっていることがわかるであろう. このように，不安定核の全反応断面積の測定結果は，密度の飽和性の破れを強く示唆しているのである. 図 6.9 に，ここまでの解析で得た平均二乗根半径の値をまとめて示す. 図には，本章で紹介した模型をさらに改良したものを用いた解析によって決定された半径の値（= 実験値）もあわせて示している. 本書の解析結果は，定量的

表 6.6 陽子-不安定核の全反応断面積を再現する r_0 と対応する $r_{\rm rms}$ の値（単位はともに fm）.

	r_0	$r_{\rm rms}$
^{6}He	1.83	2.25
^{11}Be	2.82	3.45
^{22}C	4.99	6.11

---

[19]) r_0 が大きい場合は，式 (6.75) とまったく同様の展開を行うことができ，

$$\sigma_R \approx \frac{2\bar{w}_0}{\hbar v} A$$

となる. すなわち $r_0 \to \infty$ では σ_R は定数となる.

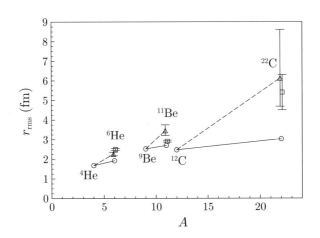

図 6.9 解析で得られた原子核の平均二乗根半径.丸は安定核の結果および密度の飽和性を仮定して推定した不安定核の半径.三角は,不安定核の全反応断面積を再現するように決めた半径.誤差は,解析に用いた安定核および不安定核の全反応断面積の誤差に応じて評価した.四角は,最新の反応解析で決定された半径の実験値.

には実験値とずれているところもあるが,^{6}He,^{11}Be,^{22}C の半径が増大するという定性的な性質は,十分再現できていることが見てとれるであろう.

§6.10 原子核のハロー構造

ここまでの分析により,不安定核の半径は,密度の飽和性を破るほどに大きくなりうることが明らかになった.しかしその増大を担っているのが陽子なのか中性子なのかを,全反応断面積の情報だけから決定することは難しい.そこで活用されたのが,不安定核の破砕片がもつ運動量分布の情報である.ここでは例として ^{11}Be を取り上げ,分析のエッセンスのみ紹介することにしよう.

静止している ^{11}Be に,ある運動量 $\boldsymbol{P}_{\mathrm{in}}$ で粒子を衝突させ,^{11}Be を分解する実験を考える[20].分解後の破片(破砕片: fragment)から ^{10}Be を選別し,その運動量 $\boldsymbol{P}_{\mathrm{f}}$ を測定すると,$\boldsymbol{P}_{\mathrm{f}}$ の分布は一般に有限の広がりをもつ.P_{in} が大きい場合,^{11}Be の分解は瞬間的(摂動的)に起きると考えてよく,このとき $\boldsymbol{P}_{\mathrm{f}}$ は,^{11}Be の中で ^{10}Be がもっていた運動量であると解釈できる.これは,バネ

---

[20] 実際の測定では ^{11}Be が入射粒子であるが,理解を簡単にするため,^{11}Be の静止系でこの反応を捉えることにする.

で連結された2つの粒子が単振動している状況でバネを切断すると，切断した瞬間の運動量をもって2つの粒子が飛んでいく状況と類似している．^{11}Be の静止系においては，^{10}Be と中性子の運動量は大きさが同じで方向が逆であるから，$\boldsymbol{P}_\mathrm{f}$ を測れば，^{11}Be 内の中性子の運動量分布 $\boldsymbol{P}_n$ がわかる．そして $\boldsymbol{P}_n$ をフーリエ変換すれば，中性子の空間分布が得られるのである．

実はこのような実験は，数多くの原子核に対して行われており，安定核の破砕片がもつ運動量分布の幅（半値全幅）は，200 MeV/c 程度であることがわかっている．ところが，^{10}Be の $\boldsymbol{P}_n$ の幅は 40 MeV/c 程度で，標準的な値の 1/5 程しかないことが実験によって確認されたのである．位置と運動量の不確定性関係を考えると，このことは，^{11}Be 内の 1 中性子の空間分布が極めて広いということを意味している．さらに，^{11}Be から 2 個の中性子が分離されたイベントに対応する，^{9}Be の運動量分布を測ると，運動量分布の幅は標準値（$\sim$ 200 MeV/c）に戻ることも確認された．

これらの実験結果は，^{11}Be の大きな半径を担っているのが，ただ 1 つの中性子であるということを強く示唆している．このことから導き出される ^{11}Be の構造は，^{10}Be（コア核）のまわりに 1 つの中性子（価中性子: valence neutron）が薄く遠くまで分布しているというものである[21]．これを，太陽や月のまわりに現れる暈（かさ）に見立てて，原子核の**ハロー構造** (halo structure) とよぶ．このとき，中性子はコア核がつくるポテンシャルのレンジを超えて広がっており，この現象は一種のトンネル効果に起因するものであると理解されている．

ハロー構造は，安定核の常識を根底から覆す，不安定核の特異な性質の代表格である．実は，本章で分析した 3 つの不安定核は全てハロー核であると考えられている．ただし ^{11}Be と異なり，^{6}He と ^{22}C は，コア核のまわりに 2 つの価中性子が分布する 2 中性子ハロー核である．またこれらの 2 中性子ハロー核は，コア核と 1 中性子では束縛しないという特徴も有している．よく知られているように，2 つの中性子系もまた束縛しない．すなわち，3 粒子構造をもつ ^{6}He と ^{22}C は，構成粒子のどのペアも束縛せず，3 つの粒子が揃ってはじめて束縛するという興味深い性質を有している．このような原子核をボロミアン核とよぶ．イタリアのボロッメオ家の家紋が，その性質を端的に表しているためである（図 6.10）．

---

[21] 分析の結果，^{11}Be において，^{10}Be の中心と価中性子の平均二乗根距離は 7.98 ± 0.76 fm にも及ぶことがわかっている [23]．

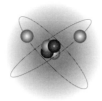 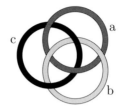

ヘリウム6原子核 　　　ボロミアンリング

図 6.10 2中性子ハロー核 ^{6}He の構造（模式図）とボロミアンリング．3つのリングは，a の上に b を，b の上に c を，そして c の上に a を重ねた構造をもっており，どれか 1 つのリングを切断すると，残りの 2 つは分離する．

現在まで，原子番号が小さい ($Z \sim 10$) 領域を中心に，10 数個程度のハロー核が見つかっている（候補も含む）．新型実験施設の本格稼働あるいは新規建設により，その発見は今後もさらに続くと期待される．不安定核の特異な性質がどのように普遍化されていくのか，大変興味深い．不安定核に関しては，ハロー構造の他にも，数多くの新奇な知見が得られている．たとえば中性子スキンや原子核の魔法数の変化などである．これらについては，レビュー論文 [23] や解説書 [24, 25] を参照されたい．

§ 6.11 まとめ

この章では，アイコナール近似を用いた陽子-原子核の全反応断面積の分析を通じて，不安定核がもつ特異性を明らかにした．全反応断面積とは，弾性散乱以外のあらゆる反応が起きる確率に対応する断面積であり，原子核の大きさ（半径）の指標となる物理量である．一部の不安定核の全反応断面積は安定核のそれよりも有意に大きく，その実験結果を説明するには，原子核の密度の飽和性を破る，大きな半径を想定する他ない．このことは，密度の飽和性が，安定核についてのみ成り立つ限定的な性質であることを意味する．詳細な分析の結果，^{6}He, ^{11}Be, ^{22}C の巨大な半径を担うのは 1 個 (^{11}Be) または 2 個 (^{6}He, ^{22}C) の価中性子であり，これらの不安定核は，コア核のまわりを価中性子が薄く取り巻く，ハロー構造をもつことがわかっている．不安定核は，安定核とはまったく異なる物理を内包する，大変興味深い系であり，その実験的・理論的研究は，今後ますます進展していくものと期待される．

第 7 章 チャネル結合法と光学ポテンシャルの起源

吸収が存在しない仮想的な 2 チャネル結合問題を分析することにより，第 4 章で導入した複素光学ポテンシャルの起源を明らかにする．

§7.1 反応チャネル

我々はこれまで，入射粒子と標的原子核の弾性散乱を，シュレディンガー方程式

$$\left[\hat{T}_{\boldsymbol{R}} + U(R) - E\right]\chi(\boldsymbol{R}) = 0 \tag{7.1}$$

を（近似的に）解くことによって記述してきた．第 3 章で示したように，散乱波 χ が表現しているものは，入射平面波と，反応系が弾性散乱のイベントとして観測される状態に留まる振幅の和である．第 6 章では，そのような状態から脱落する過程全てを「弾性散乱以外の何らかの反応」と一括りにし，その頻度を全反応断面積によって定量化した．重要な点は，これまで我々が陽に取り扱ってきた過程が弾性散乱のみであるということである．しかし弾性散乱以外の<u>特定の反応</u>について，その断面積を知りたい場合には，当然その反応過程もまた陽に扱う必要がある．このとき，陽に扱う反応系の状態が 1 つではなくなるため，それらを区別するラベルがあると便利である．このラベルのことを**チャネル**とよぶ．一般にチャネルは，反応系を構成する粒子の数と種類，そして各粒子の内部状態によって指定される．反応系の構成粒子の数に制限はないが，簡単のため，当面は 2 粒子チャネルに考察の対象を限定することとする．

まず，本章で扱う反応系の具体的な設定を行っておく．中性子と原子核の散乱問題を考えよう．中性子の入射エネルギーを E_{in} とする．反応の開始時には，標的である原子核は基底状態（エネルギー固有値を ε_0 とする）にあるとする．重心系で測った反応系の運動エネルギー（以下では，単に運動エネルギーと記す）は，第 6 章の式 (6.53) で見たように，

$$E_0 = \frac{M}{m+M}E_{\text{in}} \tag{7.2}$$

で与えられる．ただし m および M はそれぞれ中性子と原子核の質量である．本章では，原子核は離散的な励起状態（エネルギー固有値を ε_1 とする．$\varepsilon_1 > \varepsilon_0$）に遷移しうるものと考える．したがって，このとき反応系は，原子核が基底状態にいる場合と，これが励起した場合とに区分することができる．前者を弾性チャネル (elastic channel)，後者を非弾性チャネル (inelastic channel) とよぶ．非弾性チャネルでは，原子核の励起エネルギー ($\varepsilon_1 - \varepsilon_0$) の分，運動エネルギーが小さくなる．すなわち，非弾性チャネルの運動エネルギー E_1 は

$$E_1 = E_0 + \varepsilon_0 - \varepsilon_1 \tag{7.3}$$

となる．これは，系のエネルギー保存則

$$E_0 + \varepsilon_0 = E_1 + \varepsilon_1 \equiv E_\text{tot} \tag{7.4}$$

そのものである．図 7.1 は，弾性チャネルと非弾性チャネルを模式的に表したものである．

いまの場合，チャネルは原子核の状態だけで指定されている．しかしチャネルという言葉には，反応系（原子核と中性子の全系）の状態を指定するという意味合いがある．たとえば弾性チャネルというとき，それは単に原子核が基底状態にあることを指すのではなく，中性子と原子核の相対運動のエネルギー（系の運動エネルギー）が E_0 であることもあわせて指定されているのである．ただし式 (7.4) より，系の運動エネルギーは原子核のエネルギーさえ決まれば一意に定まるため，チャネルの指定にそのラベルは必要ない[1]．なお，式 (7.4) は

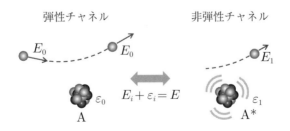

図 7.1 弾性チャネルと非弾性チャネルの模式図．

---

[1] チャネルによって何を指定するかは一意ではなく，目的によって変わる．たとえば，終状態における中性子と原子核の相対運動量の方向をチャネルのラベルに含めることもある．チャネルの実体が何であるかには，常に注意が必要である．

一見自明であるが，第3章で強調したように，保存しているのは全系のハミルトニアン $\hat{H}$ の固有値ではない点に注意すること．非弾性チャネルが存在する場合（正確には，原子核の固有ハミルトニアンを考慮する場合）には，$\hat{H}$ から中性子-原子核の相互作用を取り除いたハミルトニアン $\hat{H}_0$ の固有値が保存する．このことは，第3章で述べたフェルミの黄金律の導出とまったく同様にして示すことができる．詳細については付録Dを参照のこと．

現実には非弾性チャネルは無数に存在し，さらには非弾性チャネル以外の複雑なチャネルもまた存在する．しかしここでは，弾性チャネルと，ただ1つの非弾性チャネルだけが存在するという仮想的な状況を考えることで，非弾性チャネルの存在がもたらす影響について理解を深めることにしよう．

§7.2 チャネル結合法

上記の想定の下では，反応系の波動関数は

$$\Psi(\xi, \boldsymbol{R}) = \chi_0(\boldsymbol{R}) \Phi_0(\xi) + \chi_1(\boldsymbol{R}) \Phi_1(\xi) \tag{7.5}$$

と書き表すことができる．ただしここで Φ_0 (Φ_1) は原子核の基底状態（励起状態）の波動関数であり，χ_c ($c = 0$ or 1) は対応する中性子-原子核の散乱波である．Φ_c の引数 ξ は，原子核に含まれる A 個の核子の自由度をまとめて表したものである．本書では原子核の波動関数を記述する方法には立ち入らず，反応計算に必要となる情報（後述）は全て与えられているものとして話を進める[2]．

まず，基本的な想定として，Φ_c は

$$\int \Phi_{c'}^*(\xi) \hat{h} \Phi_c(\xi) d\xi = \varepsilon_c \delta_{c'c} \tag{7.6}$$

を満たすものとする．ただし $\hat{h}$ は原子核の内部ハミルトニアンである．ここで，次式によって原子核の密度を定義する:

$$\rho_{c'c}(\boldsymbol{r}) = \int \Phi_{c'}^*(\xi) \sum_{i=1}^{A} \delta(\boldsymbol{r} - \boldsymbol{r}_i) \Phi_c(\xi) d\xi. \tag{7.7}$$

ただし $\boldsymbol{r}_i$ は，原子核内にいる i 番目の核子の座標である．$\rho_{c'c}$ の積分値は

---
[2] 本書では原子核の内部スピンは全て無視する．また，反対称化についても取り扱いを省略する．

$$\int \rho_{c'c}(\boldsymbol{r})\,d\boldsymbol{r} = A\delta_{c'c} \tag{7.8}$$

を満たすように規格化されている．ρ_{00} は，第 4 章で畳み込み模型に用いた 1 粒子密度に他ならない[3]．励起状態について同様に定義された 1 粒子密度が ρ_{11} である．一方 ρ_{10} は，位置 $\boldsymbol{r}$ で原子核の励起がどれくらい起きやすいかを表す指標であり，遷移密度とよばれる．このようにして，原子核という多体系の情報を，1 つの座標 $\boldsymbol{r}$ に関する分布に集約させることができる．上述のとおり，この $\rho_{c'c}$ は何らかの模型によって与えられるものとする．

さて，式 (7.5) は全系の波動関数を $\hat{h}$ の固有関数系 $\{\Phi_0, \Phi_1\}$ で展開したものであると解釈することができる．χ_i が展開係数である（ただし χ_i は単なる数ではなく，$\boldsymbol{R}$ の関数である）．当然ながら，現実の原子核に関しては $\hat{h}$ の固有状態は無限に存在する．しかしいま考えている仮想的な状況では，$\hat{h}$ の固有関数は Φ_0 と Φ_1 の 2 つのみであり，式 (7.5) は正確な展開式とみなしてよい[4]．このとき，流束の消失は存在しない点に注意すること．なぜなら我々は，反応系を記述するために必要なチャネルを全て陽に取り入れているからである．

Ψ が満たすべきシュレディンガー方程式は

$$\left[\hat{T}_{\boldsymbol{R}} + \sum_{i=1}^{A} v(|\boldsymbol{r}_i - \boldsymbol{R}|) + \hat{h} - E_{\text{tot}}\right]\Psi(r, R) = 0 \tag{7.9}$$

と表される．v は 2 核子間の相互作用（中心力ポテンシャルとする）である．以下の計算の準備として，ポテンシャル

$$V_{c'c}(\boldsymbol{R}) \equiv \int \Phi_{c'}^*(\xi) \sum_{i=1}^{A} v(|\boldsymbol{r}_i - \boldsymbol{R}|) \Phi_c(\xi)\,d\xi \tag{7.10}$$

を定義しておく．$V_{c'c}$ は，デルタ関数を利用することにより

$$V_{c'c}(\boldsymbol{R}) = \int \Phi_{c'}^*(\xi) \sum_{i=1}^{A} v(|\boldsymbol{r} - \boldsymbol{R}|)\delta(\boldsymbol{r} - \boldsymbol{r}_i)\Phi_c(\xi)\,d\xi d\boldsymbol{r}$$

---

[3] 位置 $\boldsymbol{r}$ で観測を行ったとき，その場所に核子のいずれかを見出す確率という定義になっていることを確認せよ．

[4] もう少し現実の世界を意識した表現をすると，原子核の固有状態のうち，着目している反応に関与するものが Φ_0 と Φ_1 の 2 つのみであるという想定がなされている．

$$= \int \rho_{c'c}(\boldsymbol{r}) \, v(|\boldsymbol{r} - \boldsymbol{R}|) \, d\boldsymbol{r} \tag{7.11}$$

と書き換えることができる．ただし式 (7.7) を用いた．この結果は，第 4 章で用いた畳み込み模型とまったく同様のものである．ただし原子核の状態が変化する場合にも適用可能な形に拡張されていることが重要である．V_{00} と V_{11} を対角ポテンシャル，V_{10} と V_{01} を結合ポテンシャルとよぶ．なお，流束の消失は存在しないため，v は実数ポテンシャルである点にも注意すること．

シュレディンガー方程式 (7.9) に式 (7.5) を代入すると，

$$\left[\hat{T}_{\boldsymbol{R}} + \sum_{i=1}^{A} v(|\boldsymbol{r}_i - \boldsymbol{R}|) + \hat{h} - E_{\mathrm{tot}}\right] [\chi_0(\boldsymbol{R})\Phi_0(\xi) + \chi_1(\boldsymbol{R})\Phi_1(\xi)] = 0 \tag{7.12}$$

となる．この式の左から Φ_0^* を掛けて ξ について積分すると，式 (7.4), (7.6), (7.10), (7.11) より

$$\left[\hat{T}_{\boldsymbol{R}} + V_{00}(\boldsymbol{R}) - E_0\right] \chi_0(\boldsymbol{R}) = -V_{01}(\boldsymbol{R})\chi_1(\boldsymbol{R}) \tag{7.13}$$

を得る．一方，式 (7.12) の左から Φ_1^* を掛けて ξ について積分すれば，まったく同様にして

$$\left[\hat{T}_{\boldsymbol{R}} + V_{11}(\boldsymbol{R}) - E_1\right] \chi_1(\boldsymbol{R}) = -V_{10}(\boldsymbol{R})\chi_0(\boldsymbol{R}) \tag{7.14}$$

が得られる．式 (7.13), (7.14) が，我々が解くべき方程式である．ただしこれらの方程式を解くのは容易ではない．なぜなら，式 (7.13) から χ_0 を求めようとすると，右辺に現れる χ_1 が必要となるが，式 (7.14) で χ_1 を求めようとすると今度は χ_0 が必要となるからである．このような方程式（のセット）を**チャネル結合方程式** (coupled-channel equations) とよぶ[5]．ごく少数の例外を除き，方程式の結合をほどくことはできないため，通常，結合方程式のセットをまとめて数値的に解くことになる．そのようなアプローチをチャネル結合法 (coupled-channel method) という．7.4 節では，チャネル結合方程式の解法例として反復法を取り上げる．

---

[5] しばしば coupled-channel は CC と略される．チャネル結合方程式 →CC 方程式など．

§7.3 アイコナールチャネル結合方程式とその形式解

式 (7.13), (7.14) を解くにあたり，これまでに学習したアイコナール近似を用いることにしよう．具体的には，

$$\chi_0(\boldsymbol{R}) = \psi_0(b,z) \frac{1}{(2\pi)^{3/2}} e^{i\boldsymbol{K}_0 \cdot \boldsymbol{R}} = \psi_0(b,z) \frac{1}{(2\pi)^{3/2}} e^{iK_0 z}, \quad (7.15)$$

$$\chi_1(\boldsymbol{R}) = \psi_1(b,z) \frac{1}{(2\pi)^{3/2}} e^{i\boldsymbol{K}_1 \cdot \boldsymbol{R}} = \psi_1(b,z) \frac{1}{(2\pi)^{3/2}} e^{iK_1 z} \quad (7.16)$$

と表現し，

$$\boldsymbol{\nabla}_{\boldsymbol{R}}^2 \psi_0(b,z) \approx 0, \quad \boldsymbol{\nabla}_{\boldsymbol{R}}^2 \psi_1(b,z) \approx 0 \quad (7.17)$$

と近似する．ただしここで

$$K_0 = \frac{\sqrt{2\mu E_0}}{\hbar}, \quad K_1 = \frac{\sqrt{2\mu E_1}}{\hbar} \quad (7.18)$$

である．μ は中性子と原子核の換算質量

$$\mu = \frac{mM}{m+M} \quad (7.19)$$

を表している．この近似を式 (7.13) に適用すると，

$$\left[-i\hbar v_0 \frac{\partial}{\partial z} \psi_0(b,z) + V_{00}(R) \psi_0(b,z) \right] \frac{1}{(2\pi)^{3/2}} e^{iK_0 z}$$
$$= -V_{01} \psi_1(b,z) \frac{1}{(2\pi)^{3/2}} e^{iK_1 z} \quad (7.20)$$

が得られる．ただし

$$v_0 = \frac{\hbar K_0}{\mu} \quad (7.21)$$

である．これを整理して

$$i\hbar v_0 \frac{\partial}{\partial z} \psi_0(b,z) = V_{00}(b,z) \psi_0(b,z) + V_{01}(b,z) \psi_1(b,z) e^{i(K_1 - K_0)z}. \quad (7.22)$$

まったく同様にして，式 (7.14) から

§7.3 アイコナールチャネル結合方程式とその形式解

$$i\hbar v_1 \frac{\partial}{\partial z}\psi_1(b,z) = V_{11}(b,z)\psi_1(b,z) + V_{10}(b,z)\psi_0(b,z)e^{i(K_0-K_1)z} \tag{7.23}$$

が導かれる．

式 (7.22), (7.23) は，いずれも非斉次の 1 階微分方程式であるから，その一般解は，たとえば定数変化法を用いて求めることができる．まず，式 (7.22) で非斉次項を無視した斉次方程式

$$i\hbar v_0 \frac{\partial}{\partial z}\psi_0^{\rm h}(b,z) = V_{00}(b,z)\psi_0^{\rm h}(b,z) \tag{7.24}$$

の解を求めると，積分定数を C_0 として

$$\psi_0^{\rm h}(b,z) = C_0 \exp\left[\frac{1}{i\hbar v_0}\int_{-\infty}^{z} V_{00}(z',b)\,dz'\right] \tag{7.25}$$

となる．この定数を z の関数とし，非斉次方程式の解を

$$\psi_0(b,z) = C_0(z) \exp\left[\frac{1}{i\hbar v_0}\int_{-\infty}^{z} V_{00}(z',b)\,dz'\right] \tag{7.26}$$

と仮定して $C_0(z)$ を決定するのが，定数変化法である．式 (7.26) の両辺を z で偏微分すると，

$$\frac{\partial}{\partial z}\psi_0(b,z) = \left(\frac{\partial C_0(z)}{\partial z}\right)\exp\left[\frac{1}{i\hbar v_0}\int_{-\infty}^{z} V_{00}(z',b)\,dz'\right]$$
$$+ C_0(z)\frac{1}{i\hbar v_0}V_{00}(b,z)\exp\left[\frac{1}{i\hbar v_0}\int_{-\infty}^{z} V_{00}(z',b)\,dz'\right] \tag{7.27}$$

となる．式 (7.26), (7.27) を (7.22) に代入すれば，

$$(\text{左辺}) = i\hbar v_0\left(\frac{\partial C_0(z)}{\partial z}\right)\exp\left[\frac{1}{i\hbar v_0}\int_{-\infty}^{z} V_{00}(z',b)\,dz'\right]$$
$$+ C_0(z)V_{00}(b,z)\exp\left[\frac{1}{i\hbar v_0}\int_{-\infty}^{z} V_{00}(z',b)\,dz'\right], \tag{7.28}$$

$$(右辺) = V_{00}(b,z) C_0(z) \exp\left[\frac{1}{i\hbar v_0} \int_{-\infty}^{z} V_{00}(z',b) dz'\right]$$
$$+ V_{01}(b,z) \psi_1(b,z) e^{i(K_1-K_0)z}. \tag{7.29}$$

これを整理すると
$$\frac{\partial C_0(z)}{\partial z} = \frac{1}{i\hbar v_0} V_{01}(b,z) \psi_1(b,z) e^{i(K_1-K_0)z} \exp\left[\frac{-1}{i\hbar v_0} \int_{-\infty}^{z} V_{00}(z',b) dz'\right] \tag{7.30}$$

となり，積分定数を C_0' として
$$C_0(z) = \int_{-\infty}^{z} \frac{1}{i\hbar v_0} V_{01}(b,z') \psi_1(b,z') e^{i(K_1-K_0)z'}$$
$$\times \exp\left[\frac{-1}{i\hbar v_0} \int_{-\infty}^{z'} V_{00}(z'',b) dz''\right] dz' + C_0' \tag{7.31}$$

が得られる．よって
$$\psi_0(b,z) = \exp\left[\frac{1}{i\hbar v_0} \int_{-\infty}^{z} V_{00}(z',b) dz'\right]$$
$$\times \left(\int_{-\infty}^{z} \frac{1}{i\hbar v_0} V_{01}(b,z') \psi_1(b,z') e^{i(K_1-K_0)z'}\right.$$
$$\left.\times \exp\left[\frac{-1}{i\hbar v_0} \int_{-\infty}^{z'} V_{00}(z'',b) dz''\right] dz' + C_0'\right) \tag{7.32}$$

となる．同様に，
$$\psi_1(b,z) = \exp\left[\frac{1}{i\hbar v_1} \int_{-\infty}^{z} V_{11}(z',b) dz'\right]$$
$$\times \left(\int_{-\infty}^{z} \frac{1}{i\hbar v_1} V_{10}(b,z') \psi_0(b,z') e^{i(K_0-K_1)z'}\right.$$
$$\left.\times \exp\left[\frac{-1}{i\hbar v_1} \int_{-\infty}^{z'} V_{11}(z'',b) dz''\right] dz' + C_1'\right) \tag{7.33}$$

を得る．積分定数は，境界条件

$$\lim_{z \to -\infty} \Psi(\boldsymbol{r}, \boldsymbol{R}) = \frac{1}{(2\pi)^{3/2}} e^{iK_0 z} \Phi_0(\boldsymbol{r}) \tag{7.34}$$

より

$$C'_0 = 1, \quad C'_1 = 0 \tag{7.35}$$

と定まる．以上より，チャネル結合方程式 (7.22), (7.23) の解のうち，境界条件 (7.34) を満たすものは

$$\psi_0(b, z) = \exp\left[\frac{1}{i\hbar v_0} \int_{-\infty}^{z} V_{00}(z', b) \, dz'\right]$$

$$\times \left(\int_{-\infty}^{z} \frac{1}{i\hbar v_0} V_{01}(b, z') \psi_1(b, z') e^{i(K_1 - K_0)z'}\right.$$

$$\left.\times \exp\left[\frac{-1}{i\hbar v_0} \int_{-\infty}^{z'} V_{00}(z'', b) \, dz''\right] dz' + 1\right), \tag{7.36}$$

$$\psi_1(b, z) = \exp\left[\frac{1}{i\hbar v_1} \int_{-\infty}^{z} V_{11}(z', b) \, dz'\right]$$

$$\times \int_{-\infty}^{z} \frac{1}{i\hbar v_1} V_{10}(b, z') \psi_0(b, z') e^{i(K_0 - K_1)z'}$$

$$\times \exp\left[\frac{-1}{i\hbar v_1} \int_{-\infty}^{z'} V_{11}(z'', b) \, dz''\right] dz' \tag{7.37}$$

となる．ただしこれらはあくまで形式解である点に注意すること．これらの形式解は，ψ_0 を得るには ψ_1 が必要で，ψ_1 を得るには ψ_0 が必要で…という，チャネル結合方程式の性質をそのまま有している．したがって，すでに述べたように，ψ_0 と ψ_1 を具体的に求めるには数値計算が必須となる．

§ 7.4 反復法

チャネル結合方程式の数値解法のうち，最も簡単なものの 1 つが**反復法**（iterative method: 逐次近似法ともよばれる）である．反復法は，**初期解**から出

発し，逐次的な計算を繰り返すことで，その初期解を徐々に真の解に近づけていく方法である．

いまの場合，我々が解くべき方程式は式 (7.22), (7.23) である．アイコナール近似の恩恵により，その解析解は式 (7.36), (7.37) という，比較的簡単な形に書き下されている．これらの解析解を形式的に

$$\psi_0(b,z) = \hat{\mathcal{O}}_0 \psi_1(b,z), \quad \psi_1(b,z) = \hat{\mathcal{O}}_1 \psi_0(b,z) \tag{7.38}$$

と表すことにしよう．反復法では，まず初期解 $\psi_i^{(0)}$ を用意する ($i = 0$ or 1)．上付きの括弧内の数字は試行回数（反復回数）を表すものとする．次に，試行回数 1 回目の解 $\psi_i^{(1)}$ を

$$\psi_0^{(1)}(b,z) = \hat{\mathcal{O}}_0 \psi_1^{(0)}(b,z), \quad \psi_1^{(1)}(b,z) = \hat{\mathcal{O}}_1 \psi_0^{(0)}(b,z) \tag{7.39}$$

によって求める．これを繰り返すことで，試行回数 n 回目の解 $\psi_i^{(n)}$ が得られる：

$$\psi_0^{(n)}(b,z) = \hat{\mathcal{O}}_0 \psi_1^{(n-1)}(b,z), \quad \psi_1^{(n)}(b,z) = \hat{\mathcal{O}}_1 \psi_0^{(n-1)}(b,z). \tag{7.40}$$

ここで，仮に

$$\psi_0^{(N)}(b,z) \approx \psi_0^{(N-1)}(b,z), \quad \psi_1^{(N)}(b,z) \approx \psi_1^{(N-1)}(b,z) \tag{7.41}$$

であれば，それ以上試行回数を増やしても計算結果は変化しないと考えられるため，$\psi_i^{(N)}$ は式 (7.38) の正しい解とみなしてよい．これが反復法のエッセンスである．反復法が機能するためには，チャネル結合の効果がある程度小さくなければならない[6]．また，初期解の選び方も重要である．とはいえ，その平明さと一般性から，反復法は様々な局面で広く活用されている．

以下，反復法で求めた計算結果を紹介する．具体的には，式 (7.7) で定義される原子核の密度を

$$\rho_{00}(r) = \mathcal{C}_0^2 \exp\left[-\left(r^2/r_0^2\right)\right], \tag{7.42}$$

$$\rho_{11}(r) = \mathcal{C}_1^2 \left(\frac{3}{2} - \frac{r^2}{r_0^2}\right)^2 \exp\left[-\left(r^2/r_0^2\right)\right], \tag{7.43}$$

---

[6] 反復法が収束するための条件については本書ではこれ以上は立ち入らない．

§7.4 反復法

$$\rho_{10}(r) = \mathcal{C}_0 \mathcal{C}_1 \left(\frac{3}{2} - \frac{r^2}{r_0^2}\right) \exp\left[-\left(r^2/r_0^2\right)\right] = \rho_{01}(r) \tag{7.44}$$

と取る．$\mathcal{C}_0$ と $\mathcal{C}_1$ はともに実数とし（この選定は何ら一般性を損なわない），式 (7.8) から定める．ρ_{10} が

$$\int \rho_{10}(r)\, d\boldsymbol{r} = 0 \tag{7.45}$$

を満たすことは，ガウス関数の積分公式 (6.33) を用いることで確かめることができる．2 核子間の相互作用は，これまでと同様，ゼロレンジ型とする：

$$v(|\boldsymbol{r} - \boldsymbol{R}|) = \bar{v}_0 \delta(\boldsymbol{r} - \boldsymbol{R}). \tag{7.46}$$

反応系の各種パラメータは $E_{\rm in} = 100$ MeV, $\varepsilon_0 = -15$ MeV, $\varepsilon_1 = -5$ MeV, $r_0 = 2$ fm, $A = 10$, $\bar{v}_0 = 250$ MeV·fm^3 と選んだ．

図 7.2 にポテンシャル $V_{c'c}$ を示す．実線が V_{00} であり，ゼロレンジ畳み込み模型の帰結として，基底状態にある原子核の1粒子密度分布 ρ_{00} と同じ広がりをもつ．破線で示されている V_{11} は，原子核の励起状態の密度分布 ρ_{11} を反映した形をもち，V_{00} よりも狭い範囲に分布している．結合ポテンシャル V_{10}（点線）の広がりは V_{00} と V_{11} の中間程度である．

図 7.3 は，$b = 0$ fm における $\psi_0^{(n)}$ と $\psi_1^{(n)}$ を，試行関数 $n = 0, 1, 2, 4, 6, 10$ について示したものである．初期解としては，境界条件を満たす斉次解，す

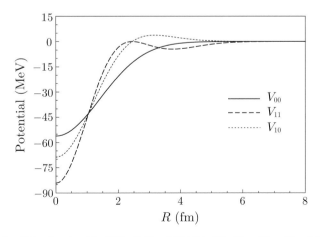

図 7.2 ポテンシャルの図．実線，破線，点線はそれぞれ V_{00}, V_{11}, V_{10} を表す．

なわち

$$\psi_0^{(0)}(b,z) = \exp\left[\frac{1}{i\hbar v_0}\int_{-\infty}^{z} V_{00}(z',b)\,dz'\right], \qquad (7.47)$$

$$\psi_1^{(0)}(b,z) = 0 \qquad (7.48)$$

を取っている．これが，チャネル結合が存在しない場合の解である．$n=1$ の解を見ると，

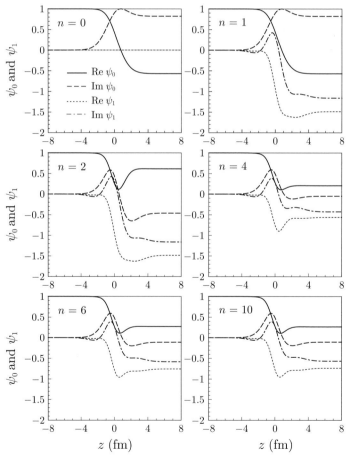

図 **7.3** 反復法によって収束解が得られる様子．実線（破線）と点線（一点鎖線）はそれぞれ，$b=0$ fm における ψ_0 と ψ_1 の実部（虚部）．

$$\psi_0^{(1)}(b,z) = \psi_0^{(0)}(b,z) \tag{7.49}$$

であり，結合ポテンシャルの効果は ψ_1 にのみ現れていることがわかる．これは $\psi_1^{(0)}$ が値をもたないためである．次に $n=2$ を見ると，今度は ψ_0 のみ $n=1$ の結果から変化している．これは式 (7.49) の帰結である．このように，2 チャネルの結合問題では，試行回数を 1 つ増やすと，結合ポテンシャルの効果が ψ_0 と ψ_1 に交互に現れる．n が小さい間は結合ポテンシャルの影響が大きいが，n が増えるとともに波動関数の変化は小さくなり，やがて収束する．この例では，$n=10$ で収束解が得られている．

§ 7.5 弾性散乱および非弾性散乱の微分断面積

チャネル結合が存在する場合も，弾性散乱の微分断面積はこれまでと同様に計算することができる．弾性チャネルへの遷移行列は

$$T_0 = \left\langle \frac{1}{(2\pi)^{3/2}} e^{i\boldsymbol{K}_0'\cdot\boldsymbol{R}} \Phi_0(\xi) \left| \sum_{i=1}^{A} v(|\boldsymbol{r}_i - \boldsymbol{R}|) \right| \Psi(\xi,\boldsymbol{R}) \right\rangle \tag{7.50}$$

で与えられる．アイコナール近似を用いた全系の波動関数の表式

$$\Psi(\xi,\boldsymbol{R}) = \psi_0(b,z)\frac{1}{(2\pi)^{3/2}}e^{iK_0 z}\Phi_0(\xi) + \psi_1(b,z)\frac{1}{(2\pi)^{3/2}}e^{iK_1 z}\Phi_1(\xi) \tag{7.51}$$

を代入し，式 (7.10), (7.11) を用いると

$$T_0 = \frac{1}{(2\pi)^3}\int e^{-i\boldsymbol{K}_0'\cdot\boldsymbol{R}}\left[V_{00}(b,z)\psi_0(b,z)e^{iK_0 z} \right.$$
$$\left. + V_{01}(b,z)\psi_1(b,z)e^{iK_1 z}\right]d\boldsymbol{R} \tag{7.52}$$

となる．第 5 章と同様に前方散乱近似を適用すると，

$$e^{-i\boldsymbol{K}_0'\cdot\boldsymbol{R}}e^{iK_0 z} \approx e^{-iK_0 b\theta\cos\phi_R}, \tag{7.53}$$

$$e^{-i\bm{K}_0'\cdot\bm{R}}e^{iK_1z} = e^{-i\bm{K}_0'\cdot\bm{R}}e^{iK_0z}e^{i(K_1-K_0)z} \approx e^{-iK_0b\theta\cos\phi_R}e^{i(K_1-K_0)z}. \tag{7.54}$$

この結果, 式 (7.52) の被積分関数のうち, z に依存する項は

$$V_{00}(b,z)\psi_0(b,z) + V_{01}(b,z)\psi_1(b,z)e^{i(K_1-K_0)z} \tag{7.55}$$

のみとなる. これは式 (7.22) の右辺そのものであるから, その z 積分はただちに実行できて,

$$\int_{-\infty}^{\infty}\left[V_{00}(b,z)\psi_0(b,z) + V_{01}(b,z)\psi_1(b,z)e^{i(K_1-K_0)z}\right]dz$$
$$= i\hbar v_0\left[\psi_0(b,z)\right]_{-\infty}^{\infty}. \tag{7.56}$$

残りの計算は第 5 章とまったく同様であり,

$$T_0 = \frac{i\hbar v_0}{(2\pi)^2}\int_0^{\infty}J_0(K_0b\theta)\left[S_0^{\mathrm{EK}}(b)-1\right]b\,db, \tag{7.57}$$

$$S_0^{\mathrm{EK}}(b) = \lim_{z\to\infty}\psi_0(b,z), \tag{7.58}$$

$$\frac{d\sigma_0}{d\Omega} = \frac{(2\pi)^4\mu^2}{\hbar^4}|T_0|^2 = K_0^2\left|\int_0^{\infty}J_0(K_0b\theta)\left[S_0^{\mathrm{EK}}(b)-1\right]b\,db\right|^2 \tag{7.59}$$

となる.

非弾性チャネルに遷移する場合も同様の定式化が可能である. 遷移行列は

$$T_1 = \left\langle \frac{1}{(2\pi)^{3/2}}e^{i\bm{K}_1'\cdot\bm{R}}\Phi_1(\xi)\left|\sum_{i=1}^{A}v(|\bm{r}_i-\bm{R}|)\right|\Psi(\xi,\bm{R})\right\rangle \tag{7.60}$$

で定義される. 前方散乱近似が

$$e^{-i\bm{K}_1'\cdot\bm{R}}e^{iK_0z} = e^{-i\bm{K}_1'\cdot\bm{R}}e^{iK_1z}e^{i(K_0-K_1)z} \approx e^{-iK_1b\theta\cos\phi_R}e^{i(K_0-K_1)z}, \tag{7.61}$$

$$e^{-i\bm{K}_1'\cdot\bm{R}}e^{iK_1z} \approx e^{-iK_1b\theta\cos\phi_R} \tag{7.62}$$

と表されることと

$$\lim_{z \to -\infty} \psi_1(b, z) = 0 \tag{7.63}$$

に留意しつつ，上記とまったく同様の計算を繰り返せば，

$$T_1 = \frac{i\hbar v_1}{(2\pi)^2} \sqrt{\frac{K_0}{K_1}} \int_0^\infty J_0(K_1 b\theta) S_1^{\text{EK}}(b) \, b \, db, \tag{7.64}$$

$$S_1^{\text{EK}}(b) = \sqrt{\frac{K_1}{K_0}} \lim_{z \to \infty} \psi_1(b, z) \tag{7.65}$$

が得られる．ただし係数 $\sqrt{K_0/K_1}$ は，非弾性チャネルの流束を入射流束に規格化するために付与されたものである．この点については次節であらためて述べる．

非弾性散乱の微分断面積を計算する際には，第 3 章で見たとおり，遷移行列の絶対値二乗に掛かる係数に

$$\frac{K_\beta}{K_\alpha} \to \frac{K_1}{K_0} \tag{7.66}$$

があり，これが 1 にならないことに留意する必要がある[7]．ただしこの因子は，式 (7.64) の係数 $\sqrt{K_0/K_1}$ の 2 乗と相殺するため，角分布の表式は

$$\frac{d\sigma_1}{d\Omega} = \frac{(2\pi)^4 \mu^2}{\hbar^4} \frac{K_1}{K_0} |T_1|^2 = K_1^2 \left| \int_0^\infty J_0(K_1 b\theta) S_1^{\text{EK}}(b) \, b \, db \right|^2 \tag{7.67}$$

となり，式 (7.59) と同様の形に帰着する．

図 7.4 に，前節で取り扱った系の弾性散乱および非弾性散乱の角分布を示す．実線（破線）と点線（一点鎖線）はそれぞれチャネル結合計算と 1 次の摂動計算によって得られた $d\sigma_0/d\Omega$ $(d\sigma_1/d\Omega)$ である．ここで 1 次の摂動計算とは，反復法の試行回数を 1 回とした計算を指す．いずれの計算でも，最前方では弾性散乱断面積 $d\sigma_0/d\Omega$ が圧倒的に大きいが，後方に行くにつれて非弾性散乱断面積 $d\sigma_1/d\Omega$ が優勢になることが見てとれる．この振る舞いは，図 7.2 に示したポテンシャル $V_{c'c}$ の性質からある程度理解することが可能である．平面波近似で考えると，微分断面積は $V_{c'c}$ のフーリエ変換の絶対値二乗に比例する．移行運動量を q とすると，弾性散乱の場合，$q \sim 0$ では V_{00} の積分値が観測され

---

[7] 付録 D もあわせて参照すること．

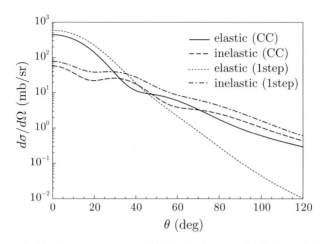

図 7.4 チャネル結合法によって得られた弾性散乱（実線）および非弾性散乱（破線）の角分布．点線（一点鎖線）は，摂動の 1 次で計算された弾性散乱（非弾性散乱）の角分布を表す．

る．いまの模型では，これは核子数 A に $\bar{v}_0$ が掛かった量となる．他方，非弾性散乱では，波動関数の直交性から V_{10} の積分値は 0 となるため，$q \sim 0$ では $d\sigma_1/d\Omega$ は 0 となる．ただし非弾性散乱では，散乱角度 θ が 0 であっても

$$q = |\boldsymbol{K}_0 - \boldsymbol{K}_1| \neq 0 \tag{7.68}$$

であるため，$d\sigma_1/d\Omega$ は $\theta = 0$ で有限となる．一方 q が大きい領域では，ポテンシャルの空間的な広がりの違い（図 7.2 参照）を反映して，V_{10} のフーリエ変換は V_{00} のそれよりも大きな値をもつ．そのため，後方では $d\sigma_1/d\Omega$ が $d\sigma_0/d\Omega$ を凌ぐこととなる．

ただしこれは非常に簡略化された分析であり，実際の結果はより複雑である．特にチャネル結合の効果は一般に非自明である．しかし多くの場合，多段階過程は，<u>1 次の摂動の結果を抑制する効果をもつ</u>ことが知られている．図 7.3 に示した反復法の解を思い返してみよう．1 次の摂動では，弾性散乱断面積には非弾性チャネルの存在は何の影響も及ぼさない．そして摂動の 2 次を入れることにより，非弾性チャネルに流束の一部が逃げた効果が，弾性チャネルに取り入れられる．これは，弾性散乱断面積の減少を引き起こす．他方，非弾性チャネルについては，1 次の摂動で V_{10} の強度に見合った断面積が計算されるが，3 次の摂動を入れることで，波動関数の一部が弾性チャネルに戻る効果が取り入

§ 7.5 弾性散乱および非弾性散乱の微分断面積   137

られる．これも断面積に減少をもたらす[8]．

　こうして，図 7.4 に示したチャネル結合法の結果と 1 次の摂動計算の差がおおむね理解される．しかし，弾性散乱角分布の後方の振る舞いだけは，上記の形では理解することができない．これはチャネル結合の非自明な効果の一例といえよう．この非自明な効果の分析のため，アイコナール S 行列をガウス平面上にプロットしたものが図 7.5 である．左が S_0^{EK}，右が S_1^{EK} の図である．第 5 章の図 5.8(b) に示した結果と同様に，b の増加とともに S_0^{EK} と S_1^{EK} はガウス平面上を滑らかに移動し，それぞれ 1 と 0 に収束する．図から，チャネル結合の効果は b が小さい領域で顕著であることが見てとれる．同じ b の値で比較すると，チャネル結合計算の結果（◯）は摂動計算のそれ（△）よりも絶対値が小さい．これは，前段で述べた機構に基づくものであり，S_0^{EK} と S_1^{EK} で共通である．他方，アイコナール S 行列の偏角に着目すると，S_0^{EK} に対するチャネル結合の効果が著しく大きいことがわかる．たとえば $b = 0$ fm では，チャネル結合によって，S_0^{EK} は第 2 象限から第 4 象限まで移動している．

　この原因を探るため，弾性チャネルの歪曲関数 ψ_0 の偏角に着目してみよう．図 7.6 に，$b = 0$ fm における ψ_0 の偏角を z の関数として示す．実線は，摂動の 1 次で求めた結果である．引力ポテンシャル V_{00} の性質を反映し，偏角は z

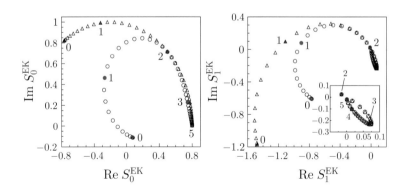

図 7.5　アイコナール S 行列の結果．左が弾性チャネル，右が非弾性チャネルに対応している．それぞれの図において，◯はチャネル結合法の結果であり，△は摂動の 1 次で計算されたもの．記号に添えた数字は b の値を表す（単位: fm）．右図中のインセットは $b \geq 2$ fm に対応する結果の拡大図．

[8) なお，1 次の摂動計算では，次節で述べる流束の保存（ユニタリティ）が満足されないことに注意しておく必要がある．

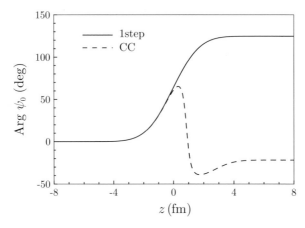

図 7.6 弾性チャネルの歪曲関数 ψ_0 の偏角. $b = 0$ fm における結果.

とともに単調に増加している．これにチャネル結合の影響を取り入れた結果が破線である．$z = 0$ fm 以降，偏角が急激に減少し，最終的に負の値を取ることがわかる．このことから，図 7.5 の左の図における $S_0^{\rm EK}$ の変化を担っているのは，チャネル結合による強い斥力効果であることがわかる．チャネル結合によって誘発された斥力的な実ポテンシャルは，中性子（の波）に強く影響し，その結果，弾性散乱断面積が後方で増大するものと考えられる．なお，図 7.5 の右の図からわかるように，$S_1^{\rm EK}$ に関しては，チャネル結合は偏角にほとんど影響を与えない．このため，非弾性散乱の断面積には非自明な効果は現れない．

以上が，図 7.4 に示されている弾性散乱および非弾性散乱の角分布を，チャネル結合の観点から分析した結果である．ただし，なぜ弾性チャネルにのみチャネル結合に起因する斥力効果が発生するのかという問いに対しては，残念ながら，複雑なチャネル結合の結果であると答えざるをえない[9]．なおチャネル結合の効果は，当然，結合ポテンシャルの強さに依存する．図 7.4 と同じ系で，V_{10} の強さのみ半分にした計算の結果を図 7.7 に示す．弾性散乱の後方における差を除いて，1 次の摂動計算とチャネル結合計算の結果がよく一致していることがわかる．

---

[9] 文献 [27] では，ある種の近似の下，様々な場合におけるチャネル結合の効果の分析がなされている．

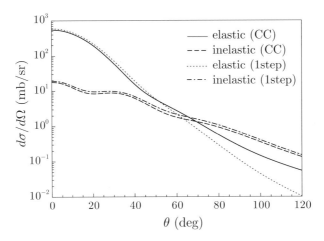

図 7.7 図 7.4 と同様. ただし結合ポテンシャル V_{10} の強さを半分にした結果.

§ 7.6 流束の保存と S 行列のユニタリティ

ここで, 流束の保存について言及しておく. 第 6 章 6.2 節と同様に, 巨視的な円筒形の反応領域を考えると, 入射流束は

$$j_{\text{in}} = \frac{\hbar K_0}{(2\pi)^3 \mu}, \tag{7.69}$$

弾性チャネルの放出流束は

$$j_{0\text{out}}(b) = \frac{\hbar K_0}{(2\pi)^3 \mu} \left| S_0^{\text{EK}}(b) \right|^2 \tag{7.70}$$

となる. 非弾性チャネルの放出流束は, 波動関数の漸近形が

$$\lim_{z \to \infty} \psi_1(b, z) = \sqrt{\frac{K_0}{K_1}} S_1^{\text{EK}}(b) \tag{7.71}$$

で与えられることに留意すると,

$$j_{1\text{out}}(b) = \frac{\hbar K_1}{(2\pi)^3 \mu} \frac{K_0}{K_1} \left| S_1^{\text{EK}}(b) \right|^2 = \frac{\hbar K_0}{(2\pi)^3 \mu} \left| S_1^{\text{EK}}(b) \right|^2 \tag{7.72}$$

となる. 式 (7.69) と式 (7.72) を比較すると, $j_{1\text{out}}$ の計上の際に, 係数 K_0/K_1

が非弾性チャネルの流束を入射流束に規格化していることが見てとれるであろう．いま，流束の消失は存在しないので，

$$j_{\text{in}} = j_{0\text{out}}(b) + j_{1\text{out}}(b) \tag{7.73}$$

すなわち

$$\left|S_0^{\text{EK}}(b)\right|^2 + \left|S_1^{\text{EK}}(b)\right|^2 = 1 \tag{7.74}$$

となる．この関係式は，非弾性チャネルが複数存在する場合にも同様に成立することが知られている：

$$\sum_i \left|S_i^{\text{EK}}(b)\right|^2 = 1. \tag{7.75}$$

これはアイコナール S 行列の**ユニタリティ**とよばれる重要な式である．ただしユニタリティが成立するのは，吸収（流束の消失）が存在しない場合に限られる点に注意すること．なお先に述べたように，1次の摂動計算の結果[10]は，一般にユニタリティを満たさない．いまの場合，1次の摂動計算では

$$\left|S_0^{\text{EK}(1)}(b)\right|^2 = 1 \tag{7.76}$$

となっており，$|S_1^{\text{EK}(1)}(b)|^2$ の分だけ流束の保存が破れていることになる．

§ 7.7　動的偏極ポテンシャル

図 7.4 に示されているとおり，チャネル結合方程式を解くことにより，弾性散乱と非弾性散乱の断面積が得られる．これは，原子核に入射した中性子の流束が，相互作用の後，弾性散乱と非弾性散乱のイベントに振り分けられることを意味している．したがって，仮に弾性散乱にのみ着目すると，非弾性散乱として観測される流束の分だけ，入射流束は減少することになる．これは流束の吸収に他ならない．前章まで，吸収は光学ポテンシャルの虚部によってもたらされるとされてきた．しかしチャネル結合法の考え方に立てば，実数ポテンシャルのみしか存在しない場合にも，吸収，すなわち弾性チャネルからの脱落を記述することができる．前節で述べたように，弾性チャネル以外のチャネルを陽に取り入れる場合，そのチャネルに流束が分配されるのは至極当然のことである．

---
[10] 1次の摂動計算の結果には上付きの (1) を付与することとする．

§ 7.7 動的偏極ポテンシャル

では，吸収が光学ポテンシャルの虚部によるものであるというこれまでの説明は，どのように理解すればよいのだろうか．この疑問に答えるには，前章までと同様，弾性チャネルのみを陽に扱う立場をとる必要がある．そこで，弾性チャネルに対する方程式 (7.22) の右辺にある ψ_1 に，その形式解である式 (7.37) を代入すると，

$$i\hbar v_0 \frac{\partial}{\partial z} \psi_0(b,z) = V_{00}(b,z) \psi_0(b,z)$$
$$+ V_{01}(b,z) \exp\left[\frac{1}{i\hbar v_1} \int_{-\infty}^{z} V_{11}(z',b) \, dz'\right]$$
$$\times \int_{-\infty}^{z} \frac{1}{i\hbar v_1} V_{10}(b,z') \psi_0(b,z') e^{i(K_0-K_1)z'}$$
$$\times \exp\left[\frac{-1}{i\hbar v_1} \int_{-\infty}^{z'} V_{11}(z'',b) \, dz''\right] dz' \, e^{i(K_1-K_0)z}$$
(7.77)

を得る．この方程式には ψ_1 が現れていない．すなわちこの式は確かに，弾性チャネルのみに着目するという考え方に基づいたものになっている．ただしこれは，非弾性チャネルを無視するということではない．非弾性チャネルが弾性チャネルにもたらす効果は，式中の ψ_0 に全て取り入れられているからである．その効果を表現するポテンシャルを**動的偏極ポテンシャル** (dynamical polarization potential) とよぶ．具体的には，式 (7.77) を

$$i\hbar v_0 \frac{\partial}{\partial z} \psi_0(b,z) = V_{00}(b,z) \psi_0(b,z) + \hat{U}_{\mathrm{DP}} \psi_0(b,z) \quad (7.78)$$

と表したときの $\hat{U}_{\mathrm{DP}}$ が，動的偏極ポテンシャル（演算子）の定義である：

$$\hat{U}_{\mathrm{DP}} \psi_0(b,z) \equiv V_{01}(b,z) \exp\left[\frac{1}{i\hbar v_1} \int_{-\infty}^{z} V_{11}(z',b) \, dz'\right]$$
$$\times \int_{-\infty}^{z} \frac{1}{i\hbar v_1} V_{10}(b,z') \psi_0(b,z') e^{i(K_0-K_1)z'}$$
$$\times \exp\left[\frac{-1}{i\hbar v_1} \int_{-\infty}^{z'} V_{11}(z'',b) \, dz''\right] dz' \, e^{i(K_1-K_0)z}.$$
(7.79)

以下，動的偏極ポテンシャルの物理的な意味を調べることにする．そのため，まず階段関数 Θ を導入して式 (7.79) を書き換えると，

$$\hat{U}_{\mathrm{DP}}\psi_0(b,z) = \int_{-\infty}^{\infty} \Theta(z-z') V_{01}(b,z) \exp\left[\frac{1}{i\hbar v_1}\int_{-\infty}^{z} V_{11}(z'',b)\,dz''\right]$$
$$\times \exp\left[\frac{-1}{i\hbar v_1}\int_{-\infty}^{z'} V_{11}(z'',b)\,dz''\right]$$
$$\times \frac{1}{i\hbar v_1} V_{10}(b,z')\psi_0(b,z')e^{i(K_0-K_1)z'}e^{i(K_1-K_0)z}dz'$$
$$= \int_{-\infty}^{\infty} \Theta(z-z') V_{01}(b,z)\frac{1}{i\hbar v_1}\exp\left[\frac{1}{i\hbar v_1}\int_{z'}^{z} V_{11}(z'',b)\,dz''\right]$$
$$\times e^{iK_1(z-z')} V_{10}(b,z')\psi_0(b,z')e^{iK_0z'}e^{-iK_0z}dz' \tag{7.80}$$

となる．両辺に $\exp(iK_0z)/(2\pi)^{3/2}$ を掛け，ψ_0 の代わりに散乱波

$$\chi_0(b,z) = \psi_0(b,z)\frac{1}{(2\pi)^{3/2}}e^{iK_0z} \tag{7.81}$$

を用いて $\hat{U}_{\mathrm{DP}}$ を表現すると，

$$\hat{U}_{\mathrm{DP}}\chi_0(b,z) = \int_{-\infty}^{\infty} \Theta(z-z') V_{01}(b,z)$$
$$\times \frac{1}{i\hbar v_1}\exp\left[\frac{1}{i\hbar v_1}\int_{z'}^{z} V_{11}(z'',b)\,dz''\right]e^{iK_1(z-z')}$$
$$\times V_{10}(b,z')\chi_0(b,z')\,dz' \tag{7.82}$$

を得る．

式 (7.82) の被積分関数の一番最後にあるのは，弾性チャネルの散乱波 χ_0 である．この χ_0 から出発して，動的偏極ポテンシャルの意味を解釈していこう．まず式 (7.82) の 3 行目では，ある点 z' において，χ_0 が相互作用 V_{10} を受けて非弾性チャネルに遷移する様子が示されている．そして非弾性チャネルに移行した中性子（の波）は，非弾性チャネルの対角ポテンシャル V_{11} の下，z' から z まで伝播する．これを表しているのが式 (7.82) の 2 行目にある

$$G_{11}(z',z) \equiv \frac{1}{i\hbar v_1} \exp\left[\frac{1}{i\hbar v_1}\int_{z'}^{z} V_{11}(z'',b)\,dz''\right] e^{iK_1(z-z')} \quad (7.83)$$

である[11]．そして1行目の右辺で表されているように，その後中性子は，位置 z で相互作用 V_{01} を受け，非弾性チャネルから弾性チャネルへと遷移する．こうして，<u>反応系が一旦非弾性チャネルを経由し，その後弾性チャネルに戻る</u>様子が，動的偏極ポテンシャル $\hat{U}_{\mathrm{DP}}$ によって表現されていることがわかる[12]．なお，非弾性チャネルへの遷移は，z よりも小さい（手前にある）任意の点 z' で起きてよい．その結果，$\hat{U}_{\mathrm{DP}}$ は**非局所ポテンシャル**（演算子）となる．また式 (7.82) からただちにわかるように，たとえ $V_{c'c}$ がエネルギー依存性をもたない実数ポテンシャルであったとしても，$\hat{U}_{\mathrm{DP}}$ は必ず<u>エネルギー（K_1 および v_1）に依存する複素ポテンシャル</u>となる．

§7.8 光学ポテンシャルの正体

式 (7.78) は

$$i\hbar v_0 \frac{\partial}{\partial z}\psi_0(b,z) = \left[V_{00}(b,z) + \bar{U}_{\mathrm{DP}}(b,z)\right]\psi_0(b,z) \quad (7.84)$$

と表すことができる．ただし

$$\bar{U}_{\mathrm{DP}}(b,z) = \frac{1}{\psi_0(b,z)}\left[\hat{U}_{\mathrm{DP}}\psi_0(b,z)\right] \quad (7.85)$$

である．$\bar{U}_{\mathrm{DP}}$ は非局所ポテンシャルに対する自明な**等価局所ポテンシャル** (trivially equivalent local potential) とよばれる．式 (7.84) は我々がこれまで扱ってきた，一体ポテンシャルの下での散乱を（アイコナール近似を用いて）記述する方程式である．すなわち，弾性散乱を記述する光学ポテンシャル U_{opt} は

$$U_{\mathrm{opt}}(b,z) = V_{00}(b,z) + \bar{U}_{\mathrm{DP}}(b,z) \quad (7.86)$$

---
[11] 実際，$G_{11}(z',z)$ はポテンシャル V_{11} の下でのグリーン関数と同等であることを示すことができる．
[12] この説明で出発点としている χ_0 も，すでに非弾性チャネルを一旦経由しているはずである．実際，入射平面波から出発して逐次的に書き下せば，動的偏極ポテンシャルを，$V_{10} \to$ 伝播 $\to V_{01}$ の無限回の繰り返しとして表現することができる．なおその際には，i 回目の遷移は $i+1$ 回目の遷移よりも小さい z で起きるという条件がつく．この条件は，ダイソン (Freeman J. Dyson) の時間順序積を用いて簡便に表現できることが知られている．

であると解釈することができる．式 (7.86) はチャネル結合方程式の解を利用した表式であるから，計算に現れる相互作用 $V_{c'c}$ は全て実数であり，失われる（追跡できない）流束は存在しない．また，$\bar{U}_{\mathrm{DP}}$ の具体形を書き下すことも可能である．図 7.8 に，7.5 節で扱った問題に対応する $\bar{U}_{\mathrm{DP}}$ を示す．図 7.5，7.6 の分析で述べたとおり，斥力型の実ポテンシャルと吸収をもたらす虚数ポテンシャルが動的偏極ポテンシャルとして現れていることがわかる．

一方，弾性散乱を記述する一体ポテンシャル U_{opt} を，あくまで現象論的に決定するという立場も存在する．この場合，$\bar{U}_{\mathrm{DP}}$ の実体やその背後にある実数ポテンシャルは興味の直接の対象とはされず，あくまで $\bar{U}_{\mathrm{DP}}$ の関数としての性質自体が尊重される．上述のとおり，$\bar{U}_{\mathrm{DP}}$ は複素ポテンシャルで，エネルギー依存性をもつ．したがって，現象論的に決定された光学ポテンシャル U_{opt} もまた，これと同じ性質を有することは自然であろう．これが，原子核の反応計算に非エルミートのポテンシャルが現れる本質的な理由である．

$\bar{U}_{\mathrm{DP}}$ は b に依存する複雑な関数である．したがって，式 (7.86) を完全に満たす U_{opt} を現象論的に決定することは一般に極めて困難である．特に U_{opt} を中心力ポテンシャルに限定したアプローチでは，$\bar{U}_{\mathrm{DP}}$ の詳細な振る舞いを再現することはほとんど不可能であろう．しかし，弾性散乱の観測量に関与するのは S_0^{EK} のみであるから，この量にのみ着目すれば，$V_{00} + \bar{U}_{\mathrm{DP}}$

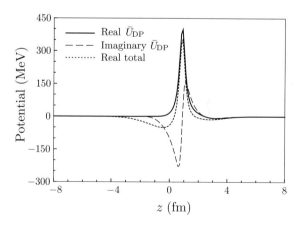

図 7.8 $b = 0$ fm における $\bar{U}_{\mathrm{DP}}$ の振る舞い．実線が実部，破線が虚部を表す．点線は実線と対角ポテンシャル V_{00} の和．

§7.8 光学ポテンシャルの正体

を解いて得た解を再現するように $U_{\rm opt}$ を決定することは可能であると期待される．実際このことは，光学ポテンシャルに対する現象論的アプローチの成功によって裏づけられているといってよい．しかしそのようにして得た $U_{\rm opt}$ を用いて求めた散乱波が，<u>相互作用領域において正しいかどうかは決して自明ではない</u>．特に，ポテンシャルが本来もっている非局所性の取り扱いについては注意が必要である．この点に関しては，いくつかの補正法 [27, 28] が考案されてはいるが，決定的な処方は未だに確立していない．おそらく鍵を握るのは，光学ポテンシャルを核力（核子間力）に基づいて導出するアプローチであろう．

上で述べた分析法は，一般の多チャネル問題に対しても有効であり，**フェッシュバッハ (Herman Feshbach) の射影演算子の方法** [29] として広く知られている．この方法は，光学ポテンシャルに対する理論的基礎付けとして極めて重要である．しかし実際の反応現象では，関与するチャネル数があまりにも膨大であるため，それら全てを取り入れたチャネル結合計算は，ごく少数の例外を除けば事実上不可能である．すなわち，動的偏極ポテンシャルの具体形を書き下すことは一般には不可能であるといってよい．したがって原子核反応研究では，多くの場合，現象論的に決定された光学ポテンシャルが核力ポテンシャルとして用いられ，そのポテンシャルでは記述できない特定の遷移がチャネル結合法によって取り扱われる．第10章ではその実例を紹介する．

ここで，**多重散乱理論** [9] に基づいたアプローチについて簡単に触れておく．多重散乱理論とは，核子と原子核の散乱現象を，入射核子と核内核子の衝突の集積として書き下す厳密理論であり，これにより，フェッシュバッハの射影演算子の方法とは別の形で，光学ポテンシャルの理論的な基礎付けがなされる [30, 31]．多重散乱理論のポイントは，多体問題の複雑さを，2核子間の（多体中での）相互作用に集約させることにある．この相互作用にある種の近似を施すことで，光学ポテンシャルを実効的かつ微視的に構築することが可能となる．実は本書で採用している畳み込み模型は，この考え方に基づいたものである．図7.9は，第4章および第5章で扱った反応を，多重散乱理論に基づく光学ポテンシャルで計算した結果である．この計算は現象論的な調整パラメータを一切含んでいない．このようにして求めたポテンシャルを**微視的光学ポテンシャル**とよぶ．微視的光学ポテンシャルの研究は近年著しい進展を遂げており，数多くの成功例

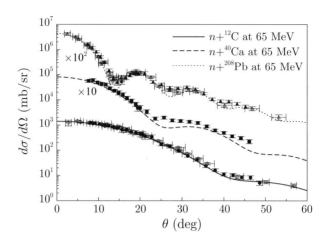

図 7.9 多重散乱理論に基づく光学ポテンシャルを用いて計算された 65 MeV の中性子の弾性散乱角分布 [34]. 実線, 破線, 点線はそれぞれ ^{12}C, ^{40}Ca, ^{208}Pb 標的に対応する.

が報告されている [32–34].

§ 7.9 歪曲波ボルン近似

最後に, チャネル結合法の結果を簡単化し, 非弾性散乱を 1 段階の遷移過程として記述することを考えてみよう. 非弾性チャネルへの遷移行列は式 (7.64) で与えられる. この式の S_1^{EK} は, チャネル結合の効果が全て取り込まれたもの, すなわち無限次の遷移が取り入れられた S 行列である. これを, 反復法の説明で触れた, 試行回数 1 回目の結果に置き換えれば, 1 段階の遷移に対応する S 行列が得られる. 式 (7.37) の右辺にある ψ_0 として, 式 (7.47) で与えられる無摂動の波動関数 $\psi_0^{(0)}$ を用いると,

$$\psi_1^{(1)}(b,z) = \exp\left[\frac{1}{i\hbar v_1}\int_{-\infty}^z V_{11}(z',b)\,dz'\right]$$
$$\times \int_{-\infty}^z \frac{1}{i\hbar v_1}V_{10}(b,z')\exp\left[\frac{1}{i\hbar v_0}\int_{-\infty}^{z'} V_{00}(z'',b)\,dz''\right]e^{i(K_0-K_1)z'}$$
$$\times \exp\left[\frac{-1}{i\hbar v_1}\int_{-\infty}^{z'} V_{11}(z'',b)\,dz''\right]dz' \quad (7.87)$$

§ 7.9 歪曲波ボルン近似

となる．階段関数を用いてこれを書き換えると，動的偏極ポテンシャルの導出とまったく同様にして

$$\psi_1^{(1)}(b,z) = \int_{-\infty}^{\infty} \Theta(z-z') \exp\left[\frac{1}{i\hbar v_1} \int_{z'}^{z} V_{11}(z'',b)\,dz''\right] e^{-iK_1 z'}$$
$$\times \frac{1}{i\hbar v_1} V_{10}(b,z') \exp\left[\frac{1}{i\hbar v_0} \int_{-\infty}^{z'} V_{00}(z'',b)\,dz''\right] e^{iK_0 z'} dz'. \tag{7.88}$$

この 1 次の摂動の結果を式 (7.65) の右辺にある ψ_1 として用いると，

$$S_1^{\mathrm{EK}(1)}(b) \equiv \sqrt{\frac{K_1}{K_0}} \lim_{z\to\infty} \psi_1^{(1)}(b,z)$$
$$= \sqrt{\frac{K_1}{K_0}} \int_{-\infty}^{\infty} \exp\left[\frac{1}{i\hbar v_1} \int_{z'}^{\infty} V_{11}(z'',b)\,dz''\right] e^{-iK_1 z'}$$
$$\times \frac{1}{i\hbar v_1} V_{10}(b,z')$$
$$\times \exp\left[\frac{1}{i\hbar v_0} \int_{-\infty}^{z'} V_{00}(z'',b)\,dz''\right] e^{iK_0 z'} dz' \tag{7.89}$$

が得られる．ただし $z \to \infty$ の極限では階段関数は 1 としてよいことを利用した．積分変数を適当に付け替えつつ，これを式 (7.64) の S_1^{EK} として用いれば，

$$T_1^{(1)} \equiv \frac{1}{(2\pi)^2} \int_0^{\infty} b\,db\, J_0(K_1 b\theta) \int_{-\infty}^{\infty} dz \exp\left[\frac{1}{i\hbar v_1} \int_z^{\infty} V_{11}(z',b)\,dz'\right] e^{-iK_1 z}$$
$$\times V_{10}(b,z) \exp\left[\frac{1}{i\hbar v_0} \int_{-\infty}^{z} V_{00}(z',b)\,dz'\right] e^{iK_0 z} \tag{7.90}$$

となる．これが，1 段階の遷移過程として記述した非弾性チャネルへの遷移行列である．

式 (7.90) を，ϕ_R 積分を実行する前に戻せば，前方散乱近似の下，

$$\begin{aligned}
T_1^{(1)} &= \frac{1}{(2\pi)^3}\int e^{-iK_1 b\theta\cos\phi_R}\exp\left[\frac{1}{i\hbar v_1}\int_z^\infty V_{11}(z',b)\,dz'\right]e^{-iK_1 z}\\
&\qquad \times V_{10}(b,z)\exp\left[\frac{1}{i\hbar v_0}\int_{-\infty}^z V_{00}(z',b)\,dz'\right]e^{iK_0 z}d\phi_R b\,db\,dz\\
&= \frac{1}{(2\pi)^3}\int \exp\left[\frac{1}{i\hbar v_1}\int_z^\infty V_{11}(z',b)\,dz'\right]e^{-i\boldsymbol{K}_1'\cdot\boldsymbol{R}}\\
&\qquad \times V_{10}(b,z)\exp\left[\frac{1}{i\hbar v_0}\int_{-\infty}^z V_{00}(z',b)\,dz'\right]e^{i\boldsymbol{K}_0\cdot\boldsymbol{R}}d\boldsymbol{R}
\end{aligned} \qquad (7.91)$$

を得る．この結果は，

$$T_1^{(1)} = \left\langle \chi_{\boldsymbol{K}_1'}^{\mathrm{EK}(-)}\middle| V_{10} \middle| \chi_{\boldsymbol{K}_0}^{\mathrm{EK}(+)}\right\rangle \equiv T_1^{\mathrm{DWBA}} \qquad (7.92)$$

と表すことができる．ただし

$$\chi_{\boldsymbol{K}_1'}^{\mathrm{EK}(-)}(\boldsymbol{R}) = \frac{1}{(2\pi)^{3/2}}\exp\left[\frac{-1}{i\hbar v_1}\int_z^\infty V_{11}(z',b)\,dz'\right]e^{i\boldsymbol{K}_1'\cdot\boldsymbol{R}}, \qquad (7.93)$$

$$\chi_{\boldsymbol{K}_0}^{\mathrm{EK}(+)}(\boldsymbol{R}) = \frac{1}{(2\pi)^{3/2}}\exp\left[\frac{1}{i\hbar v_0}\int_{-\infty}^z V_{00}(z',b)\,dz'\right]e^{i\boldsymbol{K}_0\cdot\boldsymbol{R}} \qquad (7.94)$$

である．ここで散乱波に対し，漸近的な運動量の足と，伝播の方向（後述）を表す (±) を付与した．

式 (7.92) の物理的な意味は，ポテンシャル V_{00} の影響で入射平面波 $\exp(i\boldsymbol{K}_0\cdot\boldsymbol{R})$ から変化した散乱波 $\chi_{\boldsymbol{K}_0}^{\mathrm{EK}(+)}$ が，相互作用 V_{10} によって，ポテンシャル V_{11} の影響で放出平面波 $\exp(i\boldsymbol{K}_1'\cdot\boldsymbol{R})$ から変化した散乱波 $\chi_{\boldsymbol{K}_1'}^{\mathrm{EK}(-)}$ に遷移するというものである．このとき，V_{00} と V_{11} については（チャネル結合の影響を無視したアイコナール近似の下で），無限次の効果が取り入れられている点に注意すること．他方 V_{10} については，1 段階の遷移のみが取り入れられている．すなわち式 (7.92) は，核力ポテンシャル (V_{00}, V_{11}) によって歪められた波（＝歪曲波）で規定される状態間の，それらのポテンシャルでは表現できない残留相互作用 (residual interaction) V_{10} による 1 次の遷移過程を表している．非弾性散乱のこのような記述の方法を，**歪曲波ボルン近似** (Distorted

Wave Born Approximation: DWBA) とよぶ[13]. DWBA はチャネル結合法と比べてはるかに計算が簡単であり，極めて多くの応用例がある．なお，通常 DWBA 計算という場合には，アイコナール近似ではなく，次章で学ぶ純量子力学的計算によって求められた歪曲波が用いられる．また，弾性チャネルと非弾性チャネルの核力ポテンシャルとしては，それぞれのチャネルの弾性散乱を記述する（と期待される）複素ポテンシャル，特に光学ポテンシャルを用いることが多い[14].

ここで 1 つ重要な注意がある．それは，歪曲波の伝播の方向である．式 (7.92) の遷移行列のケットに現れる波 $\chi_{\boldsymbol{K}_0}^{\mathrm{EK}(+)}$ がこれまで扱ってきたものと同じであるのに対して，ブラの $\chi_{\boldsymbol{K}_1'}^{\mathrm{EK}(-)}$ は，歪曲関数が

$$\psi_1^{(-)}(b,z) \equiv \exp\left[\frac{-1}{i\hbar v_1}\int_z^\infty V_{11}(z',b)\,dz'\right] = \exp\left[\frac{1}{i\hbar v_1}\int_\infty^z V_{11}(z',b)\,dz'\right] \tag{7.95}$$

で定義され，ポテンシャルの積分範囲が ∞ から z までとなっている．これは，歪曲関数の伝播が通常と逆向きであることを意味しており，z 成分のみに着目すれば，$\psi_1^{(-)}$ は $z \to \infty$ の彼方から z まで伝播してきた波と解釈することができる．一般にこのような性質をもつ波は，時間反転した波とよばれ，時間反転演算子 $\hat{\vartheta}$ を用いて

$$\chi_{\boldsymbol{K}_1'}^{(-)}(\boldsymbol{R}) \equiv \hat{\vartheta}\chi_{\boldsymbol{K}_1'}^{(+)}(\boldsymbol{R}) = \chi_{-\boldsymbol{K}_1'}^{(+)*}(\boldsymbol{R}) \tag{7.96}$$

と表される[15]．この関係式は，複素ポテンシャルが作用する場合もそのまま成立する．重要な結論は，遷移行列のブラに現れる波には，式 (7.96) で表される時間反転した散乱波を用いなければならないということである．なお平面波は式 (7.96) の変換に対して不変であるから，($\pm$) の区別は必要ない．ポテンシャ

---

[13] 歪曲波の実体は，我々がこれまで散乱波とよんできたものに他ならない．ただし歪曲波という言葉を使う場合には，それが反応現象（遷移過程）を記述する際の「部品」であるという意味が強調されている．反応現象全体を記述するために必要な相互作用の一部だけが取り入れられた散乱波，と捉えてもよい．

[14] 終状態については，励起した原子核と放出粒子の弾性散乱を再現するポテンシャルを用いるべきであるが，多くの場合，DWBA では原子核の励起が光学ポテンシャルにおよぼす影響は無視される．ただし式 (7.4) に従って放出粒子のエネルギーが変化する効果は通常取り入れられている．

[15] 反応粒子の内部スピンを考えると，この表式はもう少し複雑な形となる．

ルの影響を取り入れた波をブラに用いる場合のみ，この点に注意が必要である．これ以降，(±) の区別が必要と判断される場合に限り，この記号を散乱波に付与することとする．省略されている場合には，伝播の方向は (+) であると解釈すること．

アイコナール近似を用いる場合には，式 (7.96) が正確に成り立つのは $\boldsymbol{K}_1'$ が z 軸に平行なときのみである．z 軸と反平行で大きさ K_1 の波数ベクトル，すなわち $-\boldsymbol{K}_1$ で入射する条件の下，第 5 章 5.1 節と同じ手続きを繰り返せば，散乱波として

$$\chi_{-\boldsymbol{K}_1}^{\mathrm{EK}(+)}(\boldsymbol{R}) = \frac{1}{(2\pi)^{3/2}} \exp\left[\frac{1}{i\hbar v_1} \int_z^\infty U_{11}(z', b)\, dz'\right] e^{-i\boldsymbol{K}_1 \cdot \boldsymbol{R}} \quad (7.97)$$

が得られる．ただしここで一般の場合を想定し，ポテンシャルを複素数とした．式 (7.97) の複素共役を取ると，

$$\chi_{-\boldsymbol{K}_1}^{\mathrm{EK}(+)*}(\boldsymbol{R}) = \chi_{\boldsymbol{K}_1}^{\mathrm{EK}(-)}(\boldsymbol{R}) = \frac{1}{(2\pi)^{3/2}} \exp\left[\frac{-1}{i\hbar v_1} \int_z^\infty U_{11}^*(z', b)\, dz'\right] e^{i\boldsymbol{K}_1 \cdot \boldsymbol{R}} \quad (7.98)$$

となる．これを式 (7.93) と比較すると，$\chi_{\boldsymbol{K}_1'}^{\mathrm{EK}(-)}$ は，式 (7.98) の最右辺の平面波部分にのみ $\boldsymbol{K}_1 \to \boldsymbol{K}_1'$ の"補正"を行ったものであることがわかる．逆に見れば，$\chi_{\boldsymbol{K}_1'}^{\mathrm{EK}(-)}$ を求める際，$\boldsymbol{K}_1'$ が z 軸から傾いている効果は，平面波部分にしか取り入れられていないことになる．これも前方散乱近似の一種と捉えることができる．

§ 7.10 まとめ

本章では，反応系全体の状態をまとめて指定するチャネルという指標を導入した上で，2 つのチャネル（弾性チャネルおよ非弾性チャネル）だけが存在する仮想的な状況下での散乱問題を考察した．このとき，流束の消失は起きず，入射流束（反応領域を素通りする成分を除く）は，弾性散乱か非弾性散乱かのいずれかを引き起こす．この現象を，弾性散乱にのみ着目するという立場から見ると，非弾性散乱に寄与した分だけ，入射流束は減少する．この見方は，動的偏極ポテンシャルを導入することで実現される．動的偏極ポテンシャルは，反応系が非弾性チャネルを経由して弾性チャネルに戻る様子を記述するものであ

り，チャネル結合の影響は，エネルギーに依存した非局所型の複素ポテンシャルとして表現される．これが，光学ポテンシャルがエネルギー依存性をもった非エルミートのポテンシャルとなる本質的な理由である[16]．

[16) ここでの議論では，現象論的な光学ポテンシャルの定義に深く関わるエネルギー平均という考えが抜け落ちている．これは，低エネルギーでは本質的に重要となるが，詳細は他書（たとえば文献 [10]）に譲る．

第8章　散乱問題の純量子力学的解法

時間に依存しないシュレディンガー方程式の正確な解法と，得られた散乱波の漸近情報を利用して断面積を計算する方法について学ぶ．

§8.1　シュレディンガー方程式の球座標表示

我々はこれまで，アイコナール近似を用いて散乱問題の解を求めてきた．アイコナール近似は平明であり，散乱問題を直観的に捉える上で大変有用であるが，近似計算である以上，必ず適用限界が存在する．そこで本章では，1体ポテンシャルによる散乱問題を近似なしに解く手法を解説する．便宜上，本書ではこれを純量子力学的計算とよぶことにする[1]．本章では中性子と原子核の弾性散乱に話を絞ることとし，無限のレンジをもつクーロン相互作用の取り扱いについては次章で解説する．

議論の出発点とするのは，3次元のシュレディンガー方程式

$$\left[\hat{T}_{\boldsymbol{R}} + U(R) - E\right]\chi(\boldsymbol{R}) = 0 \tag{8.1}$$

である．$\hat{T}_{\boldsymbol{R}}$ は運動エネルギー演算子であり，換算質量 μ を用いて

$$\hat{T}_{\boldsymbol{R}} \equiv -\frac{\hbar^2}{2\mu}\nabla_{\boldsymbol{R}}^2 \tag{8.2}$$

と定義されている．χ は中性子と標的核の相対の波動関数であり，E は重心系のエネルギーである．また，これまでと同様，中性子-標的核の相互作用 U は中心力ポテンシャルであるとする．U は一般に複素ポテンシャルである：

$$U(R) = V(R) + iW(R). \tag{8.3}$$

ただしここで V および W は実関数とする．

---

[1] 単に量子力学的計算とよばない理由は，アイコナール近似もまた量子力学的計算の一種だからである．

では，式 (8.1) を我々にとって扱いやすい形に書き直そう．具体的には，球座標表示

$$\boldsymbol{R} = (R, \theta_R, \phi_R) \qquad (8.4)$$

で式 (8.1) を表現する．これは，初等力学で学んだように，

$$\begin{cases} x = R\sin\theta_R \cos\phi_R, \\ y = R\sin\theta_R \sin\phi_R, \\ z = R\cos\theta_R, \end{cases} \rightarrow \begin{cases} R = \sqrt{x^2+y^2+z^2}, \\ \theta_R = \tan^{-1}\dfrac{\sqrt{x^2+y^2}}{z}, \\ \phi_R = \tan^{-1}\dfrac{y}{x} \end{cases} \qquad (8.5)$$

という変数変換に基づいて実行することができる．面倒であるが，とにかく愚直に計算すると，

$$\nabla_{\boldsymbol{R}}^2 = \frac{1}{R}\frac{\partial^2}{\partial R^2}R + \frac{1}{R^2}\left(\frac{\partial^2}{\partial \theta_R^2} + \cot\theta_R \frac{\partial}{\partial \theta_R} + \frac{1}{\sin^2\theta_R}\frac{\partial^2}{\partial \phi_R^2}\right) \qquad (8.6)$$

が得られる．右辺の ( ) 内は，軌道角運動量演算子

$$\hat{\boldsymbol{L}} = \boldsymbol{R} \times \frac{\hbar}{i}\boldsymbol{\nabla}_{\boldsymbol{R}} \qquad (8.7)$$

を用いて，

$$\left(\frac{\partial^2}{\partial \theta_R^2} + \cot\theta_R \frac{\partial}{\partial \theta_R} + \frac{1}{\sin^2\theta_R}\frac{\partial^2}{\partial \phi_R^2}\right) = -\frac{\hat{\boldsymbol{L}}^2}{\hbar^2} \qquad (8.8)$$

と表すことができる．ただしここで，

$$\begin{cases} \hat{L}_x = \dfrac{\hbar}{i}\left(y\dfrac{\partial}{\partial z} - z\dfrac{\partial}{\partial y}\right) = i\hbar\left(\sin\phi_R \dfrac{\partial}{\partial \theta_R} + \cot\theta_R \cos\phi_R \dfrac{\partial}{\partial \phi_R}\right), \\ \hat{L}_y = \dfrac{\hbar}{i}\left(z\dfrac{\partial}{\partial x} - x\dfrac{\partial}{\partial z}\right) = i\hbar\left(-\cos\phi_R \dfrac{\partial}{\partial \theta_R} + \cot\theta_R \sin\phi_R \dfrac{\partial}{\partial \phi_R}\right), \\ \hat{L}_z = \dfrac{\hbar}{i}\left(x\dfrac{\partial}{\partial y} - y\dfrac{\partial}{\partial x}\right) = \dfrac{\hbar}{i}\dfrac{\partial}{\partial \phi_R} \end{cases} \qquad (8.9)$$

を用いた．

式 (8.2), (8.6), (8.8) を式 (8.1) に代入し，散乱波 χ に変数分離形

§8.1 シュレディンガー方程式の球座標表示

$$\chi(\boldsymbol{R}) = \psi(R)\Theta(\theta_R, \phi_R) \tag{8.10}$$

を仮定すると，

$$\left[-\frac{\hbar^2}{2\mu}\frac{1}{R}\frac{\partial^2}{\partial R^2}R + \frac{1}{2\mu}\frac{1}{R^2}\hat{\boldsymbol{L}}^2 + U(R) - E\right]\psi(R)\Theta(\theta_R, \phi_R) = 0 \tag{8.11}$$

となる．これを整理して両辺を χ で割ると

$$-\frac{2\mu R^2}{\psi(R)}\left[-\frac{\hbar^2}{2\mu}\frac{1}{R}\frac{d^2}{dR^2}R + U(R) - E\right]\psi(R) = \frac{\left[\hat{\boldsymbol{L}}^2\Theta(\theta_R, \phi_R)\right]}{\Theta(\theta_R, \phi_R)} \tag{8.12}$$

が得られる．この式が恒等的に成り立つためには，両辺は定数でなければならない．この定数を Ξ とおけば，

$$-\frac{2\mu R^2}{\psi(R)}\left[-\frac{\hbar^2}{2\mu}\frac{1}{R}\frac{d^2}{dR^2}R + U(R) - E\right]\psi(R) = \Xi, \tag{8.13}$$

$$\frac{1}{\Theta(\theta_R, \phi_R)}\hat{\boldsymbol{L}}^2\Theta(\theta_R, \phi_R) = \Xi \tag{8.14}$$

となる．こうして3次元のシュレディンガー方程式を，動径方向の式 (8.13) と角度方向の式 (8.14) に分離することができる．そして幸いなことに，式 (8.14) の解のうち，ϕ_R に関する周期的境界条件を満たし，物理的に意味をもつものは**球面調和関数** Y_{LM} となることが数学的に証明されている．球面調和関数は，$\hat{\boldsymbol{L}}^2$ と，$\hat{\boldsymbol{L}}$ の z 成分 $\hat{L}_z$ の同時固有関数である:

$$\hat{\boldsymbol{L}}^2 Y_{LM}(\Omega_{\boldsymbol{R}}) = \hbar^2 L(L+1) Y_{LM}(\Omega_{\boldsymbol{R}}), \tag{8.15}$$

$$\hat{L}_z Y_{LM}(\Omega_{\boldsymbol{R}}) = \hbar M Y_{LM}(\Omega_{\boldsymbol{R}}). \tag{8.16}$$

ここで L は 0 以上の整数であり，M は $-L$ から L までの値をとる整数である．本書では，L を**軌道角運動量**（の大きさ），M をその z 成分とよぶことにする[2]．

---

[2] これは，軌道角運動量の大きさを，$\hbar$ の単位で測るということである．M は，正確に表記すれば，軌道角運動量ベクトルの z 成分の固有値である．L は方位量子数，M は磁気量子数ともよばれる．

上で見たことは，角度方向のシュレディンガー方程式がすでに解けているということである．したがって我々は，式 (8.1) を解く際に，角度方向について頭を悩ませる必要はなく，ただその答えを利用すればよいのである．これが，シュレディンガー方程式を球座標表示で書き表し，角運動量という，ある意味で"面倒なもの"を考える最大の理由である[3]．なお球面調和関数は，半径 1 の球面上において，二乗可積分な関数の空間で規格直交完全系をなすことが知られている[4]．この性質も，以下で最大限利用することにする．

§8.2 動径方向の方程式と解の挙動

式 (8.14)，(8.15) より $\Xi = \hbar^2 L(L+1)$ である．これを式 (8.13) に代入すると

$$\left[-\frac{\hbar^2}{2\mu}\left(\frac{1}{R}\frac{d^2}{dR^2}R - \frac{L(L+1)}{R^2}\right) + U(R) - E\right]\psi(R) = 0 \qquad (8.17)$$

を得る．

$$\psi(R) = \frac{u(R)}{KR} \qquad (8.18)$$

とおけば[5]，

$$\left(\frac{1}{R}\frac{d^2}{dR^2}R\right)\frac{u(R)}{KR} = \frac{1}{KR}\frac{d^2 u(R)}{dR^2} \qquad (8.19)$$

であるから，

$$\left[-\frac{\hbar^2}{2\mu}\frac{1}{R}\frac{\partial^2 u(R)}{\partial R^2} + \frac{\hbar^2}{2\mu}\frac{L(L+1)}{R^2}\frac{u(R)}{R} + U(R)\frac{u(R)}{R} - E\frac{u(R)}{R}\right] = 0. \qquad (8.20)$$

よって動径方向のシュレディンガー方程式は，

---

[3] デカルト座標で散乱問題を記述する試みも存在する．このとき，散乱波に付随する角運動量はまったく現れない．ただし解くべき問題の自由度の数は，単純に見積もれば 3 倍となる．なお，角度方向の方程式が式 (8.14) となるのは，相互作用が $\boldsymbol{R}$ の角度に依存しない場合のみである．

[4] 大雑把にいえば，角度（天頂角と方位角）に依存する"おとなしい"任意の関数は，球面調和関数で必ず展開できるということである．

[5] 右辺の分母を R ではなく KR としているのは，後の便宜のためである．また，こうすることによって $\psi(R)$ と $u(R)$ の次元が同じになるというのも利点の 1 つである．

§8.2 動径方向の方程式と解の挙動

$$\left[-\frac{\hbar^2}{2\mu}\frac{d^2}{dR^2} + \frac{\hbar^2}{2\mu}\frac{L(L+1)}{R^2} + U(R) - E\right]u(R) = 0 \qquad (8.21)$$

となる．この方程式は，L に依存する"ポテンシャル"$\hbar^2 L(L+1)/(2\mu R^2)$ を含んでいる．これは遠心力ポテンシャルとよばれるもので，量子状態の L の値に応じた強さをもつ斥力として作用する，見かけのポテンシャルである．このポテンシャルのため，L が大きな散乱状態は，標的核に近づくことができず，何の反応も起こさない．この点については，8.4 節であらためて議論する．いずれにしろ，解くべきシュレディンガー方程式が L に依存するということは，当然その解もまた L に依存するということである．そこで式 (8.21) を

$$\left[-\frac{\hbar^2}{2\mu}\frac{d^2}{dR^2} + \frac{\hbar^2}{2\mu}\frac{L(L+1)}{R^2} + U(R) - E\right]u_L(R) = 0 \qquad (8.22)$$

と表すことにする．

まず，式 (8.22) の解 $u_L(R)$ が原点付近 ($R \sim 0$) でどのように振る舞うかを見ておこう．原点近傍において，核力ポテンシャル U が遠心力ポテンシャルと比べて無視できるほど小さいとすれば[6]，$u_L(R)$ の振る舞いは

$$\left[-\frac{\hbar^2}{2\mu}\frac{d^2}{dR^2} + \frac{\hbar^2}{2\mu}\frac{L(L+1)}{R^2}\right]u_L(R) = 0, \quad (R \sim 0) \qquad (8.23)$$

によって決まる．原点近傍で

$$u_L(R) \sim R^s \qquad (8.24)$$

であるとすると，これを式 (8.23) に代入して，

$$s(s-1)R^{s-2} = L(L+1)R^{s-2}, \qquad (8.25)$$

すなわち

$$s(s-1) = L(L+1) \rightarrow (s+L)(s-L-1) = 0 \qquad (8.26)$$

が得られる．この解のうち，原点近傍で正則なものは $s = L+1$ である．$L = 0$

---

[6] この条件は，原点に極めて強い斥力芯をもつような特殊なポテンシャルを考えない限り，必ず成立すると考えてよい．

のときは，一見すると $s=0$ と 1 の 2 通りの解が許されるが，式 (8.18) の動径波動関数が発散しないという条件から，$s=1$ に定まる．以上より，

$$u_L(R) \sim R^{L+1}, \quad (R \sim 0) \tag{8.27}$$

が得られる．

§8.3 入射平面波の分解

前節までに我々が得た知見は，次の 3 点に集約される：

1. 3 次元のシュレディンガー方程式は動径方向と角度方向の方程式に分解できること．
2. 角度方向の方程式はすでに解かれていて，その解（波動関数）は，軌道角運動量 L とその z 成分 M で特徴づけられる球面調和関数 Y_{LM} となること．
3. 動径方向の方程式は L に依存し，その解（正確には動径方向の波動関数の KR 倍）は原点付近で R^{L+1} という振る舞いを示すこと．

すでに述べたとおり，1. のように方程式を分解する最大の理由は，角度方向の方程式を自分で解かなくてもよいようにするためである．しかし，この分解の帰結として現れる「軌道角運動量 L の波」とは一体何を意味するのであろうか？これを理解するために，我々がこれまで扱ってきた波動関数を，軌道角運動量の観点から捉え直してみよう．

我々にとって一番身近で，またその物理的意味が明らかな波は，入射平面波

$$\phi_{\boldsymbol{K}}(\boldsymbol{R}) = \frac{1}{(2\pi)^{3/2}} e^{i\boldsymbol{K}\cdot\boldsymbol{R}} = \frac{1}{(2\pi)^{3/2}} e^{iKR\cos\theta_R} \tag{8.28}$$

であろう．この式を見てわかるように，$\phi_{\boldsymbol{K}}$ は，<u>特定の軌道角運動量 L をもつ波ではない</u>．しかし，これを次のように展開することは可能である：

$$\phi_{\boldsymbol{K}}(\boldsymbol{R}) = \sum_{LM} \sum_{L'M'} X_{LM,L'M'}(K,R) Y_{LM}(\Omega_{\boldsymbol{R}}) Y_{L'M'}(\Omega_{\boldsymbol{K}}). \tag{8.29}$$

なぜなら，8.1 節の最後で述べたように，角度に関して二乗可積分な任意の関数（平面波はこの条件を満たす）は，球面調和関数によって展開できるからである．

§8.3 入射平面波の分解

いま,我々は $\boldsymbol{K}$ の方向を z 軸に取っている.よって付録 E の式 (E.11) より,

$$Y_{L'M'}(\Omega_{\boldsymbol{K}}) = Y_{L'M'}(0, \phi_K) = \sqrt{\frac{2L'+1}{4\pi}}\delta_{M'0}. \tag{8.30}$$

また,入射平面波 $\phi_{\boldsymbol{K}}$ は $\boldsymbol{R}$ の方位角 ϕ_R によらないので,式 (E.1) より,$M=0$ の項のみが残る.したがって

$$Y_{LM}(\Omega_{\boldsymbol{R}}) \to Y_{L0}(\Omega_{\boldsymbol{R}})\delta_{M0} = \sqrt{\frac{2L+1}{4\pi}}P_L(\cos\theta_R)\delta_{M0}. \tag{8.31}$$

これらのことから,式 (8.29) は

$$\phi_{\boldsymbol{K}}(\boldsymbol{R}) = \sum_{LL'}X_{L0,L'0}(K,R)\sqrt{\frac{2L'+1}{4\pi}}\sqrt{\frac{2L+1}{4\pi}}P_L(\cos\theta_R)$$

$$= \sum_L g_L(K,R)\sqrt{\frac{2L+1}{4\pi}}P_L(\cos\theta_R) \tag{8.32}$$

となる.ただし未知関数を

$$g_L(K,R) \equiv \sum_{L'}X_{L0,L'0}(K,R)\sqrt{\frac{2L'+1}{4\pi}} \tag{8.33}$$

と取り直した.この表式(和の足を L から L' に変えたもの)を式 (8.28) の左辺に代入すると,

$$\sum_{L'}g_{L'}(K,R)\sqrt{\frac{2L'+1}{4\pi}}P_{L'}(\cos\theta_R) = \frac{1}{(2\pi)^{3/2}}e^{iKR\cos\theta_R} \tag{8.34}$$

となり,両辺に $P_L(\cos\theta_R)\sin\theta_R$ を掛けて θ_R で積分すると,

$$(\text{左辺}) \to \int_0^\pi \sum_{L'}g_{L'}(K,R)\sqrt{\frac{2L'+1}{4\pi}}P_{L'}(\cos\theta_R)P_L(\cos\theta_R)\sin\theta_R d\theta_R, \tag{8.35}$$

$$(\text{右辺}) \to \int_0^\pi \frac{1}{(2\pi)^{3/2}}e^{iKR\cos\theta_R}P_L(\cos\theta_R)\sin\theta_R d\theta_R \tag{8.36}$$

を得る．積分変数を θ_R から $w \equiv \cos\theta_R$ に変更すれば，

$$\int_{-1}^{1} \sum_{L'} g_{L'}(K,R) \sqrt{\frac{2L'+1}{4\pi}} P_{L'}(w) P_L(w) \, dw$$
$$= \frac{1}{(2\pi)^{3/2}} \int_{-1}^{1} e^{iKRw} P_L(w) \, dw. \quad (8.37)$$

ここで特殊関数の公式

$$\int_{-1}^{1} e^{iax} P_L(x) \, dx = 2i^L j_L(a), \quad (a \text{ は 0 以上の実数}) \quad (8.38)$$

を利用すると，式 (8.37) の右辺は

$$\frac{1}{(2\pi)^{3/2}} \int_{-1}^{1} e^{iKRw} P_L(w) \, dw = \frac{1}{(2\pi)^{3/2}} 2i^L j_L(KR) \quad (8.39)$$

と書ける．ただし j_L は L 次の球ベッセル関数 (spherical Bessel function) である．一方，式 (8.37) の左辺は，式 (E.7) より，

$$\int_{-1}^{1} \sum_{L'} g_{L'}(K,R) \sqrt{\frac{2L'+1}{4\pi}} P_{L'}(w) P_L(w) \, dw$$
$$= g_L(K,R) \sqrt{\frac{2L+1}{4\pi}} \frac{2}{2L+1} = \frac{g_L(K,R)}{\sqrt{\pi(2L+1)}} \quad (8.40)$$

となる．これより

$$\frac{g_L(K,R)}{\sqrt{\pi(2L+1)}} = \frac{1}{(2\pi)^{3/2}} 2i^L j_L(KR)$$
$$\to g_L(K,R) = \frac{1}{(2\pi)^{3/2}} \sqrt{4\pi} i^L \sqrt{2L+1} j_L(KR). \quad (8.41)$$

すなわち平面波は，

$$\phi_{\boldsymbol{K}}(\boldsymbol{R}) = \frac{1}{(2\pi)^{3/2}} \sum_L \sqrt{4\pi} i^L \sqrt{2L+1} j_L(KR) \sqrt{\frac{2L+1}{4\pi}} P_L(\cos\theta_R)$$
$$= \frac{1}{(2\pi)^{3/2}} \sum_L i^L (2L+1) j_L(KR) P_L(\cos\theta_R) \quad (8.42)$$

と表されることになる．これは，入射平面波が，軌道角運動量 L をもつ波（部分波）の重ね合わせでできていることを意味している．このことから，式 (8.42) を平面波の**部分波展開** (partial wave expansion)[7] とよぶ．部分波の動径成分が j_L であることに留意しておこう．これは，前節で導入した u_L との対応が

$$u_L(R) \to u_L^{\text{PW}}(R) = KRj_L(KR), \quad (U(R) = 0 \text{ のとき}) \qquad (8.43)$$

で与えられることを意味している．上付きの PW は，平面波の意味である．式 (8.43) は，以下で正確な散乱波を計算するときの重要な指標となる．

ここで，前節で言及した「L によって特徴づけられる散乱状態」の実体が明らかになる．標的核に入射する中性子の平面波は，軌道角運動量 L によって分解することができる．そしてある L をもった波は，その値に応じたポテンシャル（遠心力ポテンシャル＋核力ポテンシャル）を受けながら伝播する．このとき，<u>L の大きさは反応前後で不変である</u>[8]．この性質のお陰で，我々は L ごとに問題を切り分けることができるのである．具体的には，それぞれの L について式 (8.22) を解いて散乱波（部分波）を求め，最後にそれをまとめて正しい波動関数をつくればよい．これは，アイコナール近似計算で，衝突径数 b ごとに問題を切り分けて z 方向の微分方程式を解き，波動関数の近似解を求めた手続きとまったく同様である．

§8.4 部分波の選択則

8.2 節で述べたとおり，L が大きな波は遠心力ポテンシャルに阻まれて相互作用領域に近づくことができない．中性子と ^{59}Co の $E_\text{in} = 5.44$ MeV における弾性散乱で，このことを具体的に見てみよう．図 8.1 に，$L = 1 \sim 4$ に対応する遠心力ポテンシャルと，この反応を記述する光学ポテンシャルの実部 V との比較を示す[9]．右はその拡大図である．遠心力ポテンシャルのみを考慮して入射中性子の古典的転回点 (classical turning point) R_ct を求めると，

---

[7] 部分波分解 (partial wave decomposition) ともいう．なお式 (8.42) は，レイリーの公式として広く知られている．

[8] 想定する問題によっては，L は保存しない．しかし，系全体の角運動量は必ず保存されるので，ここでの議論の本質的な部分は一般の場合に成り立つと考えてよい．詳しくは第 10 章を参照．

[9] このポテンシャルは，文献 [12] から取ったものである（以下同様）．

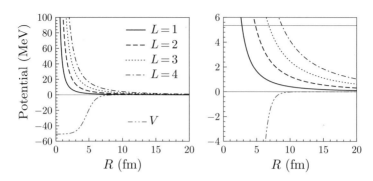

図 8.1 5.44 MeV の中性子と ^{59}Co の散乱における遠心力ポテンシャルと核力ポテンシャルの関係．右は拡大図．右図中の水平な線は重心系での入射エネルギー 5.35 MeV を表す．

$$\frac{\hbar^2}{2\mu}\frac{L(L+1)}{R_{\text{ct}}^2} = E = \frac{\hbar^2 K^2}{2\mu} \tag{8.44}$$

より

$$R_{\text{ct}} = \frac{\sqrt{L(L+1)}}{K} \tag{8.45}$$

となる．この R_{ct} が V のレンジ R_{N} 以下であれば，その部分波は V の影響を受けて変化することになる．よって，相互作用を受ける部分波の L の上限 $L_{\max}$ は

$$\sqrt{L_{\max}(L_{\max}+1)} \sim L_{\max} = KR_{\text{N}} \tag{8.46}$$

で与えられる．いま，波数 K は

$$K = \frac{\sqrt{2\mu E}}{\hbar} = \frac{1}{\hbar c}\sqrt{2\frac{59}{60}m_0 c^2 \frac{59}{60}5.44} \sim 0.50\ [\text{fm}^{-1}] \tag{8.47}$$

であり，R_{N} を約 8 fm と見積もれば，$L_{\max} \sim 4$ となる．これよりも大きな角運動量をもつ部分波は相互作用を受けないため，原子核を素通りすると解釈される．したがって，そのような波については，部分散乱波を計算する必要はない．これは，アイコナール近似で衝突径数が $b \leq b_{\max}$ の波のみを考慮したことと同様である．なお上記の見積もりはあくまで概算であり，実際の計算では，考慮する部分波の数を徐々に増やし，計算結果が変化しなくなるところで計算を打ち切るといった方法がとられる．

エネルギーが低い場合には，反応に関与する部分波の数は少数に留まり，部

分波展開は極めて有効に機能する．しかしこれは，L が大きい部分波が存在しないということではない．図 8.2 は，5.44 MeV の中性子と ^{59}Co の散乱に対応する入射平面波の実部が，L_max によってどのように変化するかを示したものである．エネルギーが低い場合にも，広い空間にわたって平面波を正しく描くには，その広がりに見合った大きさの L が必要であることがわかる．エネルギーが極めて低いときには，$L = 0$ の波（s 波）だけが相互作用を受ける．s 波は等方的に分布することから，この状況は「全方向から中性子

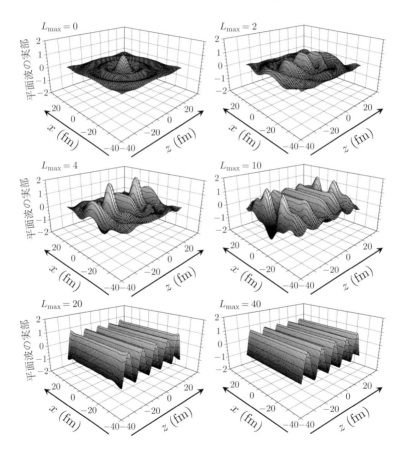

図 8.2 5.44 MeV の中性子と ^{59}Co の散乱における入射平面波の実部（$y = 0$ 平面上の値）．z 軸を入射方向とし，係数 $1/(2\pi)^{3/2}$ を 1 としてプロットしている．L_max は部分波展開に取り入れる L の最大値．

の波が原子核に近づき，ポテンシャルの影響を受けて再び等方的に放出される」という形で説明される（次節の内容も参考にすること）．しかしこれは，入射波そのものが等方的に分布するという意味ではない．エネルギーがどれほど低くても，入射平面波は数多くの（無限の）部分波からできており，実験条件で規定される波数ベクトル K の方向に伝播しているのである．しかし極めて低いエネルギーでは，平面波を構成する部分波のうち，s 波以外の成分はポテンシャルを素通りするため，ひとまず考察の対象から落としても構わない．これが，「全方向から中性子の波が原子核に近づく」という，現実の実験条件とは相容れない描像（解釈）の実体である．

　アイコナール近似では，反応を切り分ける量は衝突径数 b であり，それが相互作用距離よりも大きい波は素通りするという考え方は，直観的にも受け入れやすいものであった．これに対して，部分波展開の意味を直観的に理解することは必ずしも容易ではない．これはひとえに，部分波というものが，入射波や散乱波といった，実験条件や観測量との関係からイメージできる波そのものではないためであろう．しかし球座標を用いて散乱現象を記述し，角度方向の情報を切り分ける以上，直観的に捉えにくい部分波という概念が現れることは避けられない．ただしこれは多分に慣れの問題であって，反応解析を行ううち，やがて部分波というものに対する心理的抵抗は払拭されると思われる．重要なことは，部分波展開が散乱問題を切り分ける手段であること，そして（同じことであるが）入射波や散乱波は部分波を重ね合わせてはじめてつくられるものであるということである．

　　エネルギーが高くなると K が大きくなり，必要な部分波の数も多くなる[10]．$L_{\max}$ が極めて大きい場合には，部分波展開の考え方そのものが必ずしも適切ではないと考えた方がよい．実際，エネルギーが高い場合には，アイコナール近似が有効に機能することが多い．このことは，高エネルギーにおいては球座標表示よりも円筒座標表示の方が反応現象を捉えるのに適していることを示唆している．しかし，部分波展開の方法は散乱問題の正確な解法であるのに対し，アイコナール近似はあくまで近似計算であるから，反応計算の精度を定量的に検証する必要がある場合には，$L_{\max}$ の大きさに関わら

---

[10] エネルギーだけでなく，相互作用のレンジも $L_{\max}$ を支配する要素の 1 つである．クーロン相互作用によって原子核が励起または分解する反応を記述する際には，相互作用の長距離性のために $L_{\max}$ が肥大化する．その実例は第 10 章で紹介する．

ず，少なくとも一度は純量子力学的計算を行わなければならない．たとえば文献 [35] では，$L_{\max} = 15000$ の計算がなされている．

§ 8.5　部分波に対する実数ポテンシャルの影響

では，部分波の計算に取りかかろう．我々がなすべきは，式 (8.22) を各 L について解き，核力ポテンシャル U の下での部分波を求めることである．本節では実数ポテンシャルに限定して話を進める．まず，ポテンシャルが存在しない場合の部分波，すなわち式 (8.43) で定義した u_L^{PW} の性質を明らかにしておこう．式 (E.19) を利用すれば，球ベッセル関数は

$$j_L(KR) = \frac{h_L^{(+)}(KR) - h_L^{(-)}(KR)}{2i} = \frac{i}{2}\left[h_L^{(-)}(KR) - h_L^{(+)}(KR)\right] \tag{8.48}$$

と書き換えられる．ただし $h_L^{(+)}$, $h_L^{(-)}$ はそれぞれ，外向き，内向きに伝播する球ハンケル関数である[11]．式 (8.48) の両辺に KR を掛けて，

$$KR j_L(KR) = \frac{i}{2}\left[KR h_L^{(-)}(KR) - KR h_L^{(+)}(KR)\right]. \tag{8.49}$$

ここで，無限遠方における球関数の漸近形である式 (E.20) を適用すると，

$$\sin(KR - L\pi/2) = \frac{i}{2}\left[e^{-i(KR - L\pi/2)} - e^{i(KR - L\pi/2)}\right], \quad (R \to \infty) \tag{8.50}$$

を得る．この式の左辺は定在波，右辺は動径方向に関して内向きに伝播する波と外向きに伝播する波の重ね合わせとなっている．内向きの波が，球座標原点という固定端で反射することによって位相が π だけずれ，外向きの波に負符号が生じている．それらの重ね合わせとして実現している定在波が，入射平面波の

---

[11] 多くの書物では，第 1 種球ハンケル関数 $h_L^{(1)}(KR) \equiv j_L(KR) + in_L(KR)$ および第 2 種球ハンケル関数 $h_L^{(2)}(KR) \equiv j_L(KR) - in_L(KR)$ が基本的な球ハンケル関数として用いられている（n_L は球ノイマン関数）．しかし我々にとっては，波動関数（の KR 倍）の漸近形が平面波のように書けることが物理的に重要であるから，これらの代わりに $h_L^{(\pm)}$ を導入し，話を進めている．なお，$h_L^{(+)}(KR) = i h_L^{(1)}(KR)$, $h_L^{(-)}(KR) = -i h_L^{(2)}(KR)$ である．

部分波,すなわちポテンシャルが存在しない場合の部分散乱波の実体である[12].

ではここで,実数ポテンシャル V が部分波に及ぼす影響を考えよう.簡単のため,$L=0$ とし,V は幅 r_0,深さ V_0 の引力的な井戸型ポテンシャルであるとする.我々が扱っているのは動径方向のシュレディンガー方程式であるが,ここではこれを1次元の散乱問題として表現することを考える.そのためには,$R \leq 0$ に無限の高さのポテンシャルが存在していると考えればよい(図 8.3 を参照).この図の右手から,波数 K の粒子が入射するというのが,我々が解くべき問題の設定である.この種の問題は,初等量子力学で必ず学習したはずである.解法の概略のみを示せば,図の領域 I の波動関数を

$$\psi_\mathrm{I} = e^{-iKR} + Be^{iKR}, \tag{8.51}$$

領域 II のそれを($R=0$ での境界条件を考慮して)

$$\psi_\mathrm{II} = C\sin\left(\frac{\sqrt{2\mu(E+V_0)}}{\hbar}R\right) \equiv C\sin(\kappa R) \tag{8.52}$$

と表し,これらに $x=a$ における接続条件を課すことで

$$B = -\frac{\kappa + iK\tan(\kappa a)}{\kappa - iK\tan(\kappa a)}e^{-2iKa} \tag{8.53}$$

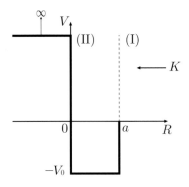

図 8.3 動径方向のシュレディンガー方程式を1次元の散乱問題として捉えた図.簡単のため引力型の井戸型ポテンシャルを想定.

[12) 部分波は流れをもたないが,それらを重ね合わせた平面波は,当然 $\boldsymbol{K}$ の方向に流れをもっている.そうなるために要請される,異なる軌道角運動量の状態の足し上げ方を与えるのが式 (8.42) であるともいえる.

§ 8.5 部分波に対する実数ポテンシャルの影響

が得られる．すなわち領域 I の波動関数は

$$\psi_{\mathrm{I}} = e^{-iKR} - \frac{\kappa + iK\tan(\kappa a)}{\kappa - iK\tan(\kappa a)} e^{-2iKa} e^{iKR} \tag{8.54}$$

となる．式 (8.54) は，ポテンシャルが存在しない領域では，ポテンシャル V の影響は外向きに伝播する波にのみ現れることを示している[13]．また，

$$\left| \frac{\kappa + iK\tan(\kappa a)}{\kappa - iK\tan(\kappa a)} e^{-2iKa} \right|^2 = 1 \tag{8.55}$$

であるから，外向きに伝播する波の振幅の大きさは V によって変わらない．これらは V の具体形によらない一般的な性質である．

このことから，実数ポテンシャル V が存在する場合，その作用領域の外における部分波は

$$u_L(R) \to \frac{i}{2} \left[KRh_L^{(-)}(KR) - e^{2i\delta_L} KRh_L^{(+)}(KR) \right], \quad (R > R_{\mathrm{N}}) \tag{8.56}$$

と表されることがわかる．ただしここで，外向き波に掛かる絶対値 1 の複素数を $e^{2i\delta_L}$（δ_L: 実数）と表現した．R_{N} は

$$\frac{|V(R)|}{E} \ll 1, \quad (R > R_{\mathrm{N}}) \tag{8.57}$$

によって定義される，V の作用距離（レンジ）である．式 (E.20) を用いて式 (8.56) の右辺の漸近形を求めると，

$$\begin{aligned} u_L(R) &\to \frac{i}{2} \left[e^{-i(KR-L\pi/2)} - e^{2i\delta_L} e^{i(KR-L\pi/2)} \right] \\ &= \frac{i}{2} e^{i\delta_L} \left[e^{-i\delta_L} e^{-i(KR-L\pi/2)} - e^{i\delta_L} e^{i(KR-L\pi/2)} \right] \\ &= \frac{i}{2} e^{i\delta_L} \left[e^{-i(KR-L\pi/2+\delta_L)} - e^{i(KR-L\pi/2+\delta_L)} \right], \quad (R \gg R_{\mathrm{N}}). \end{aligned} \tag{8.58}$$

---

[13] 内向きに伝播する波（入射波）にも係数 A を添えることがあるが，この A は入射波の規格化で決定されるものとして扱われるはずである．つまり A にはポテンシャルの影響は現れない．

ただしここで，無限遠方（= 球ハンケル関数の漸近形が使える領域）を $R \gg R_\mathrm{N}$ と表記した[14]．以下も同様の表記法を用いることとする．式 (8.58) をさらに変形すると，

$$u_L(R) \to -\frac{i}{2} e^{i\delta_L} 2i \sin(KR - L\pi/2 + \delta_L)$$
$$= e^{i\delta_L} \sin(KR - L\pi/2 + \delta_L), \quad (R \gg R_\mathrm{N}) \qquad (8.59)$$

を得る．これが，部分散乱波が満たすべき，無限遠方における漸近形である．

上で見たように，ポテンシャルが存在しない場合，部分波は式 (8.43) で与えられる．その漸近形は，式 (E.20) より

$$u_L^\mathrm{PW}(R) \to \sin(KR - L\pi/2), \quad (R \gg R_\mathrm{N}) \qquad (8.60)$$

となる．式 (8.59) と式 (8.60) を比較すると，ポテンシャルが存在しない場合 $\delta_L = 0$ であり，実数ポテンシャル V が存在する場合には，V が外向きの波に及ぼした影響が，最終的に部分波の位相の変化 δ_L として現れることがわかる．この意味で，δ_L を**位相差** (phase shift) とよぶ．位相差は，ポテンシャルが散乱波に及ぼす影響を集約した，極めて重要な量である．引力ポテンシャルの下では，散乱波は内側に引き込まれ，位相差は正となる．逆に斥力の場合，位相差は負の値をもつ[15]．

§ 8.6 動径波動関数の決定

式 (8.22) のような 2 階の常微分方程式を数値的に解く方法はいくつもあるが，最も簡便で精度が高い方法として知られているのがヌメロフ法 (Numerov's method) である[16]．詳細は付録 F に譲るが，ヌメロフ法では，R 軸上に離散的な分点を設定し，第 1 分点と第 2 分点上における u_L を基に，全ての分点上における u_L の値を順次算定していく．以下，分点の刻み幅を h とする．式 (8.27) より，u_L は原点近傍で R^{L+1} のように振る舞う．これは，式 (E.21) から見てとれるように，式 (8.43) の u_L^PW がもつ性質そのものである．ここでは，原点付近における球ベッセル関数の L 依存性もあわせて考慮することとし，

---
[14] これは式 (8.50) における $R \to \infty$ という表記と同じ意味である．
[15] ゼロエネルギーにおける位相差を 0 としたとき．
[16] Boris V. Numerov が考案したアルゴリズム．Cowell 法または Fox-Goodwin 法ともよばれる．

$$u_L^{\mathrm{PW}}(R) \to (KR)^{L+1}/(2L+1)!!, \quad (R \sim 0) \tag{8.61}$$

とする．ここで，$n!!$ は式 (6.34) で導入した 2 重階乗である．

以上を踏まえ，座標原点 $(R=0)$ を第 1 分点，$R=h$ の点を第 2 分点として，ヌメロフ法の初期解を

$$u_L(0) = 0, \tag{8.62}$$
$$u_L(h) = c_L h^{L+1}/(2L+1)!! \tag{8.63}$$

と設定する．ただし c_L は未知の複素定数である．数値計算では，この c_L に適当な数値を与え，ヌメロフ法を用いて u_L を求めることになる．ここでは簡単のため，ひとまず $c_L = 1$ として計算した場合を考えよう．得られた結果を u_L^{num} と表すことにする．u_L^{num} は，c_L が正しく定められていないという意味で，部分波の正解 u_L とは区別されている．まず，前節と同様，ポテンシャルは実数であるものとする．いま，$u_L(0)$ と $u_L(h)$ はいずれも実数であるから，このとき u_L^{num} もまた実数の関数として求まる．図 8.4 に，5.44 MeV における中性子-^{59}Co 散乱に対する u_L^{num} の計算結果を示す．実線，破線，点線はそれぞれ $L=0, 2, 4$ の部分波である．左の図からわかるように，遠方ではいずれの部分波も正弦波として振る舞っている．もちろんこれは遠方に限った話であり，右の図で拡大して示されているように，ポテンシャルの作用領域では u_L^{num} は解析的に表せない形をもつ．

当然ながら，シュレディンガー方程式 (8.22) だけでは未知定数の c_L を決定

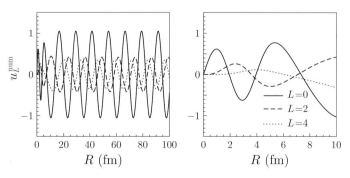

図 8.4 動径方向の微分方程式 (8.22) の数値解．実線，破線，点線はそれぞれ $L=0, 2, 4$ の部分波を表す．右はポテンシャルの作用領域付近を拡大したもの．

することはできない.そこで利用されるのが,部分波の漸近形の情報である.
これは,アイコナール近似で積分定数 C を $z \to -\infty$ における境界条件から決定したことに対応する.具体的には,式 (8.59) を利用して以下のような処理を行う.

1. $R \gg R_\mathrm{N}$ における $u_L^\mathrm{num}(R)$ の振幅 $\mathfrak{B}$ を求め,$u_L^\mathrm{num}(R)$ をその値で割る.
2. $u_L^\mathrm{num}(R)/\mathfrak{B}$ と $\sin(KR - L\pi/2 + \delta_L)$ が一致するような,0 から 2π の間の値をもつ δ_L を定める.
3. $u_L(R) = e^{i\delta_L} u_L^\mathrm{num}(R)/\mathfrak{B}$ を求める.

図 8.5 に,この手続きの様子を示す.左の図が $L=0$ に,右の図が $L=2$ に対応している.それぞれの図において,実線は u_L^num,破線は $u_L^\mathrm{num}(R)/\mathfrak{B}$ であり,点線は自由波 $\sin(KR - L\pi/2)$ を表している.上記の手続きは,自由波を基準(メジャー)として採用し,1. で u_L^num の絶対値を補正した後,2. で u_L^num の性質 (δ_L) を測るというものである.この例では,$\delta_0 = 336°$, $\delta_2 = 298°$ が得られている.他の部分波についても同様に $\mathfrak{B}$ と δ_L が定まる.こうして,微分方程式 (8.22) の数値解 u_L^num から,正しい境界条件をもつ部分波 u_L を決定することができる.なおこの手続きは,$R \gg R_\mathrm{N}$ の点 R_a において,接続条件

$$\frac{1}{\mathfrak{B}} u_L^\mathrm{num}(R_\mathrm{a}) = \sin(KR_\mathrm{a} - L\pi/2 + \delta_L), \qquad (8.64)$$

$$\frac{1}{\mathfrak{B}} \left.\frac{du_L^\mathrm{num}(R)}{dR}\right|_{R_\mathrm{a}} = K\cos(KR_\mathrm{a} - L\pi/2 + \delta_L) \qquad (8.65)$$

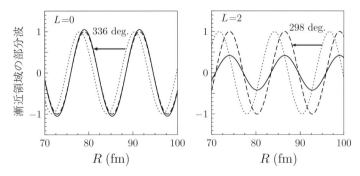

図 8.5 自由波(点線)を利用した数値解 u_L^num(実線)の振幅の補正と位相差の決定の様子.破線は振幅を補正した数値解を表す.左の図が $L=0$,右の図が $L=2$ に対応.

§8.6 動径波動関数の決定

を満たすように2つの実数 $\mathfrak{B}, \delta_L$ を決定するものと解釈することもできる.

ここで1つ注意を与えておく. 上記の手続き 2. では, δ_L の定義域は $0 \leq \delta_L < 2\pi$ とされている. しかし δ_L は式 (8.56) における因子 $e^{2i\delta_L}$ を通じて導入されていることを考えると, その定義域は $0 \leq \delta_L < \pi$ でなければならない. これは一見, 矛盾であるが, 実はそうではない. 実際, 式 (8.59) において $\delta_L \to \delta_L + \pi$ とすると,

$$e^{i(\delta_L+\pi)} \sin(KR - L\pi/2 + \delta_L + \pi) = e^{i\delta_L} \sin(KR - L\pi/2 + \delta_L) \tag{8.66}$$

となる. よって, 部分波を記述する際の δ_L の定義域は確かに $0 \leq \delta_L < \pi$ であることがわかる. すなわち, 部分波全体に掛かる位相因子 $e^{i\delta_L}$ を含めることではじめて, δ_L の正しい定義域を理解することができるのである. 上記の 2. では, この位相因子を除外して位相の決定を行っているため, 上述の"矛盾"が生じたことになる. そこで, $\pi \leq \delta_L < 2\pi$ の範囲にある δ_L が得られた場合には, 最終的に (上記の 3. を行った後に)

$$\delta_L \to \delta_L - \pi \tag{8.67}$$

と読み替える必要がある.

式 (8.64), (8.65) を用いる場合, 位相差は辺々の比を取った式

$$\cot(KR_a - \pi L/2 + \delta_L) = (du_L^{\text{num}}/dR)|_{R_a} / u_L^{\text{num}}(R_a)$$

から決定される. この式の左辺は周期 π の関数であるから, この場合には, δ_L の定義域が $0 \leq \delta_L < \pi$ であることが反映された結果が自然に得られることになる. これは, 波動関数全体に掛かる符号の不定性が, 方程式の比を取ることで取り除かれているためである.

ここまで, $R \gg R_N$ における漸近形を利用して部分波の正解を得る方法を学んだ. この方法は, 数値的に得られる解と正しい部分波の関係を理解する上で有用であるが, R が極めて大きい領域まで計算を行う必要があるため, 実用的ではない. また, ポテンシャルが実数に制限されるという点も問題である. これらの問題は, 核力ポテンシャルが無視できる領域 $R > R_N$ における波動関数の漸近形, すなわち式 (8.56) を用いることで解消される. このときの接続条件は

$$c_L u_L^{\text{num}}(R_c) = \frac{i}{2}\left[\bar{h}_L^{(-)}(KR_c) - e^{2i\delta_L}\bar{h}_L^{(+)}(KR_c)\right], \qquad (8.68)$$

$$c_L u_L^{\text{num}\prime}(R_c) = \frac{i}{2}\left[\bar{h}_L^{(-)\prime}(KR_c) - e^{2i\delta_L}\bar{h}_L^{(+)\prime}(KR_c)\right] \qquad (8.69)$$

で与えられる．ただし

$$\bar{h}_L^{(\pm)}(KR) \equiv KR h_L^{(\pm)}(KR) \qquad (8.70)$$

である．また，R_c は接続点の動径の値であり，

$$u_L^{\text{num}\prime}(R_c) \equiv \left.\frac{du_L^{\text{num}}(R)}{dR}\right|_{R_c}, \quad \bar{h}_L^{(\pm)\prime}(KR_c) \equiv \left.\frac{d\bar{h}_L^{(\pm)}(KR)}{dR}\right|_{R_c} \qquad (8.71)$$

である．式 (8.68) と式 (8.69) の比を取って整理すると，

$$e^{2i\delta_L} = \frac{u_L^{\text{num}}(R_c)\bar{h}_L^{(-)\prime}(KR_c) - u_L^{\text{num}\prime}(R_c)\bar{h}_L^{(-)}(KR_c)}{u_L^{\text{num}}(R_c)\bar{h}_L^{(+)\prime}(KR_c) - u_L^{\text{num}\prime}(R_c)\bar{h}_L^{(+)}(KR_c)} \equiv S_L, \quad (8.72)$$

$$\delta_L = \frac{1}{2i}\ln S_L \qquad (8.73)$$

が得られる．上の式で定義される S_L を，**散乱行列**（scattering matrix: S 行列）とよぶ．S 行列は，位相差と同様，散乱理論の中核をなす量であるといっても過言ではない．

当然ながら，式 (8.68)，(8.69) を用いて求めた部分波は，$R \gg R_N$ の境界条件を用いた結果と完全に一致する．さらにこの方法は，複素ポテンシャルがはたらく場合にもそのまま適用できるという利点がある．その場合，δ_L は複素数となり，S_L の絶対値は 1 よりも小さくなる．これは，内向きの波の一部がポテンシャルによって吸収され，外向きの波の流束が減少することを表している．計算の簡便さと汎用性から，実際の反応計算では，式 (8.68)，(8.69) を用いて部分波の決定がなされている．

§ 8.7 散乱波の漸近形を用いた断面積の計算

平面波の部分波展開は，式 (8.42) で与えられる．これに，式 (8.43) で示されている u_L と u_L^{PW} の対応を適用すれば，ポテンシャルの影響が取り入れら

§8.7 散乱波の漸近形を用いた断面積の計算

れた散乱波 χ の部分波展開の式

$$\chi_{\boldsymbol{K}}(\boldsymbol{R}) = \frac{1}{(2\pi)^{3/2}} \sum_L i^L (2L+1) \frac{u_L(K,R)}{KR} P_L(\cos\theta_R) \qquad (8.74)$$

が得られる．ただしここで，χ の添え字 $\boldsymbol{K}$ と u_L の引数 K を新たに付与した．これは，散乱波と部分波がそれぞれ $\boldsymbol{K}$ と K に依存することを明示するためである．第3章以降，我々は一貫して遷移行列を用いた断面積の計算を行ってきた．しかしこれは，断面積を求める唯一の方法ではない．第3章で述べたとおり，断面積を求めるために必要なことは，着目する反応が単位時間あたりに起きる確率を求めることである．我々はいま，散乱方程式 (8.1) の正解，すなわち式 (8.74) を手にしている．散乱波が正しく得られていれば，その漸近領域における流束を用いて，上記の確率を計算できるはずである．

散乱波の漸近形を求める準備として，部分波のそれを求めておく．u_L は $R > R_\mathrm{N}$ において，

$$\begin{aligned}
u_L(R) &\to \frac{i}{2}\left[KRh_L^{(-)}(KR) - e^{2i\delta_L}KRh_L^{(+)}(KR)\right] \\
&= \frac{i}{2}KR\left([-n_L(KR) - ij_L(KR)] - S_L h_L^{(+)}(KR)\right) \\
&= \frac{i}{2}KR\left[h_L^{(+)}(KR) - 2ij_L(KR) - S_L h_L^{(+)}(KR)\right] \\
&= KR\left[j_L(KR) + \frac{1}{2i}(S_L - 1)h_L^{(+)}(KR)\right], \quad (R > R_\mathrm{N})
\end{aligned}$$
(8.75)

と書くことができる．ただしここで式 (E.19) を用いた．これを式 (8.74) に代入すると，

$$\begin{aligned}
\chi_{\boldsymbol{K}}(\boldsymbol{R}) &\to \frac{1}{(2\pi)^{3/2}} \sum_L i^L (2L+1) j_L(KR) P_L(\cos\theta_R) \\
&+ \frac{1}{(2\pi)^{3/2}} \sum_L i^L (2L+1) \frac{1}{2i}(S_L - 1) h_L^{(+)}(KR) P_L(\cos\theta_R),\\
&\hspace{8cm} (R > R_\mathrm{N}).
\end{aligned}$$
(8.76)

式 (8.42) より，式 (8.76) の右辺第 1 項は，入射平面波に他ならない．したがって，

$$\chi_{\boldsymbol{K}}(\boldsymbol{R}) \to \frac{1}{(2\pi)^{3/2}} e^{i\boldsymbol{K}\cdot\boldsymbol{R}} + \chi_{\text{sc}\boldsymbol{K}}(\boldsymbol{R}), \quad (R > R_{\text{N}}), \tag{8.77}$$

$$\chi_{\text{sc}\boldsymbol{K}}(\boldsymbol{R}) \equiv \frac{1}{(2\pi)^{3/2}} \frac{1}{2i} \sum_L i^L (2L+1)(S_L - 1) h_L^{(+)}(KR) P_L(\cos\theta_R) \tag{8.78}$$

と表すことができる．ここで，$\chi_{\text{sc}\boldsymbol{K}}$ の無限遠方 $(R \gg R_{\text{N}})$ における漸近形を考えると，式 (E.20) より

$$\chi_{\text{sc}\boldsymbol{K}}(\boldsymbol{R}) \to \frac{1}{(2\pi)^{3/2}} \frac{1}{2i} \sum_L i^L (2L+1)(S_L - 1) \frac{e^{i(KR-L\pi/2)}}{KR} P_L(\cos\theta_R)$$

$$\equiv \chi_{\text{sc}\boldsymbol{K}}^{\text{asym}}(\boldsymbol{R}), \quad (R \gg R_{\text{N}}) \tag{8.79}$$

となる．

$$\exp(-iL\pi/2) = [\exp(-i\pi/2)]^L = (-i)^L \tag{8.80}$$

に注意すると，

$$\chi_{\text{sc}\boldsymbol{K}}^{\text{asym}}(\boldsymbol{R}) = \frac{1}{(2\pi)^{3/2}} f(\theta_R) \frac{e^{iKR}}{R}, \tag{8.81}$$

$$f(\theta_R) \equiv \frac{1}{2iK} \sum_L (2L+1)(S_L - 1) P_L(\cos\theta_R) \tag{8.82}$$

が得られる．式 (8.82) で定義される f を，**散乱振幅** (scattering amplitude) とよぶ．以上より，散乱波は無限遠方で

$$\chi_{\boldsymbol{K}}(\boldsymbol{R}) \to \frac{1}{(2\pi)^{3/2}} e^{i\boldsymbol{K}\cdot\boldsymbol{R}} + \frac{1}{(2\pi)^{3/2}} f(\theta_R) \frac{e^{iKR}}{R}$$

$$\equiv \chi_{\boldsymbol{K}}^{\text{asym}}(\boldsymbol{R}), \quad (R \gg R_{\text{N}}) \tag{8.83}$$

の形を取る．これが，ポテンシャルの影響が全て取り込まれた，正確な波動関数の漸近形である．

§8.7 散乱波の漸近形を用いた断面積の計算

ここで，第1章と第3章で学習した，微分断面積の定義に立ち返ってみよう．弾性散乱の微分断面積とは，入射粒子と同じエネルギーをもった粒子が，ある微小立体角 $d\Omega$ に単位時間あたりに放出される確率を，入射流束で割ったものであった．このとき，入射粒子が反応領域を素通りするイベントは記録（考察）の対象から除外することに注意すると，断面積として計上すべきは，式 (8.83) の第2項すなわち $\chi_{\mathrm{sc}\boldsymbol{K}}^{\mathrm{asym}}$ からの寄与のみであることがわかる[17]．$\chi_{\mathrm{sc}\boldsymbol{K}}^{\mathrm{asym}}$ の流束を計算するにあたって，これに $\boldsymbol{\nabla}_{\boldsymbol{R}}$ の球座標表示

$$\boldsymbol{\nabla}_{\boldsymbol{R}} = \boldsymbol{e}_R \frac{\partial}{\partial R} + \boldsymbol{e}_{\theta_R} \frac{1}{R} \frac{\partial}{\partial \theta_R} + \boldsymbol{e}_{\phi_R} \frac{1}{R\sin\theta_R} \frac{\partial}{\partial \phi_R} \tag{8.84}$$

を作用させると（$\boldsymbol{e}_R, \boldsymbol{e}_{\theta_R}, \boldsymbol{e}_{\phi_R}$ は各方向の単位ベクトル），

$$\begin{aligned}\boldsymbol{\nabla}_{\boldsymbol{R}} \chi_{\mathrm{sc}\boldsymbol{K}}^{\mathrm{asym}}(\boldsymbol{R}) &= \frac{1}{(2\pi)^{3/2}} \boldsymbol{e}_R f(\theta_R) \frac{\partial}{\partial R}\left(\frac{e^{iKR}}{R}\right) \\ &\quad + \frac{1}{(2\pi)^{3/2}} \boldsymbol{e}_{\theta_R} \frac{1}{R} \frac{e^{iKR}}{R} \frac{\partial}{\partial \theta_R} f(\theta_R) \\ &\approx \frac{1}{(2\pi)^{3/2}} \boldsymbol{e}_R f(\theta_R) iK \frac{e^{iKR}}{R} \end{aligned} \tag{8.85}$$

が得られる．ただしここで，$1/R^2$ のオーダーの項を落とした．式 (8.85) より，$\chi_{\mathrm{sc}\boldsymbol{K}}^{\mathrm{asym}}$ の流束は動径方向外向きであり，その大きさは

$$j_{\mathrm{scat}} = \mathrm{Re}\, \frac{\hbar}{\mu i} \frac{|f(\theta_R)|^2}{(2\pi)^3} \frac{e^{-iKR}}{R} iK \frac{e^{iKR}}{R} = \frac{\hbar K}{\mu} \frac{|f(\theta_R)|^2}{(2\pi)^3} \frac{1}{R^2} \tag{8.86}$$

で与えられる．したがって，標的核から巨視的な距離だけ離れた点 $\boldsymbol{R} = (R, \theta_R, \phi_R)$ で粒子の放出を観測した場合，微小立体角 $d\Omega$ に粒子が放出される単位時間あたりの確率は

$$dN \equiv j_{\mathrm{scat}} R^2 d\Omega_{\boldsymbol{R}} = \frac{\hbar K}{\mu} \frac{|f(\theta_R)|^2}{(2\pi)^3} \frac{1}{R^2} R^2 d\Omega_{\boldsymbol{R}} = \frac{\hbar K}{\mu} \frac{|f(\theta_R)|^2}{(2\pi)^3} d\Omega_{\boldsymbol{R}} \tag{8.87}$$

となる[18]．いま，入射平面波の流束の大きさは

---
[17] この考え方に強い違和感を覚える場合には，付録Aを参照すること．
[18] 式 (8.85) で落とした $1/R^2$ の項が関係する流束は，R が巨視的な大きさをもつ場合，dN に寄与しない．

$$j_{\text{inc}} = \frac{1}{(2\pi)^3}\frac{\hbar K}{\mu} \tag{8.88}$$

であるから，

$$d\sigma \equiv \frac{dN}{j_{\text{inc}}} = |f(\theta_R)|^2 d\Omega_{\boldsymbol{R}}. \tag{8.89}$$

よって微分断面積は

$$\frac{d\sigma}{d\Omega} = |f(\theta)|^2 \tag{8.90}$$

で与えられる[19]．すなわち，式 (8.82) で定義される散乱振幅の絶対値二乗を取るだけで，微分断面積が求まることがわかる．我々はすでに S_L の値を得ているため，式 (8.82) によって f を求めることは容易である．これは，動径方向の散乱問題の答えが全て S 行列に集約されていることを示唆している．

図 8.6 に，5.44 MeV の中性子と ^{59}Co の弾性散乱に対する計算結果を示す．計算には $L = 0 \sim 4$ の部分波を取り入れ，ポテンシャル U は文献 [12] の中心力とした．実線で示された純量子力学的計算の結果は，実験データ [36] を非常

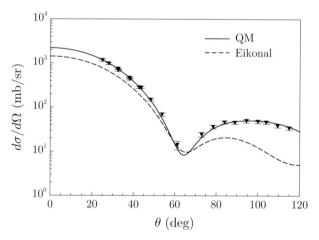

図 8.6 5.44 MeV における中性子-^{59}Co の弾性散乱角分布．実線が純量子力学的計算の結果，破線がアイコナール近似の結果を表している．実験データは文献 [36] より引用．

---

[19] 式 (8.90) では，$d\Omega_{\boldsymbol{R}}$ から添字 $\boldsymbol{R}$ を取り除き，単に $d\Omega$ と表記した．この $d\Omega$ は，座標空間内で流束の測定を行う場所の微小立体角 $d\Omega_{\boldsymbol{R}}$ と考えてもよいし，粒子の放出波数 $\boldsymbol{K}'$ の微小立体角 $d\Omega_{\boldsymbol{K}'}$ と解釈してもよい．散乱振幅の引数 θ_R も，同じ理由により θ と表記した．以後，$d\Omega$ と θ に添字を付与するかどうかは，状況に応じて柔軟に判断するものとする．

に良く再現していることがわかる．破線は，アイコナール近似を用いて計算した結果を示している．実験との一致は，実線と比べれば確かに見劣りするものの，角分布の大まかな傾向は十分良く再現できている．入射エネルギーの低さを考えると，このアイコナール近似の"成功"は，驚くべきものであるといえよう．

ここで，断面積計算における部分波の役割を見ておくことにしよう．図8.7の左側の図は，$L_{\max}$ を 0 から 4 まで変化させた結果を示したものである．$L_{\max}=0$ のとき，角分布は定数となる．これは，s 波が方向性をもたないことの当然の帰結である．これに $L>0$ の波が加わることにより，断面積の角度依存性がしだいに発達していき，やがて図8.6の実線で示した，実験データを良く再現する分布に収束することが左の図から見てとれる．その際に重要なのが，異なる L をもつ部分波の間の干渉である．図8.7の右の図には，L を 1 つだけ取り入れた計算の結果を示している（$L=0$ のみを取り入れた結果は，左の図の二点鎖線と同じである）．ルジャンドルの多項式の性質より，全ての L について角分布は 90°対称となる．右図中の線をどのように重ね合わせても，実験データを再現する分布は決して得られないことがただちに理解できるであろう．すなわち，部分波間の干渉を取り入れることは，正しい角分布を得る上で必要不可欠であることがわかる．部分波展開は L ごとに問題を切り分ける手段であるが，物理量を計算する際には，切り分けられた結果を寄せ集めて（重ね合わせて），

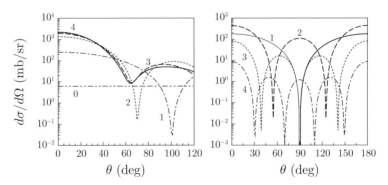

図 8.7 5.44 MeV における中性子-^{59}Co の弾性散乱角分布．左の図は取り入れる L の上限 $L_{\max}$ を変化させた結果．右の図は L の値を L_{fix} に固定した結果．線に添えられている数字は，$L_{\max}$（左図）および L_{fix}（右図）を表す．

散乱波全体を構築しなければならない．なおアイコナール近似においては，"部分波"間の干渉は衝突径数 b に関する干渉という形で取り入れられている．このことは，式 (5.61) から読みとることができる．

§ 8.8　全反応断面積と一般化された光学定理

第 6 章で導入した全反応断面積 σ_R もまた，散乱波の正解を用いて計算することができる．第 6 章では円筒形の反応領域を設定し，この領域の表面で波動関数の流束の収支を計算した．今回も同様の考え方を用いるが，反応領域は巨視的な半径 R をもつ球面に取る．部分波 u_L の漸近形は

$$u_L(R) \to \frac{i}{2}\left[KRh_L^{(-)}(KR) - S_L KRh_L^{(+)}(KR)\right], \quad (R > R_N) \quad (8.91)$$

で与えられる．これは，式 (8.75) の右辺 1 行目で，$e^{2i\delta_L}$ を S_L と表記したものである．これを部分波展開の式 (8.74) に代入すると，

$$\begin{aligned}\chi_{\boldsymbol{K}}(\boldsymbol{R}) \to &\frac{1}{(2\pi)^{3/2}}\sum_L i^L(2L+1)\frac{i}{2}h_L^{(-)}(KR)P_L(\cos\theta_R)\\ &-\frac{1}{(2\pi)^{3/2}}\sum_L i^L(2L+1)\frac{i}{2}S_L h_L^{(+)}(KR)P_L(\cos\theta_R), \quad (R > R_N).\end{aligned}$$
(8.92)

ここでさらに $R \gg R_N$ とすると，式 (E.20) より

$$\begin{aligned}\chi_{\boldsymbol{K}}^{\mathrm{asym}}(\boldsymbol{R}) = &\frac{1}{(2\pi)^{3/2}}\sum_L \frac{(2L+1)}{2KR}i^{L+1}\left[e^{-i(KR-L\pi/2)} - S_L e^{i(KR-L\pi/2)}\right]\\ &\times P_L(\cos\theta_R)\end{aligned}$$
(8.93)

を得る．

散乱波 $\chi_{\boldsymbol{K}}^{\mathrm{asym}}$ の流束を計算する準備として，式 (8.93) の右辺に式 (8.84) の $\boldsymbol{\nabla}_{\boldsymbol{R}}$ を作用させ，式 (8.85) を評価したときと同様に $1/R^2$ のオーダーを落とすと，

$$\boldsymbol{\nabla}_{\boldsymbol{R}}\chi_{\boldsymbol{K}}^{\mathrm{asym}}(\boldsymbol{R}) \approx \boldsymbol{e}_R \frac{-i}{(2\pi)^{3/2}}\sum_L \frac{(2L+1)}{2R}i^{L+1}P_L(\cos\theta_R)$$

§8.8 全反応断面積と一般化された光学定理

$$\times \left[e^{-i(KR-L\pi/2)} + S_L e^{i(KR-L\pi/2)} \right] \quad (8.94)$$

となる．したがって，巨視的な半径 R をもつ球（= 反応領域）の表面における $\chi_{\boldsymbol{K}}^{\text{asym}}$ の流束は

$$\begin{aligned}
\boldsymbol{j}_{\text{tot}} &= \text{Re}\,\frac{\hbar}{\mu i} \chi_{\boldsymbol{K}}^{\text{asym}*}(\boldsymbol{R}) \left[\boldsymbol{\nabla}_{\boldsymbol{R}} \chi_{\boldsymbol{K}}^{\text{asym}}(\boldsymbol{R}) \right] \\
&\approx \boldsymbol{e}_R \frac{-1}{(2\pi)^3} \frac{\hbar}{\mu} \text{Re} \sum_{L'L} \frac{(2L'+1)}{2KR} i^{-L'-1} \frac{(2L+1)}{2R} i^{L+1} \\
&\qquad \times \left[e^{i(KR-L'\pi/2)} - S_{L'}^* e^{-i(KR-L'\pi/2)} \right] \\
&\qquad \times \left[e^{-i(KR-L\pi/2)} + S_L e^{i(KR-L\pi/2)} \right] \\
&\qquad \times P_{L'}(\cos\theta_R) P_L(\cos\theta_R) \quad (8.95)
\end{aligned}$$

で与えられる．この流束の球面全体にわたる表面積分を取ると，

$$\begin{aligned}
I_{\text{tot}} &\equiv \int (\boldsymbol{j}_{\text{tot}} \cdot \boldsymbol{e}_R) R^2 d\Omega \\
&= \frac{-1}{(2\pi)^3} \frac{\hbar}{\mu} 2\pi \,\text{Re} \sum_L \frac{(2L+1)}{2K} \left[e^{i(KR-L\pi/2)} - S_L^* e^{-i(KR-L\pi/2)} \right] \\
&\qquad \times \left[e^{-i(KR-L\pi/2)} + S_L e^{i(KR-L\pi/2)} \right] \\
&= -\frac{1}{(2\pi)^3} \frac{\hbar K}{\mu} \frac{\pi}{K^2} \sum_L (2L+1)\left(1 - |S_L|^2\right) \quad (8.96)
\end{aligned}$$

が得られる[20]．ただしここで式 (E.7) を用いた．

吸収が存在する場合，$|S_L| < 1$ であるから，$I_{\text{tot}} < 0$ となる．したがって，$|I_{\text{tot}}|$ は反応領域の内側で単位時間あたりに消失する確率密度を表している．これを入射流束の大きさで割ったものが全反応断面積である：

$$\sigma_{\text{R}} = \frac{|I_{\text{tot}}|}{j_{\text{inc}}} = \frac{\pi}{K^2} \sum_L (2L+1)\left(1 - |S_L|^2\right). \quad (8.97)$$

一方，全弾性散乱断面積は

---
[20] 式 (8.94) で落とした項は，I_{tot} には寄与しない．

$$\sigma_{\text{elas}} = \int |f(\theta)|^2 \, d\Omega$$

$$= 2\pi \int_{-1}^{1} \left| \frac{1}{2iK} \sum_L (2L+1)(S_L - 1) P_L(\cos\theta) \right|^2 d(\cos\theta)$$

$$= 2\pi \frac{1}{4K^2} \sum_L 2(2L+1)(S_L^* - 1)(S_L - 1)$$

$$= \frac{\pi}{K^2} \sum_L (2L+1)|S_L - 1|^2 \qquad (8.98)$$

と求まる．全断面積は，式 (8.97) と式 (8.98) の和を取ることにより

$$\sigma_{\text{tot}} = \sigma_{\text{elas}} + \sigma_{\text{R}} = \frac{\pi}{K^2} \sum_L (2L+1) \left(|S_L - 1|^2 + 1 - |S_L|^2 \right)$$

$$= \frac{\pi}{K^2} \sum_L (2L+1) \, 2(1 - \operatorname{Re} S_L). \qquad (8.99)$$

ここで

$$f(0) = \frac{1}{2iK} \sum_L (2L+1)(S_L - 1) \qquad (8.100)$$

に着目して

$$\operatorname{Im} f(0) = \frac{1}{2i}[f(0) - f^*(0)]$$

$$= \frac{1}{2i}\left[\frac{1}{2iK} \sum_L (2L+1)(S_L - 1) - \frac{1}{-2iK} \sum_L (2L+1)(S_L^* - 1) \right]$$

$$= \frac{1}{4K} \sum_L (2L+1) \, 2(1 - \operatorname{Re} S_L) \qquad (8.101)$$

をつくると，式 (8.99) との比較から

$$\operatorname{Im} f(0) = \frac{K}{4\pi}\sigma_{\text{tot}} = \frac{K}{4\pi}(\sigma_{\text{elas}} + \sigma_{\text{R}}) \qquad (8.102)$$

であることがわかる．この式は**一般化された光学定理**とよばれ，物理的には（吸収が存在する場合の）流束の保存を意味している．詳細については付録 A を参照のこと．

§ 8.9 遷移行列を用いた微分断面積の計算

8.7 節では，散乱波の正解が得られたことを活用して弾性散乱角分布の計算を行った．しかしもちろん，従来どおりに遷移行列を用いても同じ結果が得られるはずである．放出波数を $\bm{K}'$ とすれば，遷移行列は

$$T = \left\langle \frac{1}{(2\pi)^{3/2}} e^{i\bm{K}'\cdot\bm{R}} \middle| U(R) \middle| \chi_{\bm{K}}(\bm{R}) \right\rangle \tag{8.103}$$

で与えられる．これを計算するために，放出平面波の部分波展開を考えよう．まず，式 (E.8) を用いて，入射平面波の展開式 (8.42) を

$$\begin{aligned}
\phi_{\bm{K}}(\bm{R}) &= \frac{1}{(2\pi)^{3/2}} \sum_L i^L (2L+1) j_L(KR) P_L(\cos\theta_R) \\
&= \frac{1}{(2\pi)^{3/2}} \sum_L i^L (2L+1) j_L(KR) \sum_M \frac{4\pi}{2L+1} Y_{LM}^*(\Omega_{\bm{K}}) Y_{LM}(\Omega_{\bm{R}}) \\
&= \frac{4\pi}{(2\pi)^{3/2}} \sum_{LM} i^L j_L(KR) Y_{LM}^*(\Omega_{\bm{K}}) Y_{LM}(\Omega_{\bm{R}}) \tag{8.104}
\end{aligned}$$

と書き換えておく．弾性散乱において，入射平面波と放出平面波の違いは波数ベクトルの方向のみであるから，ただちに

$$\phi_{\bm{K}'}(\bm{R}) = \frac{1}{(2\pi)^{3/2}} e^{i\bm{K}'\cdot\bm{R}} = \frac{4\pi}{(2\pi)^{3/2}} \sum_{LM} i^L j_L(KR) Y_{LM}^*(\Omega_{\bm{K}'}) Y_{LM}(\Omega_{\bm{R}}) \tag{8.105}$$

が得られる．同様に，散乱波も球面調和関数を用いて

$$\begin{aligned}
\chi_{\bm{K}}(\bm{R}) &= \frac{1}{(2\pi)^{3/2}} \sum_L i^L (2L+1) \frac{u_L(K,R)}{KR} \\
&\quad \times \sum_M \frac{4\pi}{2L+1} Y_{LM}^*(\Omega_{\bm{K}}) Y_{LM}(\Omega_{\bm{R}}) \\
&= \frac{4\pi}{(2\pi)^{3/2}} \sum_{LM} i^L \frac{u_L(K,R)}{KR} Y_{LM}^*(\Omega_{\bm{K}}) Y_{LM}(\Omega_{\bm{R}}) \tag{8.106}
\end{aligned}$$

と表しておく．式 (8.105)，(8.106) を式 (8.103) に代入すると，

$$
\begin{aligned}
T &= \int \frac{1}{(2\pi)^{3/2}} e^{-i\boldsymbol{K}'\cdot\boldsymbol{R}} U(R) \chi_{\boldsymbol{K}}(\boldsymbol{R}) d\boldsymbol{R} \\
&= \int \frac{4\pi}{(2\pi)^{3/2}} \sum_{L'M'} (-i)^{L'} j_{L'}(KR) Y_{L'M'}(\Omega_{\boldsymbol{K}'}) Y^*_{L'M'}(\Omega_{\boldsymbol{R}}) U(R) \\
&\quad \times \frac{4\pi}{(2\pi)^{3/2}} \sum_{LM} i^L \frac{u_L(K,R)}{KR} Y^*_{LM}(\Omega_{\boldsymbol{K}}) Y_{LM}(\Omega_{\boldsymbol{R}}) R^2 dR d\Omega_{\boldsymbol{R}}.
\end{aligned}
$$
(8.107)

ここで式 (E.5) より

$$
\int Y^*_{L'M'}(\Omega_{\boldsymbol{R}}) Y_{LM}(\Omega_{\boldsymbol{R}}) d\Omega_{\boldsymbol{R}} = \delta_{LL'}\delta_{MM'} \tag{8.108}
$$

であるから,

$$
\begin{aligned}
T &= \int_0^\infty \frac{4\pi}{(2\pi)^{3/2}} \sum_{LM} (-i)^L j_L(KR) Y_{LM}(\Omega_{\boldsymbol{K}'}) \\
&\quad \times U(R) \frac{4\pi}{(2\pi)^{3/2}} i^L \frac{u_L(K,R)}{KR} Y^*_{LM}(\Omega_{\boldsymbol{K}}) R^2 dR \\
&= \frac{2}{\pi} \int_0^\infty \sum_{LM} j_L(KR) Y_{LM}(\Omega_{\boldsymbol{K}'}) U(R) \frac{u_L(K,R)}{KR} Y^*_{LM}(\Omega_{\boldsymbol{K}}) R^2 dR
\end{aligned}
$$
(8.109)

となる.

我々はマディソン規約に従っているため, 式 (E.11) より

$$
Y^*_{LM}(\Omega_{\boldsymbol{K}}) = \sqrt{\frac{2L+1}{4\pi}} \delta_{M0}, \tag{8.110}
$$

であり, また $\boldsymbol{K}'$ の方位角は 0 であるから, 式 (E.10) より

$$
Y_{LM}(\Omega_{\boldsymbol{K}'}) = \sqrt{\frac{2L+1}{4\pi}} P_L(\cos\theta_{K'}) \delta_{M0} \tag{8.111}
$$

である. 式 (8.110), (8.111) を式 (8.109) に代入すると,

$$
T = \frac{2}{\pi} \int_0^\infty \sum_L j_L(KR) \sqrt{\frac{2L+1}{4\pi}} P_L(\cos\theta_{K'}) U(R) \frac{u_L(K,R)}{KR} \sqrt{\frac{2L+1}{4\pi}} R^2 dR
$$

$$= \frac{1}{2\pi^2 K} \sum_L (2L+1) P_L(\cos\theta_{K'}) \int_0^\infty j_L(KR) U(R) u_L(K,R) R dR \tag{8.112}$$

となる．微分断面積は

$$\frac{d\sigma}{d\Omega} = \frac{(2\pi)^4 \mu^2}{\hbar^4} |T|^2 \tag{8.113}$$

で与えられる[21]．この表式を用いて 5.44 MeV の中性子-^{59}Co 弾性散乱角分布を計算した結果は，図 8.6 に示した散乱振幅に基づく結果と完全に一致する．これは，数値的にも直接確認することができる．まったく違う考え方に立った（ように見える）2 つの方法が，微分断面積に対して完全に同じ答えを出すことは大変興味深い．

　数値計算の観点から，両者の違いをもう少し掘り下げてみる．まず，いずれの方法でも，部分波 u_L の計算は必須である（その漸近情報が S_L である）．その上で，断面積の計算に何が必要かを 2 つの方法で見比べてみよう．散乱振幅を用いる場合には，式 (8.82) に従って部分波の寄与を足し上げるだけで答えを得ることができる．他方，遷移行列を得るには，式 (8.112) に示されているとおり，各 L ごとに R に関する積分を実行しなければならない．これはいかにも無駄な手続きであるように見える．実際，アイコナール近似計算を振り返ってみると，遷移行列計算において必要となる z 積分は（前方散乱近似の下で）解析的に実行することができ，その結果はアイコナール S 行列 S^{EK} に集約された．S^{EK} を求める際，ポテンシャルの影響を z について積分していることに留意すると，それ以降の計算で z に関する積分を繰り返す必要がないのは大変望ましく，また自然であると考えられる．しかし式 (8.112) では，u_L を求める際に R についての微分方程式を $R=0$ から R_c まで解いているにも関わらず，その結果が集約された S_L を積分の計算に活用することができていない．これを改善する方法はないのだろうか？ また，そもそも散乱振幅と遷移行列はどのように結びついているのだろうか？ これらの疑問に答えを与えてくれるのが，散乱の形式論である．

---

[21] 式 (8.113) の $d\Omega$ は本来 $d\Omega_{K'}$ であるが，脚注 19 で述べた理由により，単に $d\Omega$ と表記した．

§ 8.10 遷移行列と散乱振幅の関係

　本書では基本的に，散乱の形式論を用いることなく，量子力学的散乱現象と，それを理論的に記述する手法の解説を行ってきた．しかし，前節の終わりで述べたような，理論の構造に関する疑問に答えるには，散乱の形式論が必須である．そこで本節では例外的に，遷移行列と散乱振幅を関連づける目的に特化して，散乱の形式論を簡単に紹介することにしよう．

　我々が解くべき式はシュレディンガー方程式 (8.1) である．ここではこれを

$$[E - T_{\boldsymbol{R}}]\chi_{\boldsymbol{K}}(\boldsymbol{R}) = U(R)\chi_{\boldsymbol{K}}(\boldsymbol{R}) \tag{8.114}$$

と表しておく．この方程式の一般解は，斉次方程式

$$[E - T_{\boldsymbol{R}}]\phi_{\mathrm{h}}(\boldsymbol{R}) = 0 \tag{8.115}$$

の一般解と，非斉次方程式 (8.114) の特解 $\chi_{\boldsymbol{K}}^{\mathrm{s}}$ の和で与えられる．特解を得るための準備として，

$$[E - T_{\boldsymbol{R}}]G(\boldsymbol{R}) = \delta(\boldsymbol{R}) \tag{8.116}$$

を満たす**グリーン関数**を導入する．グリーン関数が求まれば，式 (8.114) の特解は

$$\chi_{\boldsymbol{K}}^{\mathrm{s}}(\boldsymbol{R}) = \int G(\boldsymbol{R} - \boldsymbol{R}')U(R')\chi_{\boldsymbol{K}}(\boldsymbol{R}')d\boldsymbol{R}' \tag{8.117}$$

で与えられる．これは，式 (8.117) を式 (8.114) の左辺に代入して式 (8.116) を用いることで容易に確かめられる．グリーン関数 G の求め方は，数多くの教科書で詳細に解説されているので，ここでは答えのみを記しておく：

$$G^{(\pm)}(\boldsymbol{R}) = -\frac{1}{4\pi}\frac{2\mu}{\hbar^2}\frac{e^{\pm iKR}}{R}. \tag{8.118}$$

ここで $\pm$ は，特異点の避け方に由来する 2 種類の解を区別するものである．

　我々が求めたいのは，式 (8.83) で表される境界条件を満たす解である．それは，式 (8.115) の解として入射平面波を取り，これと，式 (8.118) で符号を $+$ に取った $G^{(+)}$ を式 (8.117) に代入したものの和，すなわち

§8.10 遷移行列と散乱振幅の関係

$$\chi_{\boldsymbol{K}}^{(+)}(\boldsymbol{R}) = \frac{1}{(2\pi)^{3/2}} e^{i\boldsymbol{K}\cdot\boldsymbol{R}} - \frac{\mu}{2\pi\hbar^2} \int \frac{e^{iK|\boldsymbol{R}-\boldsymbol{R}'|}}{|\boldsymbol{R}-\boldsymbol{R}'|} U(\boldsymbol{R}') \chi_{\boldsymbol{K}}^{(+)}(\boldsymbol{R}') d\boldsymbol{R}' \tag{8.119}$$

によって与えられる．ここで，グリーン関数の $(+)$ を選んだことを明示する記号を散乱波の肩に付与した．以下，座標原点から巨視的な距離にある点 $\boldsymbol{R}$ で測定を行うことを想定し，この点における散乱波の漸近形を求めよう．

$\boldsymbol{R}'$ は相互作用 U のレンジ R_{N} 以下に留まることに注意すると，$R \gg R_{\mathrm{N}}$ において $|\boldsymbol{R}-\boldsymbol{R}'| \to R - \boldsymbol{e}_R \cdot \boldsymbol{R}' + O(R'/R)$ であるから，

$$\frac{1}{|\boldsymbol{R}-\boldsymbol{R}'|} \to \frac{1}{R}\left(1 + \boldsymbol{e}_R \cdot \frac{\boldsymbol{R}'}{R}\right) \to \frac{1}{R}, \tag{8.120}$$

$$K|\boldsymbol{R}-\boldsymbol{R}'| \to KR - K\boldsymbol{e}_R \cdot \boldsymbol{R}' \tag{8.121}$$

となる（図 8.8 参照）．ここで，位置 $\boldsymbol{R}$ で測定した粒子の波数が $\boldsymbol{K}'$ であること，すなわち

$$K\boldsymbol{e}_R = \boldsymbol{K}' \tag{8.122}$$

に留意すれば，グリーン関数の漸近形として

$$G^{(+)}(\boldsymbol{R}-\boldsymbol{R}') \to -\frac{\mu}{2\pi\hbar^2} e^{-i\boldsymbol{K}'\cdot\boldsymbol{R}'} \frac{e^{iKR}}{R} \tag{8.123}$$

が得られる．なお，本節では漸近領域は全て $R \gg R_{\mathrm{N}}$ を意味するものとし，式中ではこの表記を落とすことにする．式 (8.123) を式 (8.119) に代入すると，

$$\chi_{\boldsymbol{K}}^{(+)}(\boldsymbol{R}) \to \frac{1}{(2\pi)^{3/2}} e^{i\boldsymbol{K}\cdot\boldsymbol{R}} - \frac{\mu}{2\pi\hbar^2} \frac{e^{iKR}}{R} \int e^{-i\boldsymbol{K}'\cdot\boldsymbol{R}'} U(\boldsymbol{R}') \chi_{\boldsymbol{K}}^{(+)}(\boldsymbol{R}') d\boldsymbol{R}'. \tag{8.124}$$

式 (8.103) より，この式の右辺第 2 項の積分は，遷移行列 T を用いて

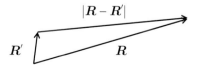

図 8.8　グリーン関数の漸近形を求める際のベクトル図．

$$\int e^{-i\boldsymbol{K}'\cdot\boldsymbol{R}'} U(R') \chi(\boldsymbol{R}') d\boldsymbol{R}' = (2\pi)^{3/2} T \tag{8.125}$$

と表すことができるから，

$$\chi_{\boldsymbol{K}}^{(+)}(\boldsymbol{R}) \to \frac{1}{(2\pi)^{3/2}} e^{i\boldsymbol{K}\cdot\boldsymbol{R}} - \frac{(2\pi)^{1/2} \mu}{\hbar^2} T \frac{e^{iKR}}{R} \tag{8.126}$$

となる．これを式 (8.83) と比較することで，

$$\frac{1}{(2\pi)^{3/2}} f(\theta) = -\frac{(2\pi)^{1/2} \mu}{\hbar^2} T \tag{8.127}$$

すなわち

$$f(\theta) = -\frac{(2\pi)^2 \mu}{\hbar^2} T \tag{8.128}$$

を得る．これが散乱振幅と遷移行列の関係式である．

式 (8.128) に式 (8.82), (8.112) を代入し，部分波ごとに両辺を比較すると[22]，

$$\frac{1}{2iK}(S_L - 1) = -\frac{(2\pi)^2 \mu}{\hbar^2} \frac{1}{2\pi^2 K} \int_0^\infty j_L(KR) U(R) u_L(K, R) R dR. \tag{8.129}$$

これを整理すると

$$S_L = 1 - \frac{4\mu i}{\hbar^2} \int_0^\infty j_L(KR) U(R) u_L(K, R) R dR \tag{8.130}$$

が得られる．この結果を利用すれば，式 (8.112) の R 積分を実行する必要はなく，

$$T = -\frac{\hbar^2}{(2\pi)^2 \mu} \frac{1}{2iK} \sum_L (2L+1)(S_L - 1) P_L(\cos\theta_{K'}) \tag{8.131}$$

によって遷移行列を計算できることがわかる．

こうして，相互作用領域における波動関数の情報を用いる遷移行列と，波動関数の漸近形によって定義される散乱振幅は，定数因子を除いて完全に同一の

---

[22] 両辺に $P_{L'}(\cos\theta_R)$ を掛けて $\cos\theta_R$ について -1 から 1 まで積分し，L' 成分ごとに比較する．

ものであることが，散乱の形式論によって示された．S 行列と遷移行列の関係式 (8.130) もまた，散乱の形式論の重要な結果である．このように，反応現象を記述する理論全体の構造を理解する上で，散乱の形式論は絶大な威力を発揮する．

ここであらためて注意しておくと，散乱振幅を用いた計算は，散乱波の正解が得られている場合にのみ有効である．平面波近似はいうに及ばず，アイコナール近似を用いても，漸近領域における散乱波の正しい形，すなわち式 (8.83) を表現することは不可能である．したがって，平面波近似やアイコナール近似で得られた散乱波の漸近形を用いて弾性散乱の角分布を計算することにはほとんど意味がない．しかし裏を返せば，適切な漸近形を再現しない場合でも，遷移行列を用いた断面積計算は近似として有効であるといえる．その理由は，遷移行列に必要なのはあくまで相互作用領域における散乱波だからである．たとえ漸近的な振る舞いが正確ではなくても，近似計算が，相互作用領域における散乱波の適切な振る舞いを表現できていれば，遷移行列を用いて計算した断面積は物理的に意味をもつといえる．これが第 4 章から第 6 章で示した，平面波近似やアイコナール近似の"成功"の理由と捉えることができるだろう．

遷移行列を用いた反応現象の記述は，反応系の正確な波動関数を求めることが困難な場合にも適用できる，極めて強力な方法である．また，終状態の粒子が 3 つ以上の場合には，散乱振幅の一般形を書き下すことは困難であるが，遷移行列を用いた方法は，この場合にもそのまま適用可能である．さらには，反応系のエネルギーが保存しないような仮想的な反応に対しても遷移行列を定義することが可能であり，散乱理論の興味深い研究対象となっている．

第 7 章 7.8 節で強調したように，現象論的な光学ポテンシャルを用いる場合，得られた散乱波が相互作用領域内において信頼できるかどうか（物理的に正しいかどうか）は自明ではない．しかし，その結果が弾性散乱の観測量を再現することは確かである（それが現象論的な光学ポテンシャルの定義である）．すなわち，相互作用領域内の散乱波は，遷移行列を正しく与えるという意味では正確であると考えてよい．各種モデルで得られる波動関数が実用に耐える精度を有していたという意味も，同様に解釈すべきである．ただしこのことは，空間の各点における散乱波の正しさを保証しているわけではないことに注意せよ．遷移行列は，あくまで波動関

数（散乱波および放出平面波）と相互作用の積を積分したものだからである．現象論的なポテンシャルと真の相互作用は一般に異なる．したがって，それらの違いに起因する不定性が散乱波に生じることは避けられない．

§8.11 まとめ

　この章では，中性子の散乱波に対するシュレディンガー方程式を，部分波展開を用いて正確に解く手法を学んだ．部分波は軌道角運動量 L で特徴づけられる波であり，部分波展開により，散乱問題を L ごとに独立した問題に切り分けることができる．しかし部分波は，それ自体が単独に存在する波ではなく，あくまで入射波や散乱波の構成要素として存在する波である．各部分波は，内向きに進行する波と外向きに進行する波の重ね合わせとして解釈することができ，ポテンシャルの影響は，外向き波に掛かる1つの複素定数に集約される．この定数を S 行列とよぶ．ポテンシャルが実数の場合には，部分波の漸近形は位相のずれ（位相差）を含む正弦波となる．このときは，ポテンシャルの影響は実数の位相差に集約される．

　部分波から断面積を求める手法には，これまでどおり遷移行列を用いる方法と，散乱波の漸近形から直接断面積を計上する散乱振幅の方法の2つがあり，両者はまったく同じ微分断面積を与える．また，散乱の形式論を用いることで，遷移行列と散乱振幅が（定数因子を除いて）等価であることが示される．散乱振幅を用いる方法は，散乱波の正解が得られているときのみ有効である．これに対して遷移行列を用いた方法は，前章までで見たように，散乱波を近似的に計算する場合にも有効に機能するという利点を有する．また，散乱振幅を定義することが困難な場合にもそのまま適用可能であることも，遷移行列の方法の重要な特徴である．

第9章 クーロン相互作用の取り扱い

無限のレンジをもつクーロン相互作用を純量子力学計算およびアイコナール近似計算で取り扱う方法について学ぶ.

§9.1 純量子力学的計算におけるクーロン相互作用

本章では，第4章以降，取り扱いを避けてきたクーロン相互作用

$$V^{\mathrm{C}}(R) = \frac{Z_{\mathrm{P}} Z_{\mathrm{A}} e^2}{R} \tag{9.1}$$

が散乱波にもたらす影響について学ぶ．ここで Z_{P} と Z_{A} はそれぞれ，入射粒子と標的核の原子番号である．V^{C} の到達距離は無限大であるため，どこまで遠く離れても，相互作用の影響と無縁な波を想定することができない[1]．そこで通常，V^{C} だけが作用する散乱問題を解析的に解いてしまい，その結果を出発点（＝無摂動解）として，これに対する核力ポテンシャルの影響を調べるという方法がとられる．本書では，クーロン相互作用のみが存在する場合のシュレディンガー方程式

$$\left[\hat{T}_{\boldsymbol{R}} + V^{\mathrm{C}}(R) - E\right] \phi^{\mathrm{C}}(\boldsymbol{R}) = 0 \tag{9.2}$$

の解は既知であるという立場をとることにする．これは，前章で球面調和関数を導入した際の考え方とまったく同じである．本節では，式 (9.2) の解およびその部分波の性質を概説し，次節では，V^{C} が存在する場合のアイコナール近似について述べる．ただし $E > 0$ とする．本節で紹介する内容の詳細については，たとえば，文献 [37–39] などを参照されたい.

---

[1] 第2章で述べたように，現実の散乱実験では標的体は電気的に中性であるから，標的体の外では V^{C} は存在しない．しかしこの遮蔽の効果は，我々が扱う理論の枠の外にある（原子核を取り巻く電子は，理論に含まれていない）ことに注意せよ．第3章では，遮蔽されたクーロン相互作用を1つの便宜として導入したが，その方法は非摂動計算には適用できないことが知られている.

式 (9.2) の解のうち，波数ベクトル $\boldsymbol{K}$ で規定される入射波と外向き散乱波の和という境界条件を満たすものは，

$$\phi_{\boldsymbol{K}}^{\mathrm{C}(+)}(\boldsymbol{R}) = \frac{1}{(2\pi)^{3/2}} e^{-\pi\eta/2} \Gamma(1+i\eta) e^{i\boldsymbol{K}\cdot\boldsymbol{R}} {}_1F_1(-i\eta; 1; i(KR - \boldsymbol{K}\cdot\boldsymbol{R})) \tag{9.3}$$

であることが知られている．ここで Γ はガンマ関数，${}_1F_1$ は合流型超幾何関数である．η は**ゾンマーフェルトパラメータ**

$$\eta \equiv \frac{\mu Z_{\mathrm{P}} Z_{\mathrm{A}} e^2}{\hbar^2 K} = \frac{Z_{\mathrm{P}} Z_{\mathrm{A}} e^2}{\hbar v} \tag{9.4}$$

であり，クーロン相互作用が反応に及ぼす影響を定量化する重要な量である．$\phi_{\boldsymbol{K}}^{\mathrm{C}(+)}$ は入射波成分 $\phi_{\boldsymbol{K}}^{\mathrm{C,inc}(+)}$ と散乱波成分 $\phi_{\boldsymbol{K}}^{\mathrm{C,scat}(+)}$ に分けることができる：

$$\phi_{\boldsymbol{K}}^{\mathrm{C}(+)}(\boldsymbol{R}) = \phi_{\boldsymbol{K}}^{\mathrm{C,inc}(+)}(\boldsymbol{R}) + \phi_{\boldsymbol{K}}^{\mathrm{C,scat}(+)}(\boldsymbol{R}). \tag{9.5}$$

各成分は無限遠方で

$$\phi_{\boldsymbol{K}}^{\mathrm{C,inc}(+)}(\boldsymbol{R}) \to \frac{1}{(2\pi)^{3/2}} e^{i[\boldsymbol{K}\cdot\boldsymbol{R} + \eta\ln(KR - \boldsymbol{K}\cdot\boldsymbol{R})]} \left[1 + \frac{\eta^2}{i(KR - \boldsymbol{K}\cdot\boldsymbol{R})} + ...\right], \tag{9.6}$$

$$\phi_{\boldsymbol{K}}^{\mathrm{C,scat}(+)}(\boldsymbol{R}) \to \frac{1}{(2\pi)^{3/2}} f^{\mathrm{C}}(\theta) \frac{e^{i[KR - \eta\ln(2KR)]}}{R} \tag{9.7}$$

となる．ここで f^{C} はクーロン散乱振幅または**ラザフォード振幅**とよばれる量であり，

$$f^{\mathrm{C}}(\theta) = -\frac{\eta}{2K\sin^2(\theta/2)} e^{-i\eta\ln[\sin^2(\theta/2)] + 2i\sigma_0} \tag{9.8}$$

で与えられる．ただし

$$\sigma_0 = \arg\Gamma(1+i\eta) \tag{9.9}$$

である．第 2 章および第 3 章で求めたラザフォード散乱の角分布は

$$\frac{d\sigma^{\mathrm{C}}}{d\Omega} = |f^{\mathrm{C}}(\theta)|^2 = \frac{\eta^2}{4K^2\sin^4(\theta/2)} = \left(\frac{Z_{\mathrm{P}} Z_{\mathrm{A}} e^2}{4E}\right)^2 \frac{1}{\sin^4(\theta/2)} \tag{9.10}$$

によって得られる．なお，波数ベクトル $\boldsymbol{K}$ で規定される入射波と内向きの散乱波の和という境界条件を満たす解は

$$\phi_{\boldsymbol{K}}^{\mathrm{C}(-)}(\boldsymbol{R}) = \phi_{-\boldsymbol{K}}^{\mathrm{C}(+)*}(\boldsymbol{R}) \tag{9.11}$$

で与えられる．第7章7.9節で見たように，遷移行列のブラにクーロン相互作用を取り込んだ波動関数を用いる場合には，この $\phi_{\boldsymbol{K}}^{\mathrm{C}(-)}$ を用いなければならない．

$\phi_{\boldsymbol{K}}^{\mathrm{C}(+)}$ の部分波（動径波動関数の KR 倍）は

$$\phi_L^{\mathrm{C}}(R) = e^{i\sigma_L} F_L(KR) \tag{9.12}$$

で与えられる．ただし σ_L は**クーロン位相差**

$$\sigma_L = \arg \Gamma(L + 1 + i\eta) \tag{9.13}$$

であり，F_L は原点で正則なクーロン関数である．F_L は外向きクーロン関数 $H_L^{(+)}$ と内向きクーロン関数 $H_L^{(-)}$ を用いて

$$F_L(KR) = \frac{i}{2}\left[H_L^{(-)}(KR) - H_L^{(+)}(KR)\right] \tag{9.14}$$

と表すことができる．$H_L^{(\pm)}$ の無限遠方における漸近形

$$H_L^{(\pm)}(KR) \to e^{\pm i[KR - \eta \ln(2KR) - L\pi/2 + \sigma_L]} \tag{9.15}$$

を用いると，

$$\phi_L^{\mathrm{C}}(R) \to \frac{i}{2} e^{i\sigma_L} \left(e^{-i[KR - \eta \ln(2KR) - L\pi/2 + \sigma_L]} - e^{i[KR - \eta \ln(2KR) - L\pi/2 + \sigma_L]}\right)$$

$$= \frac{i}{2} \left(e^{-i[KR - \eta \ln(2KR) - L\pi/2]} - e^{2i\sigma_L} e^{i[KR - \eta \ln(2KR) - L\pi/2]}\right) \tag{9.16}$$

となる．クーロン相互作用は外向きの波に $e^{2i\sigma_L}$ の影響を与えることが見てとれる．

クーロン相互作用に加えて核力ポテンシャル U が作用する場合には，まず，部分波を

$$u_L(K, R) = e^{i\sigma_L} f_L(K, R) \tag{9.17}$$

と表現する．その上で，U が新たに加わったことに伴う外向き波の変化を S_L と定義し，U の相互作用領域の外で

$$f_L(K,R) \to \frac{i}{2}\left[H_L^{(-)}(KR) - S_L H_L^{(+)}(KR)\right]$$
$$= F_L(KR) + \frac{i}{2}(1-S_L)H_L^{(+)}(KR), \quad (R > R_N) \quad (9.18)$$

という境界条件を課すことにより，f_L を定める．$e^{i\sigma_L}F_L$ が $\phi_{\boldsymbol{K}}^{C(+)}$ の部分波であることに留意すると，ポテンシャル $V^C + U$ の下での散乱波は，U の作用領域の外では

$$\chi_{\boldsymbol{K}}^{(+)}(\boldsymbol{R}) \to \phi_{\boldsymbol{K}}^{C(+)} + \chi_{\mathrm{sc}\boldsymbol{K}}^{(+)}(\boldsymbol{R}), \quad (R > R_N), \quad (9.19)$$

$$\chi_{\mathrm{sc}\boldsymbol{K}}^{(+)}(\boldsymbol{R}) = \frac{1}{(2\pi)^{3/2}}\frac{1}{2iKR}$$
$$\times \sum_L (2L+1)i^L e^{i\sigma_L}(S_L - 1)H_L^{(+)}(KR)P_L(\cos\theta_R)$$
$$(9.20)$$

となる．無限遠方での漸近形を取ると，式 (9.5)，(9.7) より

$$\chi_{\boldsymbol{K}}^{(+)}(\boldsymbol{R}) \to \phi_{\boldsymbol{K}}^{C,\mathrm{inc}(+)}(\boldsymbol{R}) + \frac{1}{(2\pi)^{3/2}}f^C(\theta)\frac{e^{i[KR-\eta\ln(2KR)]}}{R}$$
$$+ \frac{1}{(2\pi)^{3/2}}f(\theta)\frac{e^{i[KR-\eta\ln(2KR)]}}{R}, \quad (R \gg R_N) \,(9.21)$$

を得る．ここで核力による散乱振幅は

$$f(\theta) = \frac{1}{2iK}\sum_L (2L+1)e^{2i\sigma_L}(S_L - 1)P_L(\cos\theta) \quad (9.22)$$

で与えられる．弾性散乱の角分布は

$$\frac{d\sigma}{d\Omega} = \left|f^C(\theta) + f(\theta)\right|^2 \quad (9.23)$$

となる．すなわち，クーロン相互作用による散乱振幅と核力ポテンシャルによるそれの，干渉も含めた和の絶対値二乗が，弾性散乱角分布として観測される．

ここで，式 (9.7) で与えられている $\phi_K^{\mathrm{C,scat}(+)}$ の漸近形の流束について補足しておく．

$$\frac{\partial}{\partial R}\frac{e^{i[KR-\eta\ln(2KR)]}}{R} = \left[i\left(K-\frac{\eta}{R}\right)\frac{1}{R}-\frac{1}{R^2}\right]e^{i[KR-\eta\ln(2KR)]} \quad (9.24)$$

であるから，この流束の動径成分は

$$\begin{aligned} j_R^{\mathrm{C,scat}} &= \frac{1}{(2\pi)^3}\left|f(\theta)\right|^2 \mathrm{Re}\,\frac{\hbar}{\mu i}\frac{1}{R}\left[i\left(K-\frac{\eta}{R}\right)\frac{1}{R}-\frac{1}{R^2}\right] \\ &= \frac{1}{(2\pi)^3}\left|f(\theta)\right|^2 \frac{\hbar}{\mu}\frac{1}{R^2}\left(K-\frac{\eta}{R}\right) \end{aligned} \quad (9.25)$$

となる．（ ）内の 2 項目が，クーロン相互作用による補正項を表している．幸いこの項は，巨視的な大きさをもつ球面上において流束を計算する際には無視しても構わない．したがって，断面積の計算を行うにあたっては，$\phi_K^{\mathrm{C,scat}(+)}$ の漸近形がもつ流束を，外向き球面波のそれと同じとみなしてよい．同様のことは，入射クーロン波に関しても成り立つ．すなわちその流束は，事実上，入射平面波のそれと同じであると考えて差し支えない．

§ 9.2 クーロン場中でのアイコナール近似

クーロン相互作用 V^{C} の下では，漸近領域でも入射波は平面波とならない．そこで，V^{C} を含む系をアイコナール近似で取り扱う場合には，$\phi_K^{\mathrm{C,inc}(+)}$ の主要項

$$\bar{\phi}_K^{\mathrm{C,inc}(+)}(\boldsymbol{R}) \equiv \frac{1}{(2\pi)^{3/2}}e^{i[\boldsymbol{K}\cdot\boldsymbol{R}+\eta\ln(KR-\boldsymbol{K}\cdot\boldsymbol{R})]} \quad (9.26)$$

を平面波の代わりとして用いる表式

$$\chi_K^{(+)}(\boldsymbol{R}) = \psi(b,z)\,\bar{\phi}_K^{\mathrm{C,inc}(+)}(\boldsymbol{R}) \quad (9.27)$$

を採用する．なお以下の議論では，$b=0$ は考察の対象から除外する．アイコナール近似で散乱振幅を求める際には，b に関する積分に重み b が掛かるため，この制限は物理量の計算に影響しない．

式 (9.27) をシュレディンガー方程式

$$\left[\hat{T}_{\boldsymbol{R}} + U(R) + V^{\mathrm{C}}(R) - E\right]\chi_{\boldsymbol{K}}^{(+)}(\boldsymbol{R}) = 0 \tag{9.28}$$

に代入し，

$$\boldsymbol{\nabla}_{\boldsymbol{R}}^{2}\psi(b,z) \approx 0 \tag{9.29}$$

と近似するのがアイコナール近似の骨子である．ただし今回，新たな近似として

$$\boldsymbol{\nabla}_{\boldsymbol{R}}\bar{\phi}_{\boldsymbol{K}}^{\mathrm{C,inc}(+)}(\boldsymbol{R}) \approx iKe_{z}\bar{\phi}_{\boldsymbol{K}}^{\mathrm{C,inc}(+)}(\boldsymbol{R}) \tag{9.30}$$

を想定する．これにより，通常のアイコナール近似と同様に，衝突径数を動的変数から入力パラメータに変えることができる．

$$\left[\hat{T}_{\boldsymbol{R}} + V^{\mathrm{C}}(R) - E\right]\bar{\phi}_{\boldsymbol{K}}^{\mathrm{C,inc}(+)}(\boldsymbol{R}) \approx 0 \tag{9.31}$$

に留意すると[2]，第 5 章とまったく同様にして

$$\chi_{\boldsymbol{K}}^{(+)}(\boldsymbol{R}) = \exp\left[\frac{1}{i\hbar v}\int_{-\infty}^{z}U(b,z')\,dz'\right]\bar{\phi}_{\boldsymbol{K}}^{\mathrm{C,inc}(+)}(\boldsymbol{R}) \tag{9.32}$$

が得られる．式 (9.32) の考え方は，V^{C} の影響が取り入れられた波（の主要項）を出発点とし，核力ポテンシャル U によってもたらされるその波の変化を，アイコナール近似によって評価するというものであり，前節の冒頭で述べた基本方針そのものである．ここでの議論で扱われていないクーロン波の散乱波成分 $\phi_{\boldsymbol{K}}^{\mathrm{C,scat}(+)}$ については，最終的にラザフォード振幅を別途考慮することによって取り入れる（後述）．

遷移行列もまったく同様に計算可能であるが，その際，内向きの境界条件をもつクーロン波の入射波成分が必要となる．式 (9.11) と同様に考えると

$$\begin{aligned}\bar{\phi}_{\boldsymbol{K}'}^{\mathrm{C,inc}(-)}(\boldsymbol{R}) &= \bar{\phi}_{-\boldsymbol{K}'}^{\mathrm{C,inc}(+)*}(\boldsymbol{R}) = \frac{1}{(2\pi)^{3/2}}e^{i\left[\boldsymbol{K}'\cdot\boldsymbol{R} - \eta\ln(KR + \boldsymbol{K}'\cdot\boldsymbol{R})\right]} \\ &= \frac{1}{(2\pi)^{3/2}}e^{i\boldsymbol{K}'\cdot\boldsymbol{R}}e^{-i\eta\ln(KR + \boldsymbol{K}'\cdot\boldsymbol{R})}\end{aligned} \tag{9.33}$$

となる．$|\boldsymbol{K}'| = K$ に注意すること．この結果を用いると，遷移行列は

---

[2] 等式にならないのは，$\bar{\phi}_{\boldsymbol{K}}^{\mathrm{C,inc}(+)}$ がクーロン波動関数の一部を取り出したものだからである．

§9.2 クーロン場中でのアイコナール近似

$$\begin{aligned}
T &= \int \bar{\phi}_{\boldsymbol{K}'}^{\mathrm{C,inc}(-)*}(\boldsymbol{R})U(R) \\
&\quad \times \exp\left[\frac{1}{i\hbar v}\int_{-\infty}^{z} U(b,z')\,dz'\right] \bar{\phi}_{\boldsymbol{K}}^{\mathrm{C,inc}(+)}(\boldsymbol{R})\,d\boldsymbol{R} \\
&= \frac{1}{(2\pi)^3}\int e^{i\boldsymbol{q}\cdot\boldsymbol{R}}e^{i\eta\ln(KR+\boldsymbol{K}'\cdot\boldsymbol{R})}U(R) \\
&\quad \times \exp\left[\frac{1}{i\hbar v}\int_{-\infty}^{z} U(b,z')\,dz'\right] e^{i\eta\ln(KR-\boldsymbol{K}\cdot\boldsymbol{R})}\,d\boldsymbol{R} \quad (9.34)
\end{aligned}$$

と書ける．ここでクーロン波動関数に起因する因子を括り出し，前方散乱近似を用いると，

$$\begin{aligned}
e^{i\eta\ln(KR+\boldsymbol{K}'\cdot\boldsymbol{R})}e^{i\eta\ln(KR-\boldsymbol{K}\cdot\boldsymbol{R})} &\approx e^{i\eta\ln(KR+Kz)}e^{i\eta\ln(KR-Kz)} \\
&= e^{i\eta\ln\left[K^2(R^2-z^2)\right]} = e^{2i\eta\ln(Kb)} \quad (9.35)
\end{aligned}$$

となり，この量は z に依存しなくなる．この因子は，アイコナールクーロン S 行列とよばれる[3]．残りの計算は第5章とまったく同様であり，遷移行列の最終形は

$$T^{\mathrm{EK}} = \frac{i\hbar v}{(2\pi)^2}\int_0^{\infty} e^{2i\eta\ln(Kb)} J_0(Kb\theta)\left[S^{\mathrm{EK}}(b)-1\right]b\,db \quad (9.36)$$

となる．ただし

$$S^{\mathrm{EK}}(b) \equiv \exp\left[\frac{1}{i\hbar v}\int_{-\infty}^{\infty} U(b,z')\,dz'\right] \quad (9.37)$$

である．すなわち S^{EK} は，クーロン相互作用の影響を受けない．式 (8.128) を用いて遷移行列を散乱振幅に書き換えると，

$$f^{\mathrm{EK}}(\theta) = -\frac{(2\pi)^2\mu}{\hbar^2}T^{\mathrm{EK}} = -iK\int_0^{\infty} e^{2i\eta\ln(Kb)} J_0(Kb\theta)\left[S^{\mathrm{EK}}(b)-1\right]b\,db. \quad (9.38)$$

弾性散乱の角分布は，これにラザフォード振幅を加えて絶対値二乗を取ったもの，すなわち

---

[3] この S 行列は，位相も含めて，式 (9.8) のラザフォード振幅を近似的に与えることが証明できる [40]．

$$\frac{d\sigma}{d\Omega} = \left| f^{\mathrm{C}}(\theta) + f^{\mathrm{EK}}(\theta) \right|^2 \tag{9.39}$$

によって求まる[4])。

図 9.1 に, 65 MeV における陽子と ^{40}Ca の弾性散乱断面積の計算結果と実験データ [41] の比較を示す. 実線は純量子力学的計算の結果, 破線はアイコナール近似に基づく計算結果である. 核力ポテンシャルとしては, 文献 [12] のパラメータを使用した (ただし, 中心力のみで弾性散乱の断面積を再現するよう, パラメータを若干調整している). 2 つの計算結果は約 80° 以前ではほぼ一致しており, いずれも実験データを良く再現している. 点線は, クーロン相互作用を無視したアイコナール近似計算の結果である. 点線と実験データとの一致は全体的に悪く, クーロン相互作用の影響が重要であることがわかる. 図 9.1 の結果は, クーロン相互作用が存在する場合にも, アイコナール近似を活用した反応分析が可能であることを明確に示している.

クーロン相互作用の影響が強い場合, すなわち η が著しく大きい場合には, 本節で紹介したアイコナール近似の精度は低下する. そのような場合の補正法として, 波数 K に空間依存性をもたせる方法 [42] や, 衝突径数をクーロン軌道の最近接距離 (2.6 節を参照) に置き換える方法 [43] などが考案されている.

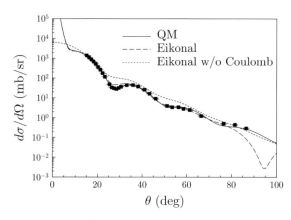

図 9.1 65 MeV における陽子-^{40}Ca の弾性散乱角分布. 実線は純量子力学的計算の結果, 破線はアイコナール近似の結果を表す. 点線はクーロン相互作用を全て無視したアイコナール近似計算の結果である. 実験データは文献 [41] より取った.

[4)] アイコナール近似の下では, クーロン相互作用の効果は式 (9.35) のアイコナールクーロン S 行列に集約されるため, 反応断面積はその影響を受けない.

ただし一般に，純量子力学的計算との差を補正によって完全に埋めるのは困難である．そこで，純量子力学的計算の結果を直接活用することにより，アイコナール近似に伴う誤差を生じないようにする計算方法が文献 [42] で提案されている．これについては，次章 10.4.8 項で紹介する．

§ 9.3 まとめ

この章では，無限の到達距離をもつクーロン相互作用の取り扱いについて学んだ．まず純量子力学的計算におけるクーロン相互作用の処理と，解析的に得られる散乱解の性質を概観し，その後，クーロン場中でのアイコナール近似について紹介した．アイコナール近似において，クーロン相互作用の影響は，衝突径数に依存するアイコナールクーロン S 行列に集約される．これにより，近似の簡便さを失うことなく，遷移行列ならびに散乱振幅の計算が可能となる．この近似計算は，65 MeV における陽子と ^{40}Ca の弾性散乱断面積を，純量子力学的計算と遜色ない精度で記述することができる．こうして，クーロン相互作用が存在する場合にもアイコナール近似が有効であることが示された．

第 10 章 連続状態離散化チャネル結合法を用いた宇宙元素合成研究

太陽内部で ^{8}B が生成される反応の断面積が測定方法によって異なる値を示すという S_{17} 問題を紹介し，これを連続状態離散化チャネル結合法 (CDCC) を用いた反応解析を実行することによって解決する．

---

§ 10.1 天体核反応と天体物理学的因子

　この章では，チャネル結合法を宇宙元素合成研究に適用した例を紹介する．我々の身のまわりにある元素（原子核）は全て，宇宙開闢後，陽子と中性子から合成されたと考えられている．そしてそのほとんどは，恒星の内部でつくり出されたものである[1]．太陽や，夜空に輝く無数の恒星の内部では，今この瞬間も，元素の生成（合成）が行われているのである．これらの元素合成の実体は，原子核の反応である．したがって，核反応の十全な知見があれば，宇宙で起きている（あるいは過去に起きた）反応の反応確率（断面積）を評価することができる．すなわち宇宙における反応を，数式上で，そしてコンピュータ上で再現できるのである．このように，宇宙，特に恒星内における元素合成過程の実体として捉えた核反応を天体核反応とよぶ．天体核反応研究の歴史は長く，これまでに膨大な数の研究成果が報告されている[2]．それらを系統立てて紹介することは本書の範囲を超えるため，ここでは，前章までに学んだ原子核反応の知識の総括として，著者自身が研究に携わった S_{17} 問題とその解決について紹介することにしたい [47]．

　S_{17} は，^{8}B の生成反応

$$p + {}^7\text{Be} \rightarrow {}^8\text{B} + \gamma \tag{10.1}$$

の断面積 $\sigma_{p\gamma}$ と，関係式

---

[1] 重い恒星の終焉を意味する超新星爆発や，その残留物である中性子星どうしの合体の際にも，膨大な種類の元素が生成されると考えられている．
[2] たとえば記念碑的な論文として名高い文献 [44]（いわゆる B2FH 論文）や，比較的新しいレビュー論文である文献 [45] と [46] を挙げておく．

$$\sigma_{p\gamma}(\varepsilon) = S_{17}(\varepsilon) \frac{e^{-2\pi\eta}}{\varepsilon} \quad (10.2)$$

で結ばれる量として定義される[3]．ここで ε は陽子 (p)-^{7}Be の重心系のエネルギーであり，η は第 9 章で導入したゾンマーフェルトパラメータである．なぜこの反応に着目するかは次節で述べる．

一般に式 (10.2) のような形で定義される S を**天体物理学的因子** (astrophysical S factor) あるいは S 因子とよぶ．天体核反応が起きるエネルギーは非常に低い[4]ため，その断面積のエネルギー依存性は，主に反応粒子がクーロン障壁を透過する確率に支配される．これは，反応粒子の原子核としての個性（強い相互作用と関連する特性）とは無関係な，いわば"自明な"振る舞いであるから，そのエネルギー依存性を括り出した量を新たに反応頻度の指標として定義しておくと便利である．それが天体物理学的因子である．

入射波がクーロン障壁をくぐり抜ける確率は

$$P(\varepsilon) \propto \frac{e^{-2\pi\eta}}{\varepsilon^{1/2}} \quad (10.3)$$

であることが知られている．天体物理学的因子の定義では，これに加えて，断面積の表式の分母に現れる入射流束 j_{in} のエネルギー依存性

$$\frac{1}{j_{\text{in}}(\varepsilon)} \propto \frac{1}{v} \propto \frac{1}{\varepsilon^{1/2}} \quad (10.4)$$

が考慮されている．式 (10.3) と式 (10.4) の積が式 (10.2) の右辺に現れていることが見てとれるだろう．なおここでは，入射波のうち s 波のみが反応に関与すると想定している．特別な理由のためにこの想定が崩れる場合には，遠心力ポテンシャルを透過する確率を別途考慮する必要がある．

§ 10.2　S_{17} 問題

S_{17} は，いわゆる太陽ニュートリノ（太陽から飛来するニュートリノ）の物理との関連から長年注目されてきた物理量である．このことを簡単に説明しよ

---

[3] 添字の 17 は，陽子と ^{7}Be の質量数を並べたものである．したがって 17 はジュウナナではなくイチナナと読む．

[4] たとえば太陽の中心温度は約 1500 万度と考えられているが，そこで起きている核反応の典型的なエネルギーは約 20 keV である．

§ 10.2 S_{17} 問題

う．式 (10.1) の反応で生成される ^{8}B は，弱い相互作用によって

$$^8\text{B} \to {}^8\text{Be}^* (2^+) + e^+ + \nu_e \tag{10.5}$$

と崩壊する．この ν_e が，地上で盛んに観測されてきた約 10 MeV の太陽ニュートリノ（^{8}B ニュートリノ）である．現在，ニュートリノは有限の質量をもち，伝播の過程で異なる世代のニュートリノに変化すると考えられている．この，いわゆるニュートリノ振動現象を定量的に理解するためには，地上で観測される ^{8}B ニュートリノの流量と，太陽で生成されているそれを，共に精度良く決定する必要がある．そして後者にとって本質的に重要な量が，前節で紹介した S_{17} である．標準太陽模型 [48] が予言する ^{8}B ニュートリノの流量に関して，ニュートリノ振動のパラメータを決定するのに必要な S_{17} の精度は，誤差 5 % 以下とされている．

S_{17} を決定する試みは 1960 年頃から存在する．その多くは，式 (10.1) の直接測定を試みたものであるが，不安定核である ^{7}Be が関与する反応を，低エネルギーにおいて正確に測定することは困難であるため，決定的な実験データを得ることは難しいと考えられてきた．そこで考案されたのが，^{8}B の分解反応の測定を通じて，式 (10.1) の断面積を間接的に決定する方法（**間接測定法**）である．以下，その考え方を説明しよう．

S_{17} の間接測定実験では，^{8}B を電荷の大きい標的核，たとえば ^{208}Pb に入射し，p と ^{7}Be に分解させる．このとき，^{8}B の分解は，主として ^{208}Pb のクーロン相互作用によって引き起こされると考える．また多くの場合，クーロン相互作用による遷移は摂動的に扱うことが許されるため，この分解反応は 1 段階過程であると考えてよい．クーロン相互作用を伝播する粒子が光子であることはよく知られている．したがって ^{208}Pb による ^{8}B の分解は，^{8}B が 1 つの光子（仮想光子）を吸収し，^{7}Be と p に壊れる反応と解釈できる．この反応

$$^8\text{B} + \gamma \to p + {}^7\text{Be} \tag{10.6}$$

は，式 (10.1) の逆反応に他ならない（図 10.1 を参照）．一般に，順反応と逆反応の断面積には，微細平衡の原理とよばれる関係が成り立つため，式 (10.6) の測定データが得られれば，これを式 (10.1) のデータに変換することができる．これが，^{8}B の分解反応を利用した式 (10.1) の間接測定法の骨子である．S_{17}

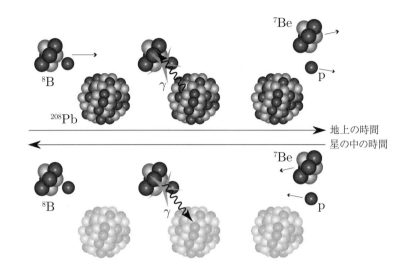

図 10.1 地上で測定される ^{8}B の分解反応（上）と星の中における ^{8}B 生成反応（下）の対応．

の間接測定は，理化学研究所の RIPS ビームラインにおいて世界で初めて遂行され，

$$S_{17}^{\text{CD}}(0) = 18.9 \pm 1.8 \quad [\text{eV} \cdot \text{b}] \tag{10.7}$$

という値が得られた [49]．この方法は，直接測定することが困難な反応の断面積を，測定可能な別種の反応を利用して決定する画期的な方法として，高い注目を集めた．なお，S_{17} のエネルギー依存性は比較的緩やかであり，またその関数形はおおむね理解されているため，式 (10.7) のように，ゼロエネルギー極限値 $S_{17}(0)$ が参照値（代表値）として広く用いられている．

一方，式 (10.1) の反応を直接測定する実験技術も大きく進展し，その精度は飛躍的に向上した．そして 2003 年，精密な直接測定実験の結果として

$$S_{17}^{\text{DM}}(0) = 22.1 \pm 0.6\,(\text{theor}) \pm 0.6\,(\text{expt}) \quad [\text{eV} \cdot \text{b}] \tag{10.8}$$

が報告された [50]．この値は，^{8}B の分解反応を利用した間接測定の結果よりも有意に大きく，関係者を驚かせた．

2 つの測定法で得られた結果が異なることは，原子核物理学という研究分野全体として $S_{17}(0)$ の値を確定することを妨げる，重大な問題である．本書では，これを S_{17} 問題とよぶことにする．

実は2001年, 岐阜県神岡市のスーパーカミオカンデとカナダのサドベリーニュートリノ観測所で測定されたデータを組み合わせることによって, 標準太陽模型が予言する ^{8}B ニュートリノの流量を必要としない形で, ニュートリノ振動パラメータ (の許容される範囲) が決定された [51]. また, この観測結果に基づいて導出された ^{8}B ニュートリノの太陽表面における流量は, 標準太陽模型の予言値と矛盾しないことも確かめられた. この革新的な研究により, ニュートリノ研究に対する $S_{17}(0)$ の直接の重要性は失われたといえる. しかし, 原子核物理学として $S_{17}(0)$ の値を確定すること, そしてそれが上記の"観測量"と矛盾しないことを確認することは, 依然として重要であるといえよう. 特に, 直接測定と間接測定の結果が一致するかどうかは, 今後, 直接測定が困難である反応の断面積 (天体物理学的因子) が必要となったとき, それを間接的 (かつ効率的) に測定するという研究戦略が成立するかどうかを決める鍵となる.

§ 10.3 研究の目的

当然ではあるが, 間接測定法で得られた結果が正しいためには, この手法が想定している仮定が正しくなければならない. その仮定とは,

1. ^{208}Pb による ^{8}B の分解はクーロン相互作用によって起きる.
2. その分解反応は1段階過程である.
3. 分解に関与する光子の角運動量は1である.

の3つである. 1. と 2. は前節で述べたとおりである. 以下, 3. について簡単に説明しよう. 式 (10.1) の反応はエネルギーが低いため, p と ^{7}Be の散乱波のうち, 反応に寄与するのは軌道角運動量 l が 0 の成分 (s 波) のみであると考えてよい. 一方 ^{8}B の基底状態は, p と ^{7}Be が $l=1$ で束縛した状態が主成分であることが知られている. したがって, 反応系の軌道角運動量の変化は 1 であるから, 分解反応で ^{8}B が吸収する仮想光子の角運動量 (多重極度 λ) もまた 1 でなければならない. 一般に, $\lambda=1$ の光子の強度は $\lambda>1$ のそれよりも圧倒的に大きいため, ^{208}Pb による ^{8}B の分解反応においても, 上の仮定 3. は十分良く成立することが期待される[5]. この点については, 10.5 節であらためて述

---

[5] $\lambda=0$ の光子は $1/R$ のクーロン相互作用に相当し, ^{8}B の分解には寄与しない (後述).

べる．

　上記の仮定は，いずれももっともらしいものではあるが，間接測定法の信頼性を示すためには，それらの成否の確認が不可欠である．そしてそのためには，上記の仮定を必要としない，分解反応を記述する正確な模型が必要である．そこで本章では，第 7 章で導入したチャネル結合法を拡張した，**連続状態離散化チャネル結合法** (Continuum-Discretized Coupled-Channels method: **CDCC** [52–54]) とよばれる精緻な反応模型を用いて ^{208}Pb による ^{8}B の分解反応を記述する．そして，反応解析で得られた結果と 10.6 節で紹介する漸近規格化係数法（Asymptotic Normalization Coefficient method: **ANC 法** [55]）を組み合わせることにより，$S_{17}(0)$ の値を決定する．後述するように，ANC法を用いることで，^{8}B の分解反応が式 (10.1) の逆反応とはみなせない場合にも，$S_{17}(0)$ を決定することができる．

　結論を先に述べておくと，CDCC を用いた解析の結果，直接測定で得られた $S_{17}(0)$ の値，すなわち式 (10.8) と無矛盾の

$$S_{17}^{\mathrm{CDCC}}(0) = 20.9^{+1.0}_{-0.6}\,(\mathrm{theor}) \pm 1.8\,(\mathrm{expt}) \quad [\mathrm{eV\cdot b}] \qquad (10.9)$$

が，間接測定法の結果として得られる．そしてさらに，この結果と，先行研究で得られた間接測定法の結果すなわち式 (10.7) との差が，上記の 1. ～ 3. の仮定に起因するものであることが示される．以下，順にこれらのことを解説していこう．

　次節では，CDCC について述べる．ただしある程度難易度が高いので，場合によっては読み飛ばしても構わない．10.5 節では，今回の反応解析と先行研究のそれとの違いを整理する．10.6 節では ANC 法について解説し，10.7 節で分析の結果を示す．

§ 10.4　CDCC による ^{8}B 分解反応の記述

　今回研究の対象とする反応は，入射原子核 (^{8}B) の分解反応である．分解反応は，第 7 章で取り扱った非弾性散乱の拡張として捉えられるが，終状態が連続状態となるのが最大の特徴である．すなわち反応系の終状態は，いまの場合，3 粒子の連続状態となる．このような反応は一般に取り扱いが困難であるが，これを簡便かつ正確に取り扱うことができる反応模型として，連続状態離散化チャ

§10.4 CDCC による ^{8}B 分解反応の記述

ネル結合法 (CDCC) が広く知られている[6]．本節では，CDCC の概要を解説する．定式化の際には，入射粒子を構成する p と ^{7}Be の間の軌道角運動量 l が有限の値をもつこと，およびそれが反応過程で変化することを考慮する．反応による軌道角運動量のやり取り（変化）は，今回取り扱う問題に限らず，反応現象にとって広く重要である．ただしここでは簡単のため，入射粒子と標的核の間の散乱波はアイコナール近似で取り扱うものとする[7]．

10.4.1　3 体反応模型と模型空間

まず，分解反応の記述に使用する模型を導入する．具体的には，^{8}B を p と ^{7}Be の 2 体模型で記述し，これと標的核 ^{208}Pb からなる 3 体反応系の量子状態の遷移として，分解反応を取り扱う．図 10.2 に反応系と座標系の定義を示す．全系のハミルトニアンは，

$$\hat{H} = -\frac{\hbar^2}{2\mu_R}\boldsymbol{\nabla}_{\boldsymbol{R}}^2 + U_p(|\boldsymbol{R}+\alpha_p\boldsymbol{r}|) + U_7(|\boldsymbol{R}+\alpha_7\boldsymbol{r}|) + \hat{h}_8 \quad (10.10)$$

と表される．ただし μ_R は ^{8}B と ^{208}Pb の換算質量であり，U_p (U_7) は p (^{7}Be) と ^{208}Pb の間にはたらく光学ポテンシャルとクーロン相互作用の和である．α_p, α_7 は

$$\alpha_p = \frac{m_7}{m_p+m_7}, \quad \alpha_7 = \frac{-m_p}{m_p+m_7} \quad (10.11)$$

で与えられる．ただし m_p および m_7 は p および ^{7}Be の質量を表す．$\hat{h}_8$ は ^{8}B

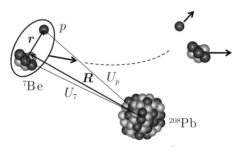

図 10.2　反応系の模式図と座標の定義．

---

[6] 以下でも簡単に触れるが，CDCC は 3 体反応の厳密理論と事実上等価であることが理論的にも数値的にも示されている．
[7] 最終結果には量子力学的補正を取り入れる（10.4.8 項参照）．

の内部ハミルトニアン

$$\hat{h}_8 = -\frac{\hbar^2}{2\mu_r}\boldsymbol{\nabla}_{\boldsymbol{r}}^2 + V_{p7}(r) \tag{10.12}$$

である．ただし μ_r は p と ^{7}Be の換算質量であり，V_{p7} はそれらの間の相互作用（核力ポテンシャルとクーロン相互作用の和）を表している．V_{p7} は実ポテンシャルとする．我々がなすべきことは，シュレディンガー方程式

$$(\hat{H} - E)\Psi(\boldsymbol{r}, \boldsymbol{R}) = 0 \tag{10.13}$$

を解き，3 体系の波動関数 Ψ を求めることである．ただし E は重心系で測った反応系の全エネルギーである．

ここで，模型に取り入れられている自由度について整理しておく．我々の模型では，p と ^{7}Be の相対運動は陽に取り扱われている．他方，p と ^{208}Pb および ^{7}Be と ^{208}Pb との散乱は，いずれも光学ポテンシャル（＋クーロン相互作用）によって記述される．したがって，p と ^{208}Pb の散乱過程で ^{208}Pb が励起するチャネルは，吸収として扱われていることになる．また，^{7}Be と ^{208}Pb の散乱においても，双方の粒子が基底状態に留まるチャネル以外は吸収として扱われている．すなわち，反応系が p，基底状態にある ^{7}Be，そして基底状態にある ^{208}Pb という 3 つの粒子の組み合わせで描ける状態だけが陽に扱われている．このように，存在する無数のチャネルの一部のみを取り出して陽に記述する方法は，原子核反応研究で広く採用されている考え方である．別のいい方をすれば，陽に扱うチャネルをいかに的確に選び出すかが，現実的な計算規模で反応現象を記述する鍵となる．もちろんこの選定は，要求されている精度にも依存する．いま，我々が分析の対象としているのは，^{8}B が p と ^{7}Be に分解し，終状態では ^{7}Be も ^{208}Pb も基底状態にあるような反応である．上で導入した模型は，そのような反応を記述する模型として適切なものになっていることがうかがえるであろう[8]．

10.4.2 チャネル波動関数

では，チャネルの波動関数を準備することにしよう．基本的な考え方は，第 7 章と同様，反応系の波動関数 Ψ を $\hat{h}_8$ の固有関数系（完全系）で展開すると

---
[8] より詳細な議論については文献 [47] を参照．

§10.4 CDCC による ^{8}B 分解反応の記述

いうものである．ただしここで注意すべきは，$\hat{h}_8$ の固有関数には，束縛状態だけでなく，連続状態（散乱状態）も含まれるということである．いまの模型の範囲内では，$\hat{h}_8$ の連続固有状態を特徴づけるものは，p と ^{7}Be の漸近波数ベクトル $\boldsymbol{k}$ である．ただしここでは，$\boldsymbol{k}$ の方向 ($\Omega_{\boldsymbol{k}}$) は問わず，その大きさのみを連続状態の指標とすることにする．詳しくは後述するが，これは，今回我々が計算の対象とする測定において，$\Omega_{\boldsymbol{k}}$ が特定されていないからである．この場合，仮に $\Omega_{\boldsymbol{k}}$ を指定して完全系を用意しても，結局 Ψ を展開する際には，その自由度は不要となる．これは，第 8 章 8.3 節で入射平面波を部分波に分解した際，はじめに完全系 $\{Y_{LM}(\Omega_{\boldsymbol{R}}), Y_{L'M'}(\Omega_{\boldsymbol{K}})\}$ を用意しても，最終的に必要な完全系が $\{P_L(\cos\theta_R)\}$ となったこととまったく同様の事情である．

ひとまず，方向も含めて $\boldsymbol{k}$ を指定した p-^{7}Be の散乱波

$$\Phi_{\boldsymbol{k}}^{(+)}(\boldsymbol{r}) \equiv \frac{1}{(2\pi)^{3/2}} \sum_{lm} 4\pi i^l \frac{u_l(k,r)}{kr} e^{i\sigma_l(k)} Y_{lm}^*(\Omega_{\boldsymbol{k}}) Y_{lm}(\Omega_{\boldsymbol{r}}) \quad (10.14)$$

から話を始めることにする．l は p-^{7}Be の軌道角運動量であり，m はその z 成分である．$u_l(k,r)$ はシュレディンガー方程式

$$\left[-\frac{\hbar^2}{2\mu_r}\frac{d^2}{dr^2} + \frac{\hbar^2}{2\mu_r}\frac{l(l+1)}{r^2} + V_{p7}(r) - \varepsilon(k)\right] u_l(k,r) = 0 \quad (10.15)$$

の解であり，漸近形

$$u_l(k,r) \to e^{i\delta_l(k)} \sin\left[kr - \eta(k)\ln(2kr) - l\pi/2 + \sigma_l(k) + \delta_l(k)\right], \quad (r \gg r_N) \quad (10.16)$$

をもつ．ここで

$$\varepsilon(k) = \frac{\hbar^2 k^2}{2\mu_r} \quad (10.17)$$

であり，σ_l はクーロン位相差，η は p-^{7}Be 系のゾンマーフェルトパラメータ

$$\eta(k) = \frac{Z_p Z_{^7\text{Be}} e^2 \mu_r}{\hbar^2 k} \quad (10.18)$$

である．Z_A は原子核 A の原子番号を表す．また，δ_l は V_{p7} の核力ポテンシャル部分による位相差である．なおここでは，k が反応において変化する量であ

ることを示すため，u_l だけでなく，σ_l, δ_l, η についても，k 依存性を陽に表している．

次に，$\boldsymbol{k}$ の大きさのみを指標としてもつ $\hat{h}_8$ の連続固有状態として

$$\varphi_{lm}(k, \boldsymbol{r}) \equiv \frac{\bar{u}_l(k, r)}{r} i^l Y_{lm}(\Omega_{\boldsymbol{r}}) \tag{10.19}$$

を導入する．ただし

$$\bar{u}_l(k, r) \equiv \sqrt{\frac{2}{\pi}} u_l(k, r) e^{-i\delta_l(k)} \tag{10.20}$$

である．$\bar{u}_l$ は実関数であることに注意せよ（第 8 章を参照）．φ_{lm} と $\Phi_{\boldsymbol{k}}^{(+)}$ は，

$$\Phi_{\boldsymbol{k}}^{(+)}(\boldsymbol{r}) = \sum_{lm} \frac{\varphi_{lm}(k, \boldsymbol{r})}{k} e^{i\sigma_l(k)} e^{i\delta_l(k)} Y_{lm}^*(\Omega_{\boldsymbol{k}}), \tag{10.21}$$

$$\varphi_{lm}(k, \boldsymbol{r}) = k e^{-i\sigma_l(k)} e^{-i\delta_l(k)} \int \Phi_{\boldsymbol{k}}^{(+)}(\boldsymbol{r}) Y_{lm}(\Omega_{\boldsymbol{k}}) d\Omega_{\boldsymbol{k}} \tag{10.22}$$

で結ばれている．散乱波 $\Phi_{\boldsymbol{k}}^{(+)}$ は，平面波と同様，規格直交性

$$\int \Phi_{\boldsymbol{k}'}^{(+)*}(\boldsymbol{r}) \Phi_{\boldsymbol{k}}^{(+)}(\boldsymbol{r}) d\boldsymbol{r} = \delta(\boldsymbol{k}' - \boldsymbol{k}) \tag{10.23}$$

をもつことが知られている[9]．式 (10.19) と (10.21) を式 (10.23) の左辺に代入すると，

$$\begin{aligned}
(\text{左辺}) &= \int \sum_{l'm'} \frac{\varphi_{l'm'}^*(k', \boldsymbol{r})}{k'} e^{-i\sigma_{l'}(k')} e^{-i\delta_{l'}(k')} Y_{l'm'}(\Omega_{\boldsymbol{k}'}) \\
&\quad \times \sum_{lm} \frac{\varphi_{lm}(k, \boldsymbol{r})}{k} e^{i\sigma_l(k)} e^{i\delta_l(k)} Y_{lm}^*(\Omega_{\boldsymbol{k}}) d\boldsymbol{r} \\
&= \sum_{lm} Y_{lm}(\Omega_{\boldsymbol{k}'}) Y_{lm}^*(\Omega_{\boldsymbol{k}}) \\
&\quad \times \int_0^\infty \frac{\bar{u}_l(k', r)}{k'} e^{-i\sigma_l(k')} e^{-i\delta_l(k')} \frac{\bar{u}_l(k, r)}{k} e^{i\sigma_l(k)} e^{i\delta_l(k)} dr
\end{aligned} \tag{10.24}$$

---
[9] 証明には，散乱の形式論が必要である．

§10.4 CDCC による ^{8}B 分解反応の記述

となる．一方，式 (10.23) の右辺は，デルタ関数および球面調和関数の性質を用いて

$$\delta\left(\boldsymbol{k}'-\boldsymbol{k}\right) = \frac{\delta\left(k'-k\right)}{k^2}\delta\left(\Omega_{\boldsymbol{k}'}-\Omega_{\boldsymbol{k}}\right) = \frac{\delta\left(k'-k\right)}{k^2}\sum_{lm}Y_{lm}\left(\Omega_{\boldsymbol{k}'}\right)Y_{lm}^*\left(\Omega_{\boldsymbol{k}}\right) \tag{10.25}$$

と書き換えられる．式 (10.24) と式 (10.25) を比較することにより，

$$\int_0^\infty \bar{u}_l\left(k',r\right)\bar{u}_l\left(k,r\right)dr = \delta\left(k'-k\right) \tag{10.26}$$

を得る[10]．すなわち，φ_{lm} の規格直交性は

$$\int \varphi_{l'm'}^*\left(k',\boldsymbol{r}\right)\varphi_{lm}\left(k,\boldsymbol{r}\right)d\boldsymbol{r} = \int \frac{\bar{u}_l\left(k',r\right)}{r}i^{-l'}Y_{l'm'}^*\left(\Omega_{\boldsymbol{r}}\right)$$
$$\times \frac{\bar{u}_l\left(k,r\right)}{r}i^l Y_{lm}\left(\Omega_{\boldsymbol{r}}\right)d\boldsymbol{r}$$
$$= \delta\left(k'-k\right)\delta_{l'l}\delta_{m'm} \tag{10.27}$$

となることがわかる．

^{8}B の束縛状態は基底状態ただ 1 つであり，その軌道角運動量は 1 であることが知られている．この状態を，上で導入した連続状態の固有関数と同じ形で

$$\varphi_{1m}^{\rm gs}\left(\boldsymbol{r}\right) \equiv \frac{\bar{u}_1^{\rm gs}\left(r\right)}{r}iY_{1m}\left(\Omega_{\boldsymbol{r}}\right) \tag{10.28}$$

と表すことにする．$\varphi_{1m}^{\rm gs}$ の規格直交性は

$$\int \varphi_{1m'}^{\rm gs*}\left(\boldsymbol{r}\right)\varphi_{1m}^{\rm gs}\left(\boldsymbol{r}\right)d\boldsymbol{r} = \delta_{m'm}, \tag{10.29}$$

$$\int_0^\infty \bar{u}_1^{\rm gs}\left(r\right)\bar{u}_1^{\rm gs}\left(r\right)dr = 1 \tag{10.30}$$

で与えられる．また，基底状態と連続状態は直交する：

$$\int \varphi_{l'm'}^*\left(k,\boldsymbol{r}\right)\varphi_{1m}^{\rm gs}\left(\boldsymbol{r}\right)d\boldsymbol{r} = 0. \tag{10.31}$$

---

[10] $k'=k$ で 1 となる位相因子 $\exp[-i\sigma_l(k')-i\delta_l(k')+i\sigma_l(k)+i\delta_l(k)]$ が式 (10.26) に掛かっているかどうかは，デルタ関数で表現される規格直交性に影響しない．

以上の結果，Ψ の展開式は

$$\Psi(\boldsymbol{r}, \boldsymbol{R}) = \sum_m \chi_{1m, K_0}(\boldsymbol{R}) \frac{\bar{u}_1^{\text{gs}}(r)}{r} i Y_{1m}(\Omega_{\boldsymbol{r}})$$
$$+ \sum_{lm} \int_0^\infty \chi_{lm, K(k)}(\boldsymbol{R}) \frac{\bar{u}_l(k, r)}{r} i^l Y_{lm}(\Omega_{\boldsymbol{r}}) dk \quad (10.32)$$

によって与えられることになる．χ は展開係数であり，p-^{7}Be の重心と ^{208}Pb の相対運動を表す散乱波を意味する．K_0 および $K(k)$ はエネルギー保存則

$$E = \varepsilon_0 + \frac{\hbar^2 K_0^2}{2\mu_R} = \varepsilon(k) + \frac{\hbar^2 [K(k)]^2}{2\mu_R} \quad (10.33)$$

によって定まる．ただし ε_0 は ^{8}B の基底状態のエネルギーである．実際の計算では，p と ^{7}Be に分かれるエネルギー（閾値）を基準として測られた実験値

$$\varepsilon_0 = -137 \quad [\text{keV}] \quad (10.34)$$

を採用する．

10.4.3　連続状態の限定と離散化

前節で導入した $\hat{h}_8$ の完全系であるが，これをそのまま用いた展開式 (10.32) を実際のチャネル結合計算に用いることは極めて困難である．なぜなら，基底関数として用意した連続状態が無限に広がっていることに起因して，シュレディンガー方程式 (10.13) を解く際，χ の漸近領域を設定することができないからである．端的にいえば，R がどれだけ大きくても，r が無限に広がれば，3体系のハミルトニアンに含まれる U_p や U_7 の相互作用が切れない．たとえば，$\boldsymbol{R} = -\alpha_p \boldsymbol{r}$ の関係が保たれている場合，R が無限に大きくても p と ^{208}Pb は接触している（図 10.3 参照）．また，基底関数の数が無限大であることも，計算を困難にする大きな要因である．

これらの問題は，3粒子の反応現象に特有のものであり，これまでに数多くの議論がなされている[11]．しかしそれらを詳述することは本書の範囲を超える

---

[11] 3体の散乱問題の厳密解として，ファデーエフ (Ludvig D. Faddeev) によって考案された理論 [56] が広く知られている．しかし一般にファデーエフ理論を用いた数値計算は困難であり，より実効的な計算手法の確立は，反応研究の進展にとって極めて重要である．

§ 10.4 CDCC による ^{8}B 分解反応の記述

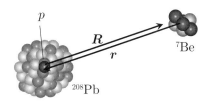

図 10.3 R が大きくても相互作用が切れない例.

ため，ここでは，この問題の実効的な解法として広く知られているものを紹介するに留める．それこそが，連続状態離散化チャネル結合法 (CDCC) である．CDCC は，前節で導入した連続固有状態を次のように取り扱う．

1. （チャネル結合を通じて）反応に関与しうる l に上限値 $l_{\max}$ を設定する.
2. 同様に，反応に関与しうる k に上限値 $k_{\max}$ を設定する.
3. 1. および 2. によって限定された連続状態を有限個（$N_{\max}$ 個）の離散状態で表現する．

このうち，最も重要なのが 1. である．なぜなら，有限の $l_{\max}$ で計算結果が収束すれば，その解は，3 体反応の厳密解である**ファデーエフ理論** [56] のそれと（極めて高い精度で）同等とみなしてよいことが，理論的に証明されている [57,58] からである．別のいい方をすれば，$l_{\max}$ の設定が可能であれば，3 体反応にまつわる諸問題は事実上回避することができると考えてよい．また 1. は，2. と 3. の処理を正当化するものでもある．ただしもちろん，計算結果が $k_{\max}$ や $N_{\max}$ に関して収束していることは必ず確認しなければならない．

3. についてはいくつかの方法があるが，ここでは最も広く用いられている平均化法 (average method) を採用する．具体的には，

$$\hat{\varphi}_{ilm}(\boldsymbol{r}) \equiv \frac{1}{\sqrt{\Delta k}} \int_{k_i}^{k_i + \Delta k} \varphi_{lm}(k, \boldsymbol{r}) \, dk \tag{10.35}$$

とする．すなわち，連続状態を k についての有限の区間（bin とよぶ）にわたって平均化し，離散的な固有状態をつくり出すのがこの方法の実体である．実際の計算では k_i は l に依存してもよいし，bin 幅 Δk は l や i に依存してもよい．しかしここでは簡単のため，これらの依存性は表記からは落とすことにする．また，$k_1 = 0$ とし，

$$k_{\max} = k_{i_{\max}} + \Delta k \tag{10.36}$$

によって $i_{\max}$ を定義しておく．$k_{\max}$ を設定した上で，展開式 (10.32) の右辺第 2 項を上記の平均化法に基づいて近似すると，各 lm について

$$\int_0^{k_{\max}} \chi_{lm,K(k)}(\boldsymbol{R}) \frac{\bar{u}_l(k,r)}{r} i^l Y_{lm}(\Omega_{\boldsymbol{r}}) dk$$
$$= \sum_{i=1}^{i_{\max}} \int_{k_i}^{k_i+\Delta k} \chi_{lm,K(k)}(\boldsymbol{R}) \frac{\bar{u}_l(k,r)}{r} i^l Y_{lm}(\Omega_{\boldsymbol{r}}) dk$$
$$\approx \sum_{i=1}^{i_{\max}} \hat{\chi}_{ilm}(\boldsymbol{R}) \frac{1}{\sqrt{\Delta k}} \int_{k_i}^{k_i+\Delta k} \frac{\bar{u}_l(k,r)}{r} i^l Y_{lm}(\Omega_{\boldsymbol{r}}) dk$$
$$= \sum_{i=1}^{i_{\max}} \hat{\chi}_{ilm}(\boldsymbol{R}) \hat{\varphi}_{ilm}(\boldsymbol{r}) \tag{10.37}$$

となる．ただし

$$\hat{\chi}_{ilm}(\boldsymbol{R}) \equiv \sqrt{\Delta k}\, \chi_{lm,\hat{K}_i}(\boldsymbol{R}) \tag{10.38}$$

であり，離散的な波数とエネルギーは

$$E = \frac{\hbar^2 \hat{k}_i^2}{2\mu_r} + \frac{\hbar^2 \hat{K}_i^2}{2\mu_R} \equiv \hat{\varepsilon}_i + \hat{E}_i, \tag{10.39}$$

$$\hat{k}_i^2 \equiv \frac{1}{\Delta k} \int_{k_i}^{k_i+\Delta k} k^2 dk = \frac{1}{\Delta k} \frac{1}{3}\left[(k_i + \Delta k)^3 - k_i^3\right]$$
$$= k_i^2 + k_i \Delta k + \frac{1}{3}(\Delta k)^2 = \left(k_i + \frac{\Delta k}{2}\right)^2 + \frac{1}{12}(\Delta k)^2 \tag{10.40}$$

によって定義されている．
$\hat{\varphi}_{ilm}$ の規格直交性は，式 (10.27) を用いることで

$$\int \hat{\varphi}_{i'l'm'}^*(\boldsymbol{r}) \hat{\varphi}_{ilm}(\boldsymbol{r}) d\boldsymbol{r} = \int d\boldsymbol{r} \frac{1}{\sqrt{\Delta k}} \int_{k_{i'}}^{k_{i'}+\Delta k} dk' \, \varphi_{l'm'}^*(k',\boldsymbol{r})$$
$$\times \frac{1}{\sqrt{\Delta k}} \int_{k_i}^{k_i+\Delta k} dk\, \varphi_{lm}(k,\boldsymbol{r})$$
$$= \frac{1}{\Delta k} \delta_{l'l}\delta_{m'm} \int_{k_{i'}}^{k_{i'}+\Delta k} dk' \int_{k_i}^{k_i+\Delta k} dk\, \delta(k'-k)$$

$$= \frac{1}{\Delta k}\delta_{i'i}\delta_{l'l}\delta_{m'm}\int_{k_i}^{k_i+\Delta k} dk = \delta_{i'i}\delta_{l'l}\delta_{m'm} \tag{10.41}$$

となる.ただし 3 行目から 4 行目に移る際には,$i' \neq i$ のとき,k' と k の積分区間が重ならないことを利用した.式 (10.41) より,$\{\hat{\varphi}_{ilm}\}$ は規格直交系をなすことがわかる.なお,式 (10.31) からただちに

$$\int \hat{\varphi}_{i'l'm'}^{*}(\bm{r})\,\varphi_{1m}^{\mathrm{gs}}(\bm{r})\,d\bm{r} = 0 \tag{10.42}$$

が示される.

$$\hat{\varphi}_{0lm}(\bm{r}) \equiv \varphi_{1m}^{\mathrm{gs}}(\bm{r})\,\delta_{l1} \tag{10.43}$$

と表記すれば,

$$\Psi(\bm{r},\bm{R}) \approx \sum_{i=0}^{i_{\max}}\sum_{lm} \hat{\chi}_{ilm}(\bm{R})\,\hat{\varphi}_{ilm}(\bm{r}) \equiv \Psi^{\mathrm{CDCC}}(\bm{r},\bm{R}) \tag{10.44}$$

となる.これが,チャネル結合計算に使用する波動関数の表式である.

10.4.4 離散化された連続状態の振る舞い

ここで,式 (10.35) で定義される離散化された波動関数を

$$\hat{\varphi}_{ilm}(\bm{r}) \equiv \frac{\hat{u}_{il}(r)}{r} i^l Y_{lm}(\Omega_r), \tag{10.45}$$

$$\hat{u}_{il}(r) \equiv \frac{1}{\sqrt{\Delta k}}\int_{k_i}^{k_i+\Delta k} \bar{u}_l(k,r)\,dk \tag{10.46}$$

と表し,この $\hat{u}_{il}$ の性質を見てみよう.ただし簡単のため,相互作用が存在しない場合を考える.このとき

$$\bar{u}_l(k,r) \to \sqrt{\frac{2}{\pi}}\sin\left(kr - \frac{l\pi}{2}\right) \equiv \bar{u}_l^{\mathrm{free}}(k,r) \tag{10.47}$$

である.この波に離散化の手続きを施すと,

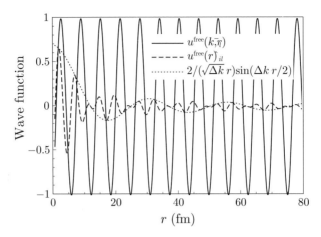

図 10.4 自由正弦波（実線）とそれを離散化した波動関数（破線）．点線は離散化によって生じる新たな減衰因子と振動因子の積．$l = 1$, $k_i = 1 \text{ fm}^{-1}$, $\Delta k = 0.5 \text{ fm}^{-1}$ とした．

$$
\begin{aligned}
\hat{u}_{il}^{\text{free}}(r) &\equiv \frac{1}{\sqrt{\Delta k}} \int_{k_i}^{k_i+\Delta k} \bar{u}_l^{\text{free}}(k, r)\, dk \\
&= \frac{1}{\sqrt{\Delta k}} \sqrt{\frac{2}{\pi}} \left[\frac{-\cos(kr - l\pi/2)}{r} \right]_{k_i}^{k_i+\Delta k} \\
&= \frac{1}{\sqrt{\Delta k}} \frac{2}{r} \sqrt{\frac{2}{\pi}} \sin\left(\left[k_i + \frac{\Delta k}{2} \right] r - \frac{l\pi}{2} \right) \sin \frac{\Delta k\, r}{2} \\
&= \bar{u}_l^{\text{free}}(\bar{k}_i, r) \frac{2}{\sqrt{\Delta k}\, r} \sin \frac{\Delta k\, r}{2} \quad\quad (10.48)
\end{aligned}
$$

が得られる．ここで $\bar{k}_i$ は波数の区間平均値 $k_i + \Delta k/2$ である．離散化によって，減衰因子 $2/(\sqrt{\Delta k}\, r)$ と付加的振動因子 $\sin(\Delta k\, r/2)$ が生じていることがわかる．波動関数の様子を図 10.4 に示す．減衰因子の存在により，$\hat{u}_{il}^{\text{free}}$ は有限の空間に分布していることが見てとれる．また，付加的振動因子の性質により，$\hat{u}_{il}^{\text{free}}$ は $2\pi/\Delta k$ ごとに節をもつ．

10.4.5 アイコナール近似と角運動量の取り扱い

次に，式 (10.44) をシュレディンガー方程式 (10.13) に代入し，チャネル結合方程式を導こう．基本的な考え方は第 7 章と同じであるが，いまの場合，p

§ 10.4 CDCC による ^{8}B 分解反応の記述

と ^{7}Be の 2 体系からなる入射粒子（およびその分解状態）が有限の軌道角運動量 l をもつため，これをアイコナール近似でどのように扱うかを理解しておく必要がある．その際に鍵となるのが，角運動量の保存則である．

第 8 章で見たように，中心力ポテンシャルの下では，入射粒子と標的核間の軌道角運動量の大きさ L とその z 成分 M は保存する．部分波展開は，この性質を利用し，L ごとに問題を切り分けて散乱波を求める方法であった．今回扱っている問題では，相互作用の U_p と U_7 はいずれも中心力ではあるが，それらは <u>R に関する中心力ではない</u>．このため，入射粒子の軌道角運動量とその z 成分は反応の途中で変化しうる（10.4.6 項もあわせて参照すること）．しかしその場合でも，反応系全体の角運動量 J とその z 成分 M_J は保存する．

これは，全角運動量演算子を

$$\hat{\bm{J}} = \hat{\bm{L}} + \hat{\bm{l}} \tag{10.49}$$

で定義し，$\hat{\bm{J}}^2$ と $\hat{J}_z$ の双方がハミルトニアンと交換すること，すなわち

$$[\hat{H}, \hat{\bm{J}}^2] = 0, \quad [\hat{H}, \hat{J}_z] = 0 \tag{10.50}$$

を示すことで理解される．証明は読者に委ねる．

純量子力学的なチャネル結合計算では，式 (10.44) に J および M_J を導入し，J ごとに問題を切り分けるという方法がとられる．ただしこの方法を身につけるには，ある程度の角運動量代数の知識が必要である．そこでここでは，第 7 章と同様，アイコナール近似を用いたチャネル結合法を採用することにしよう．アイコナール近似では L という軌道角運動量は導入されず，J の保存則も計算に陽には現れない．必要なのは，M_J の保存則を正しく考慮することのみである．

入射状態において，^{8}B は基底状態にあり，p-^{7}Be の軌道角運動量 l_0 は 1，その z 成分 m_0 は $-1, 0, 1$ のいずれかである．この m_0 は量子力学的に指定可能な量であるが，特別な実験を行わない限り，入射状態は異なる m_0 の成分が均等に分布した状態となる．この条件下では，はじめに m_0 を指定して散乱問題を解き，得られた断面積を m_0 について平均する，という手続きがとられる．終状態に関しては，観測で m を指定しない限り，得られた断面積を m につい

て足し上げる．

マディソン規約の下では，入射平面波（あるいはクーロン波動関数）の各部分波がもつ軌道角運動量の z 成分（磁気量子数）は 0 であるから，

$$M_J = m_0 \tag{10.51}$$

である．次に，式 (10.44) の波動関数を考えると，散乱波 $\hat{\chi}_{ilm}$ がもつ磁気量子数 M は，M_J の保存則から

$$m_0 = m + M \rightarrow M = m_0 - m \tag{10.52}$$

に定まる．これは，$\hat{\chi}_{ilm}$ の<u>全ての部分波が共通の M をもつ</u>ということである．アイコナール近似では，$\hat{\chi}_{ilm}$ の部分波は現れないが，式 (10.52) より，$\hat{\chi}_{ilm}$ の方位角依存性が

$$e^{iM\phi_R} = e^{i(m_0-m)\phi_R} \tag{10.53}$$

に定まるのである．ただしここで，球面調和関数の式 (E.1) を用いた．これが，アイコナール近似を行う際，今回新たに考慮しなければならない散乱波の性質である．

以上の結果を踏まえつつ，式 (10.44) の $\hat{\chi}_{ilm}$ に対してアイコナール近似を適用しよう．まず，Ψ^{CDCC} を

$$\Psi^{\mathrm{CDCC}}(\boldsymbol{r}, \boldsymbol{R}) = \sum_{cm} \Psi^{\mathrm{CDCC}}_{cm}(\boldsymbol{r}, \boldsymbol{R}), \tag{10.54}$$

$$\Psi^{\mathrm{CDCC}}_{cm}(\boldsymbol{r}, \boldsymbol{R}) = \hat{\psi}_{cm}(b, z) e^{i(m_0-m)\phi_R} \bar{\phi}^{\mathrm{C,inc}(+)}_{\hat{\boldsymbol{K}}_c}(b, z) \hat{\varphi}_{cm}(\boldsymbol{r}) \tag{10.55}$$

と表現する．ただし c は i と l をひとまとめに表記したものであり，

$$\bar{\phi}^{\mathrm{C,inc}(+)}_{\hat{\boldsymbol{K}}_c}(b, z) = \frac{1}{(2\pi)^{3/2}} e^{i[\hat{\boldsymbol{K}}_c \cdot \boldsymbol{R} + \hat{\mathfrak{h}}_c \ln(\hat{K}_c R - \hat{\boldsymbol{K}}_c \cdot \boldsymbol{R})]}, \tag{10.56}$$

$$\hat{\mathfrak{h}}_c \equiv \frac{Z_{8\mathrm{B}} Z_{208\mathrm{Pb}} e^2 \mu_R}{\hbar^2 \hat{K}_c} \tag{10.57}$$

である．以下，式 (10.54) をシュレディンガー方程式 (10.13) に代入し，チャネル結合方程式を導くことにする．

§ 10.4 CDCC による ^{8}B 分解反応の記述

各チャネルの波動関数に対して運動エネルギー演算子の処理を行う際，第 9 章と同様に

$$\boldsymbol{\nabla}_{\boldsymbol{R}}^2 \hat{\psi}_{cm}(b,z) e^{i(m_0-m)\phi_R} \approx 0, \qquad (10.58)$$

$$\boldsymbol{\nabla}_{\boldsymbol{R}} \bar{\phi}_{\hat{\boldsymbol{K}}_c}^{\mathrm{C,inc}(+)}(b,z) \approx i\hat{K}_c \bar{\phi}_{\hat{\boldsymbol{K}}_c}^{\mathrm{C,inc}(+)}(b,z) \boldsymbol{e}_z \qquad (10.59)$$

と近似すれば，

$$\begin{aligned}-\frac{\hbar^2}{2\mu_R}\boldsymbol{\nabla}_{\boldsymbol{R}}^2 \Psi_{cm}^{\mathrm{CDCC}}(\boldsymbol{r},\boldsymbol{R}) \approx &-\frac{\hbar^2}{\mu_R} i\hat{K}_c \left(\frac{\partial \hat{\psi}_{cm}(b,z)}{\partial z}\right) e^{i(m_0-m)\phi_R} \\ &\times \bar{\phi}_{\hat{\boldsymbol{K}}_c}^{\mathrm{C,inc}(+)}(b,z) \hat{\varphi}_{cm}(\boldsymbol{r}) \\ &+ \hat{\psi}_{cm}(b,z) e^{i(m_0-m)\phi_R} \\ &\times \left[-\frac{\hbar^2}{2\mu_R}\boldsymbol{\nabla}_{\boldsymbol{R}}^2 \bar{\phi}_{\hat{\boldsymbol{K}}_c}^{\mathrm{C,inc}(+)}(b,z)\right] \hat{\varphi}_{cm}(\boldsymbol{r}) \end{aligned} \qquad (10.60)$$

となる．ここで

$$\left(-\frac{\hbar^2}{2\mu_R}\boldsymbol{\nabla}_{\boldsymbol{R}}^2 + \frac{Z_{^8\mathrm{B}}Z_{^{208}\mathrm{Pb}}e^2}{R} - \hat{E}_c\right) \bar{\phi}_{\hat{\boldsymbol{K}}_c}^{\mathrm{C,inc}(+)}(b,z) \approx 0, \qquad (10.61)$$

$$\left(\hat{h}_8 - E\right)\Psi_{cm}^{\mathrm{CDCC}}(\boldsymbol{r},\boldsymbol{R}) = -\hat{E}_c \hat{\psi}_{cm}(b,z) e^{i(m_0-m)\phi_R} \bar{\phi}_{\hat{\boldsymbol{K}}_c}^{\mathrm{C,inc}(+)}(b,z) \hat{\varphi}_{cm}(\boldsymbol{r}) \qquad (10.62)$$

に注意すると，シュレディンガー方程式 (10.13) は

$$\begin{aligned}\sum_{cm} i\hbar \hat{v}_c &\left(\frac{\partial \hat{\psi}_{cm}(b,z)}{\partial z}\right) e^{i(m_0-m)\phi_R} \bar{\phi}_{\hat{\boldsymbol{K}}_c}^{\mathrm{C,inc}(+)}(b,z) \hat{\varphi}_{cm}(\boldsymbol{r}) \\ &= \sum_{cm} \left[U_p(|\boldsymbol{R}+\alpha_p \boldsymbol{r}|) + U_7(|\boldsymbol{R}+\alpha_7 \boldsymbol{r}|) - V^{\mathrm{C}}(R)\right] \\ &\quad \times \hat{\psi}_{cm}(b,z) e^{i(m_0-m)\phi_R} \bar{\phi}_{\hat{\boldsymbol{K}}_c}^{\mathrm{C,inc}(+)}(b,z) \hat{\varphi}_{cm}(\boldsymbol{r}) \end{aligned} \qquad (10.63)$$

となる．ただし

$$\hat{v}_c \equiv \frac{\hbar^2 \hat{K}_c}{\mu_R}, \tag{10.64}$$

$$V^{\mathrm{C}}(R) \equiv \frac{Z_{8\mathrm{B}} Z_{208\mathrm{Pb}} e^2}{R} \tag{10.65}$$

である. 式 (10.63) の両辺の左から $\hat{\varphi}^*_{c'm'}$ を掛けて r について積分すると, $\{\hat{\varphi}_{cm}\}$ の規格直交性より,

$$(\text{左辺}) = i\hbar \hat{v}_{c'} \left(\frac{\partial \hat{\psi}_{c'm'}(b,z)}{\partial z} \right) e^{i(m_0-m')\phi_R} \bar{\phi}^{\mathrm{C,inc}(+)}_{\hat{K}_{c'}}(b,z), \tag{10.66}$$

$$(\text{右辺}) = \sum_{cm} \mathcal{F}_{c'm',cm}(\boldsymbol{R}) \hat{\psi}_{cm}(b,z) e^{i(m_0-m)\phi_R} \bar{\phi}^{\mathrm{C,inc}(+)}_{\hat{K}_c}(b,z) \tag{10.67}$$

となる. ただし $\mathcal{F}_{c'm',cm}$ はチャネル結合ポテンシャル

$$\mathcal{F}_{c'm',cm}(\boldsymbol{R}) \equiv \mathcal{F}_{p;c'm',cm}(\boldsymbol{R}) + \mathcal{F}_{7;c'm',cm}(\boldsymbol{R}) - V^{\mathrm{C}}(R) \delta_{c'c} \delta_{m'm}, \tag{10.68}$$

$$\mathcal{F}_{j;c'm',cm}(\boldsymbol{R}) \equiv \int \hat{\varphi}^*_{c'm'}(\boldsymbol{r}) U_j(|\boldsymbol{R}+\alpha_j \boldsymbol{r}|) \hat{\varphi}_{cm}(\boldsymbol{r}) d\boldsymbol{r} \quad (j = p \text{ or } 7) \tag{10.69}$$

である. これを整理し, 和を付け替えると, チャネル結合方程式

$$\frac{\partial \hat{\psi}_{cm}(b,z)}{\partial z} = \frac{1}{i\hbar \hat{v}_c} \sum_{c'm'} \mathcal{F}_{cm,c'm'}(\boldsymbol{R}) \hat{\psi}_{c'm'}(b,z) e^{i(m-m')\phi_R} \mathcal{R}_{cc'}(b,z) \tag{10.70}$$

が得られる. ただしここで

$$\mathcal{R}_{cc'}(b,z) \equiv \frac{\bar{\phi}^{\mathrm{C,inc}(+)}_{\hat{K}_{c'}}(b,z)}{\bar{\phi}^{\mathrm{C,inc}(+)}_{\hat{K}_c}(b,z)} = \frac{e^{i[\hat{K}_{c'}z + \hat{\mathfrak{h}}_{c'} \ln(\hat{K}_{c'}R - \hat{K}_{c'}z)]}}{e^{i[\hat{K}_c z + \hat{\mathfrak{h}}_c \ln(\hat{K}_c R - \hat{K}_c z)]}}$$

$$= e^{i(\hat{K}_{c'}-\hat{K}_c)z} \frac{(\hat{K}_{c'}R - \hat{K}_{c'}z)^{i\hat{\mathfrak{h}}_{c'}}}{(\hat{K}_c R - \hat{K}_c z)^{i\hat{\mathfrak{h}}_c}} \equiv e^{i(\hat{K}_{c'}-\hat{K}_c)z} \mathfrak{R}_{cc'}(b,z) \tag{10.71}$$

である. これは, チャネルによって散乱波のエネルギーが異なることに伴うクーロン波動関数の変化を取り入れる因子である.

10.4.6 チャネル結合ポテンシャル

式 (10.68) で与えられるチャネル結合ポテンシャルの計算を進めよう．ここで用いるのが，相互作用の**多重極展開**である．以下，U_p を例にとって説明する．U_p は中心力ポテンシャルであるから，R, r，および $\boldsymbol{R}$ と $\boldsymbol{r}$ のなす角度 θ_{Rr} だけの関数である．このような関数は，第8章で見たように，ルジャンドルの多項式で展開することができる：

$$U_p(|\boldsymbol{R}+\alpha_p \boldsymbol{r}|) = \sum_\lambda U_p^{(\lambda)}(R,r) P_\lambda(\cos\theta_{Rr}). \tag{10.72}$$

これを多重極展開とよぶ．λ は多重極度 (multipolarity) とよばれ，物理的には相互作用が受け渡す角運動量の大きさを表す．$U_p^{(0)}$ を単極子 (monopole)，$U_p^{(1)}$ を双極子 (dipole)，$U_p^{(2)}$ を四重極子 (quadrupole) などとよぶ．どの多重極子が主要な寄与をもつかは反応の種類による．また，移行運動量によっても異なる[12]．多重極子 $U_p^{(\lambda)}$ は式 (10.72) と式 (E.7) から

$$U_p^{(\lambda)}(R,r) = \frac{2\lambda+1}{2} \int_{-1}^{1} U_p(|\boldsymbol{R}+\alpha_p \boldsymbol{r}|) P_\lambda(\cos\theta_{Rr}) d(\cos\theta_{Rr}) \tag{10.73}$$

と定まる．

チャネル結合ポテンシャルの積分を実行するにあたり，公式 (E.8) すなわち

$$P_\lambda(\cos\theta_{Rr}) = \frac{4\pi}{2\lambda+1} \sum_\nu Y_{\lambda\nu}^*(\Omega_{\boldsymbol{R}}) Y_{\lambda\nu}(\Omega_{\boldsymbol{r}}) \tag{10.74}$$

を利用すると，

$$\mathcal{F}_{p;cm,c'm'}(\boldsymbol{R}) = \int \frac{\hat{u}_{il}(k,r)}{r} i^{-l} Y_{lm}^*(\Omega_{\boldsymbol{r}}) \sum_\lambda \frac{4\pi}{2\lambda+1} U_p^{(\lambda)}(R,r)$$
$$\times \sum_\nu Y_{\lambda\nu}^*(\Omega_{\boldsymbol{R}}) Y_{\lambda\nu}(\Omega_{\boldsymbol{r}}) \frac{\hat{u}_{i'l'}(k,r)}{r} i^{l'} Y_{l'm'}(\Omega_{\boldsymbol{r}}) d\boldsymbol{r} \tag{10.75}$$

と書ける．ここで，球面調和関数の積分は解析的に実行でき，

---
[12] この性質を利用して，反応の種類や移行運動量をうまく選択することにより，特定の角運動量（スピン）をもつ状態を生成することができる．

$$\int Y_{lm}^{*}(\Omega_{\bm{r}}) Y_{\lambda\nu}(\Omega_{\bm{r}}) Y_{l'm'}(\Omega_{\bm{r}}) d\Omega_{\bm{r}}$$
$$= \frac{\sqrt{2l'+1}\sqrt{2\lambda+1}}{\sqrt{4\pi}\sqrt{2l+1}} (l'm'\lambda\nu|lm)(l'0\lambda 0|l0) \quad (10.76)$$

となる．ただし $(l'm'\lambda\nu|lm)$ はクレブシュ-ゴルダン係数とよばれる実定数である．クレブシュ-ゴルダン係数は，2つの角運動量の合成時に現れる係数であり，角運動量代数の最も基本的な要素の1つである．ただし本書では，角運動量代数に深入りすることは避け，式 (10.76) に現れるクレブシュ-ゴルダン係数によって，角運動量に条件式

$$|l-l'| \leq \lambda \leq l+l', \quad \text{ただし } l'+\lambda+l \text{ は偶数}, \quad (10.77)$$

$$m' + \nu = m \quad (10.78)$$

が課せられることを指摘するに留める．角運動量代数については，たとえば文献 [59] を参照のこと．

式 (10.78) より ν は一意に定まり，

$$\begin{aligned}
\mathcal{F}_{p;cm,c'm'}(\bm{R}) &= \sum_{\lambda} \frac{\sqrt{4\pi}}{\sqrt{2\lambda+1}} \frac{\sqrt{2l'+1}}{\sqrt{2l+1}} (l'm'\lambda, m-m'|lm)(l'0\lambda 0|l0) \\
&\quad \times i^{l'-l} C_{\lambda,m-m'} P_{\lambda,m-m'}(\cos\theta_R) e^{i(m'-m)\phi_R} \\
&\quad \times \int_0^{\infty} \hat{u}_{il}(k,r) U_p^{(\lambda)}(R,r) \hat{u}_{i'l'}(k,r) dr \\
&\equiv e^{i(m'-m)\phi_R} \sum_{\lambda} \mathfrak{F}_{p;cm,c'm'}^{(\lambda)}(b,z) \quad (10.79)
\end{aligned}$$

が得られる．ただし球面調和関数を

$$Y_{\lambda,m-m'}^{*}(\Omega_{\bm{R}}) = C_{\lambda,m-m'} P_{\lambda,m-m'}(\cos\theta_R) e^{i(m'-m)\phi_R} \quad (10.80)$$

と表記した．ここで $P_{\lambda\nu}$ はルジャンドルの陪関数である．定数 $C_{\lambda\nu}$ の具体形については，式 (E.1) を参照．$U_7(|\bm{R}+\alpha_7\bm{r}|)$ についても同様に

$$\mathcal{F}_{7;cm,c'm'}(\bm{R}) \equiv e^{i(m'-m)\phi_R} \sum_{\lambda} \mathfrak{F}_{7;cm,c'm'}^{(\lambda)}(b,z) \quad (10.81)$$

と処理すれば,

$$\mathcal{F}_{cm,c'm'}(\boldsymbol{R}) = e^{i(m'-m)\phi_R} \sum_{\lambda} \mathfrak{F}^{(\lambda)}_{cm,c'm'}(b,z) - V^{\mathrm{C}}(R)\delta_{cc'}\delta_{mm'}, \tag{10.82}$$

$$\mathfrak{F}^{(\lambda)}_{cm,c'm'}(b,z) \equiv \mathfrak{F}^{(\lambda)}_{p;cm,c'm'}(b,z) + \mathfrak{F}^{(\lambda)}_{7;cm,c'm'}(b,z) \tag{10.83}$$

となる.

式 (10.82) を式 (10.70) に代入して整理すると

$$\frac{\partial \hat{\psi}_{cm}(b,z)}{\partial z} = \frac{1}{i\hbar \hat{v}_c} \sum_{c'm'} \left(\mathfrak{R}_{cc'}(b,z) \sum_{\lambda} \mathfrak{F}^{(\lambda)}_{cmc'm'}(b,z) - V^{\mathrm{C}}(R)\delta_{cc'}\delta_{mm'} \right)$$
$$\times \hat{\psi}_{c'm'}(b,z) e^{i(\hat{K}_{c'} - \hat{K}_c)z} \tag{10.84}$$

が得られる. これが, 解くべきチャネル結合方程式である. この方程式は ϕ_R に依存しない点に留意すること. これは, ハミルトニアンが ϕ_R に依存しないことの帰結であるが, それが正しく反映されている理由は, チャネル結合ポテンシャルに起因する m の変化 (あるいは M_J の保存則) を, チャネル波動関数を用意する際に適切に考慮したからである.

式 (10.84) は, 第 7 章で学んだ反復法を用いて解くことができる. その際の境界条件は

$$\lim_{z \to -\infty} \Psi^{\mathrm{CDCC}}(\boldsymbol{r},\boldsymbol{R}) = \bar{\phi}^{\mathrm{C,inc}(+)}_{\hat{\boldsymbol{K}}_{c_0}}(b,z) \hat{\varphi}_{c_0 m_0}(\boldsymbol{r}) \tag{10.85}$$

すなわち

$$\lim_{z \to -\infty} \hat{\psi}_{cm}(b,z) = \delta_{cc_0}\delta_{mm_0} \tag{10.86}$$

である. ただし c_0 は入射チャネルであり, $i=0, l=1$ に対応する. すでに述べたように, m_0 は $-1, 0, 1$ のいずれかであり, それぞれの値ごとにチャネル結合方程式を解くことになる[13].

10.4.7 分解断面積

チャネル cm へと遷移する遷移行列は, 第 7 章と同様に

---
[13] 対称性より, 実際には $m_0 \geq 0$ の場合だけを考慮すればよいことが示せる.

$$T_{cm,c_0m_0} \equiv \int \bar{\phi}^{\mathrm{C,inc}(-)*}_{\hat{\boldsymbol{K}}'_c \cdot \boldsymbol{R}}(b,z)\, \hat{\varphi}^*_{cm}(\boldsymbol{r})$$
$$\times \left[U_p(|\boldsymbol{R}+\alpha_p \boldsymbol{r}|) + U_7(|\boldsymbol{R}+\alpha_7 \boldsymbol{r}|) - V^{\mathrm{C}}(R) \right]$$
$$\times \sum_{c'm'} \Psi^{\mathrm{CDCC}}_{c'm'}(\boldsymbol{r},\boldsymbol{R})\, d\boldsymbol{r}d\boldsymbol{R} \tag{10.87}$$

で定義される．ただし式 (10.87) は，第 9 章で学んだクーロン相互作用の影響を終状態に取り込んだ表式になっている点に注意すること．また放出波数 $\hat{\boldsymbol{K}}'_c$ は，大きさが $\hat{K}_c$ で，方向のみ $\hat{\boldsymbol{K}}_c$ から変化したベクトルを表している．なおここで，

$$\bar{\phi}^{\mathrm{C,inc}(-)*}_{\hat{\boldsymbol{K}}'_c}(b,z) = \bar{\phi}^{\mathrm{C,inc}(+)}_{-\hat{\boldsymbol{K}}'_c}(b,z) = \frac{1}{(2\pi)^{3/2}} e^{-i\hat{\boldsymbol{K}}'_c \cdot \boldsymbol{R}} e^{i\hat{\eta}_c \ln(\hat{K}_c R + \hat{\boldsymbol{K}}'_c \cdot \boldsymbol{R})}$$
$$\tag{10.88}$$

である．これまでと同様に，前方散乱近似

$$e^{i(\hat{\boldsymbol{K}}_{c'} - \hat{\boldsymbol{K}}'_c) \cdot \boldsymbol{R}} \approx e^{-i\hat{K}_c b\theta \cos\phi_R} e^{i(\hat{K}_{c'} - \hat{K}_c)z}, \tag{10.89}$$

$$e^{i\hat{\eta}_c \ln(\hat{K}_c R + \hat{\boldsymbol{K}}'_c \cdot \boldsymbol{R})} \approx e^{i\hat{\eta}_c \ln(\hat{K}_c R + \hat{K}_c z)} \tag{10.90}$$

を適用して式 (10.87) を整理すると，

$$T_{cm,c_0m_0} = \int \frac{1}{(2\pi)^3} e^{2i\hat{\eta}_c \ln(\hat{K}_c b)} e^{-i\hat{K}_c b\theta \cos\phi_R} e^{i(m_0-m)\phi_R}$$
$$\times \sum_{c'm'} \left(\mathfrak{R}_{cc'}(b,z) \sum_\lambda \mathfrak{F}^{(\lambda)}_{cm,c'm'}(b,z) - V^{\mathrm{C}}(R)\delta_{cc'}\delta_{mm'} \right)$$
$$\times e^{i(\hat{K}_{c'} - \hat{K}_c)z} \hat{\psi}_{c'm'}(b,z)\, d\boldsymbol{R} \tag{10.91}$$

が得られる．ただしここで，第 9 章と同様に

$$e^{i\hat{\eta}_c \ln(\hat{K}_c R + \hat{K}_c z)} e^{i\hat{\eta}_c \ln(\hat{K}_c R - \hat{K}_c z)} = e^{i\hat{\eta}_c \ln(\hat{K}_c R + \hat{K}_c z)(\hat{K}_c R - \hat{K}_c z)}$$
$$= e^{i\hat{\eta}_c \ln[\hat{K}_c^2(R^2 - z^2)]} = e^{2i\hat{\eta}_c \ln(\hat{K}_c b)}$$
$$\tag{10.92}$$

§ 10.4 CDCC による ^{8}B 分解反応の記述

を用いた．

式 (10.84) より

$$T_{cm,c_0m_0} = \int \frac{i\hbar\hat{v}_c}{(2\pi)^3} e^{2i\hat{\eta}_c \ln(\hat{K}_c b)} e^{-i\hat{K}_c b\theta \cos\phi_R} e^{i(m_0-m)\phi_R} \frac{\partial \hat{\psi}_{cm}(b,z)}{\partial z} d\boldsymbol{R} \tag{10.93}$$

であるから，z に関する積分は解析的に実行でき，

$$T_{cm,c_0m_0} = \int_0^\infty db \int_0^{2\pi} d\phi_R \frac{i\hbar\hat{v}_c}{(2\pi)^3} e^{2i\hat{\eta}_c \ln(\hat{K}_c b)} e^{-i\hat{K}_c b\theta \cos\phi_R} e^{i(m_0-m)\phi_R}$$
$$\times \left(\sqrt{\frac{\hat{K}_{c_0}}{\hat{K}_c}} \hat{S}_{cm,c_0m_0}(b) - \delta_{cc_0}\delta_{mm_0} \right) b \tag{10.94}$$

を得る．ただし

$$\hat{S}_{cm,c_0m_0}(b) \equiv \sqrt{\frac{\hat{K}_c}{\hat{K}_{c_0}}} \lim_{z\to\infty} \hat{\psi}_{cm}(b,z) \tag{10.95}$$

である．ϕ_R に関する積分も，積分公式

$$\int_0^{2\pi} e^{-i\hat{K}_c b\theta \cos\phi_R} e^{-i(m-m_0)\phi_R} d\phi_R = 2\pi(-i)^{m-m_0} J_{m-m_0}(\hat{K}_c b\theta) \tag{10.96}$$

を利用して実行することができる．ただし J_Λ は Λ 次の第 1 種ベッセル関数である．

以上をまとめ，式 (8.128) を用いて遷移行列を散乱振幅に書き直すと，

$$f^{\mathrm{EK}}_{cm,c_0m_0}(\theta) \equiv -\frac{(2\pi)^2 \mu_R}{\hbar^2} T_{cm,c_0m_0}$$
$$= \frac{\hat{K}_c}{i} \int_0^\infty e^{2i\hat{\eta}_c \ln(\hat{K}_c b)} (-i)^{m-m_0} J_{m-m_0}(\hat{K}_c b\theta)$$
$$\times \left(\sqrt{\frac{\hat{K}_{c_0}}{\hat{K}_c}} \hat{S}_{cm,c_0m_0}(b) - \delta_{cc_0}\delta_{mm_0} \right) b\, db \tag{10.97}$$

となる.ここで後の便宜のため,アイコナール近似を表すEKをfの肩に付与した.微分断面積は

$$\frac{d\sigma_c}{d\Omega} = \frac{\hat{K}_c}{\hat{K}_{c_0}} \frac{1}{2l_0+1} \sum_{mm_0} \left| f^{\mathrm{C}}(\theta) \delta_{cc_0} \delta_{mm_0} + f^{\mathrm{EK}}_{cm,c_0m_0}(\theta) \right|^2 \quad (10.98)$$

で与えられる.ただしf^{C}は式(9.8)で与えられるラザフォード振幅である.

10.4.8 量子力学的補正

本項では,アイコナール近似に基づいて得られた式(10.97)に対する量子力学的補正について述べる.10.7節で示す結果は,この補正が取り入れられたものである.補正の大まかな方針は,bが小さい領域における散乱振幅を,純量子力学的計算の結果に置き換えるというものである.そのためには,アイコナール近似で得られた表式を,純量子力学的計算の結果(後述)と対応する形に書き直す必要がある.

まず,式(10.97)において,bについての積分を

$$b_L^{\min} \equiv \frac{L}{\hat{K}_c}, \quad b_L^{\max} \equiv \frac{L+1}{\hat{K}_c} \quad (10.99)$$

で規定される区間に分け,

$$f^{\mathrm{EK}}_{cm,c_0m_0}(\theta) = \frac{\hat{K}_c}{i} \sum_L \int_{b_L^{\min}}^{b_L^{\max}} e^{2i\hat{\eta}_c \ln(\hat{K}_c b)} (-i)^{m-m_0} J_{m-m_0}(\hat{K}_c b\theta)$$
$$\times \left(\sqrt{\frac{\hat{K}_{c_0}}{\hat{K}_c}} \hat{S}_{cm,c_0m_0}(b) - \delta_{cc_0}\delta_{mm_0} \right) b\,db$$
$$(10.100)$$

と表現する.各Lに対応する区間の幅は$1/\hat{K}_c$である.$\hat{K}_c$が大きい場合,この幅の中で被積分関数のb依存性は無視できると考えてよい.ただし積分の重みbはそのまま考慮する.この近似の結果,

§10.4 CDCC による ^{8}B 分解反応の記述

$$f_{cm,c_0m_0}^{\text{EK}}(\theta) \approx \frac{\hat{K}_c}{i} \sum_L e^{2i\hat{\eta}_c \ln(\hat{K}_c b_L)} (-i)^{m-m_0} J_{m-m_0}(\hat{K}_c b_L \theta)$$
$$\times \left(\sqrt{\frac{\hat{K}_{c_0}}{\hat{K}_c}} \hat{S}_{cm,c_0m_0}(b_L) - \delta_{cc_0}\delta_{mm_0} \right) \frac{2L+1}{2\hat{K}_c^2} \quad (10.101)$$

が得られる．ただし

$$b_L \equiv \frac{1}{\hat{K}_c}\left(L + \frac{1}{2}\right) \quad (10.102)$$

とし，

$$\frac{(b_L^{\max})^2 - (b_L^{\min})^2}{2} = \frac{2L+1}{2\hat{K}_c^2} \quad (10.103)$$

を用いた．したがって式 (10.97) は

$$f_{cm,c_0m_0}^{\text{EK}}(\theta) \approx \frac{1}{2i\hat{K}_c} \sum_L e^{2i\hat{\eta}_c \ln(L+1/2)} (-i)^{m-m_0} J_{m-m_0}\left([L+1/2]\theta\right)$$
$$\times (2L+1)\left(\sqrt{\frac{\hat{K}_{c_0}}{\hat{K}_c}} \hat{S}_{cm,c_0m_0}(b_L) - \delta_{cc_0}\delta_{mm_0} \right) \quad (10.104)$$

となる．さらにここで，特殊関数の近似的関係式 [60]

$$J_{m-m_0}\left([L+1/2]\theta\right) \approx \sqrt{\frac{4\pi}{2L+1}} Y_{L,m_0-m}(\theta,0) \quad (10.105)$$

を用いると，

$$f_{cm,c_0m_0}^{\text{EK}}(\theta) \approx \frac{\sqrt{\pi}}{i\hat{K}_{c_0}} \sum_L f_{L;cm,c_0m_0}^{\text{EK}} Y_{L,m_0-m}(\theta,0) \quad (10.106)$$

を得る．ただしここで，部分散乱振幅 $f_{L;cm,c_0m_0}^{\text{EK}}$ は

$$f^{\mathrm{EK}}_{L;cm,c_0m_0} \equiv \frac{\hat{K}_{c_0}}{\hat{K}_c} e^{2i\hat{\eta}_c \ln(L+1/2)} i^{m_0-m} \sqrt{2L+1}$$
$$\times \left(\sqrt{\frac{\hat{K}_{c_0}}{\hat{K}_c}} \hat{S}_{cm,c_0m_0}(b_L) - \delta_{cc_0}\delta_{mm_0} \right) \quad (10.107)$$

で与えられる．上で得られた結果の特徴は，もともと b の積分として表現されていた散乱振幅が L についての和に書き換えられていること，そして，部分散乱振幅に対応する角度依存性が球面調和関数で与えられていることである．

他方，純量子力学計算で求めた散乱振幅は

$$f^{\mathrm{QM}}_{cm,c_0m_0}(\theta) = \frac{\sqrt{\pi}}{iK_{c_0}} \sum_L f^{\mathrm{QM}}_{L;cm,c_0m_0} Y_{L,m_0-m}(\theta,0) \quad (10.108)$$

という形で書けることが知られている．部分散乱振幅の角度依存性を表す球面調和関数が，式 (10.106) 中のものと同じである点が重要である．さて，第5章で見たように，b が大きくなるにつれ，ポテンシャルが散乱波に及ぼす影響は徐々に小さくなる．アイコナール近似の成立条件の1つ

$$\frac{|U(R)|}{2E} \ll 1 \quad (10.109)$$

とあわせて考えると，b が大きくなるほど，アイコナール近似の精度は高くなる．そこで，b すなわち L が小さい領域にだけ純量子力学的計算の結果を用いることとし，

$$f^{\mathrm{HY}}_{cm,c_0m_0}(\theta) \equiv \frac{\sqrt{\pi}}{iK_{c_0}} \left(\sum_{L \leq L_{\mathrm{C}}} f^{\mathrm{QM}}_{L;cm,c_0m_0} + \sum_{L > L_{\mathrm{C}}} f^{\mathrm{EK}}_{L;cm,c_0m_0} \right) Y_{L,m_0-m}(\theta,0) \quad (10.110)$$

とすれば，アイコナール近似を最大限活用しつつ（＝最小の手間で），純量子力学計算と同等の計算精度を担保することができる．ただし L_{C} は，

$$f^{\mathrm{QM}}_{L;cm,c_0m_0} \approx f^{\mathrm{EK}}_{L;cm,c_0m_0} \quad (10.111)$$

となる最小の L とする[14]．

---

[14] もし式 (10.111) が成立しなければ，あるいは L_{C} が計算に必要な L の最大値に非常に近ければ，ここで提案している補正法は機能しないということになる．その場合には，全ての L に対して純量子力学的計算を行わなければならない．なお一般に，純量子力学的計算はアイコナール近似計算と比べて，計算コストがはるかに大きい．

§10.4 CDCC による ^{8}B 分解反応の記述

純量子力学計算で求めた部分散乱振幅 $f_{L;cm,c_0m_0}^{\mathrm{QM}}$ の具体形は，マディソン規約を前提として，

$$f_{L;cm,c_0m_0}^{\mathrm{QM}} = \sum_{J=|L-l|}^{L+l} \sum_{L_0=|J-l_0|}^{J+l_0} \sqrt{2L_0+1}$$

$$\times (l_0 m_0 L_0 0 | J m_0)(lmL, m_0-m | J m_0)$$

$$\times e^{i(\sigma_{L,c}+\sigma_{L_0,c_0})} \left(\sqrt{\frac{\hat{K}_{c_0}}{\hat{K}_c}} \hat{S}_{J;cL,c_0L_0}^{\mathrm{QM}} - \delta_{cc_0}\delta_{LL_0} \right)$$

(10.112)

となる．ただし

$$\sigma_{L,c} = \arg \Gamma(L+1+i\hat{\eta}_c) \qquad (10.113)$$

である．なお $L \gg \hat{\eta}_c$ のとき，アイコナールクーロン S 行列は

$$e^{2i\hat{\eta}_c \ln(L+1/2)} \approx e^{2i\sigma_{L,c}} \qquad (10.114)$$

となることが証明できる．

上で見たように，アイコナール近似と前方散乱近似の帰結として現れるベッセル関数は，式 (10.105) によって球面調和関数と結ばれており，部分散乱振幅がもつべき角度依存性を正しく与えている．$m=m_0$ のとき，式 (10.105) は

$$J_0([L+1/2]\theta) \approx \sqrt{\frac{4\pi}{2L+1}} Y_{L0}(\theta,0) = P_L(\cos\theta) \qquad (10.115)$$

となる．J_0 と P_L を $L=0, 10, 20$ で比較した結果を図 10.5 に示す．両者の角度依存性がおおむね一致していること，L が大きくなるにつれ，後方まで良い一致が得られるようになることが見てとれる．第 5 章の図 5.11 で我々は，前方散乱近似を用いない場合，計算結果と実験データとの一致が悪くなることを見た．前方散乱近似を用いないということは，遷移行列の計算において

$$e^{i(\hat{\boldsymbol{K}}_{c'}-\hat{\boldsymbol{K}}_c')\cdot\boldsymbol{R}} = e^{-i\hat{K}_c b \sin\theta\cos\phi_R} e^{i(\hat{K}_{c'}-\hat{K}_c\cos\theta)z} \qquad (10.116)$$

をそのまま用いるということである．式 (10.116) 右辺 2 つ目の指数因子がもつ θ

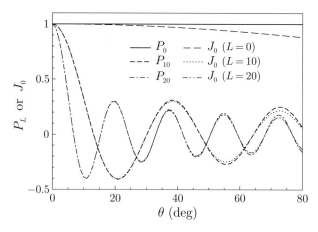

図 10.5 ルジャンドルの多項式と 0 次のベッセル関数の対応.

依存性のため，この場合，アイコナール S 行列が θ に依存することとなる．その結果，ベッセル関数がもつ適切な θ 依存性が，S 行列のそれによって乱されてしまう．裏を返せば，前方散乱近似を施すことでアイコナール S 行列の不要な θ 依存性が消失し，その"恩恵"により，遷移行列が正しい θ 依存性を保持できるのである．これが，前方散乱近似が実験データとの一致を改善するメカニズムである．

最後に，$f_{L;cm,c_0 m_0}^{\rm QM}$ と $f_{L;cm,c_0 m_0}^{\rm EK}$ の比較を図 10.6 に示しておく．計算対象は，核子あたり 250 MeV の入射エネルギーで ^{8}B を ^{208}Pb に入射，分解させる反応の部分散乱振幅（実部）である．$m = m_0 = 1, l = 0$ とし，i は，分解断面積が最大となる状態を選んだ．より詳しい計算の中身については，文献 [61] を参照のこと．横軸は L であり，実線が純量子力学的計算の結果，破線がアイコナール近似の結果である．インセットに示されているように，L が小さい領域では有意な差が見られるが，$L > 300$ では 2 つの結果は完全に一致している．この反応の K_0 はおよそ 28 fm^{-1} であるから，図 10.6 の結果は，b が約 11 fm より小さいところで部分散乱振幅の補正が必要であるということを示している．この計算では b の上限を 400 fm としているため，補正が必要な領域は，全計算領域の 3 % に満たない．このことは，本項で紹介した量子力学的補正入りのアイコナール近似計算が，分解反応を極めて効率良く，また正確に記述する手法であることを意味している．

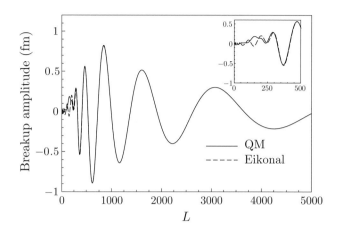

図 10.6 核子あたり 250 MeV における，^{208}Pb を用いた ^{8}B 分解反応の散乱振幅（実部）．終状態は，分解断面積が最大となる状態に取った．実線が純量子力学的計算の結果，破線がアイコナール近似の結果．詳細は本文および文献 [61] を参照．

§ 10.5　反応計算に取り入れられている自由度

では，CDCC による分解反応の記述を整理してみよう．まず我々は，^{8}B の分解状態を，p-^{7}Be 間の軌道角運動量 l，その z 成分 m，および相対波数区間の指標 i で分類し，有限個のチャネルを用意した．そして，p-^{208}Pb および ^{7}Be-^{208}Pb の相互作用（核力成分とクーロン成分の和）によって，^{8}B の状態が遷移する過程を，チャネル結合法によって記述した．重要な点は，この計算には<u>無限次の遷移が入っている</u>ということである（第 7 章の議論を思い起こすこと）．もし反復法の計算を，相互作用を 1 回だけ取り入れたところで打ち切れば，1 段階過程の遷移を計算したこととなり，先行研究 [49] の計算に対応した結果が得られる．

次に，^{8}B の分解を引き起こす相互作用であるが，上述のように，我々の計算には核力ポテンシャルとクーロン相互作用の双方が取り入れられている．他方，先行研究では，分解に寄与するのはクーロン相互作用の双極子成分のみであるとしている．以下，この違いについて詳しく見ていくことにしよう．

p-^{208}Pb 間のクーロン相互作用の多重極子は

$$U_p^{\mathrm{C}(\lambda)}(R,r) \equiv \frac{2\lambda+1}{2} \int_{-1}^{1} \frac{Z_p Z_{208\mathrm{Pb}} e^2}{|\boldsymbol{R}+\alpha_p \boldsymbol{r}|} P_\lambda(\cos\theta_{Rr}) \, d(\cos\theta_{Rr})$$

$$= Z_p Z_{208\mathrm{Pb}} e^2 \frac{r_<^\lambda}{r_>^{\lambda+1}} \tag{10.117}$$

となることが知られている．ただし $r_<$ ($r_>$) は R と $\alpha_p r$ のうち小さい（大きい）方を表す．クーロン相互作用（のうち，分解を引き起こす成分）のレンジは極めて長いため，分解反応に寄与するのは主として $R > \alpha_p r$ の領域であると考えてよい[15]．この条件下での多重極子は

$$U_{p\mathrm{ff}}^{\mathrm{C}(\lambda)}(R,r) \equiv Z_p Z_{208\mathrm{Pb}} e^2 \frac{(\alpha_p r)^\lambda}{R^{\lambda+1}} \tag{10.118}$$

となる．添字の ff は far field の略である．同様に，$R > |\alpha_7| r$ を前提として

$$U_{7\mathrm{ff}}^{\mathrm{C}(\lambda)}(R,r) \equiv Z_{7\mathrm{Be}} Z_{208\mathrm{Pb}} e^2 \frac{(\alpha_7 r)^\lambda}{R^{\lambda+1}}. \tag{10.119}$$

これより，$R > \alpha_p r$ のとき（いま，$\alpha_p > |\alpha_7|$ であるから，このとき $R > |\alpha_7| r$），反応を引き起こすクーロン相互作用は

$$U_{\mathrm{ff}}^{\mathrm{C}}(\boldsymbol{R},\boldsymbol{r}) = \sum_\lambda U_{\mathrm{ff}}^{\mathrm{C}(\lambda)}(R,r) P_\lambda(\cos\theta_{Rr}), \tag{10.120}$$

$$U_{\mathrm{ff}}^{\mathrm{C}(\lambda)}(R,r) \equiv U_{p\mathrm{ff}}^{\mathrm{C}(\lambda)}(R,r) + U_{7\mathrm{ff}}^{\mathrm{C}(\lambda)}(R,r) \tag{10.121}$$

で与えられる．
$\lambda = 0$ の項（電気単極子項）は

$$U_{\mathrm{ff}}^{\mathrm{C}(0)}(R,r) = Z_p Z_{208\mathrm{Pb}} e^2 \frac{1}{R} + Z_{7\mathrm{Be}} Z_{208\mathrm{Pb}} e^2 \frac{1}{R} = V^{\mathrm{C}}(R) \tag{10.122}$$

となる．$U_{\mathrm{ff}}^{\mathrm{C}(0)}$ は r に依存しないため，$^8\mathrm{B}$ の状態を変えることはできない：

$$\int \hat{\varphi}_{cm}^*(\boldsymbol{r}) U_{\mathrm{ff}}^{\mathrm{C}(0)}(R,r) P_0(\cos\theta_{Rr}) \hat{\varphi}_{c'm'}(\boldsymbol{r}) \, d\boldsymbol{r} = V^{\mathrm{C}}(R) \delta_{cc'} \delta_{mm'}. \tag{10.123}$$

---

[15] この仮定は分析のために導入したものであり，実際の計算では用いられていない．

§ 10.5 反応計算に取り入れられている自由度

ここで
$$P_0(\cos\theta) = 1 \tag{10.124}$$
を用いた．式 (10.68) に示されているように，クーロン場中のアイコナール近似では，この単極子項はチャネル結合ポテンシャルから差し引かれている．

$\lambda = 1$ の項（電気双極子項）は

$$U_{\text{ff}}^{\text{C}(1)}(R,r) = Z_p Z_{208\text{Pb}} e^2 \frac{\alpha_p r}{R^2} + Z_{7\text{Be}} Z_{208\text{Pb}} e^2 \frac{\alpha_7 r}{R^2}$$
$$= \frac{Z_{208\text{Pb}} e \, e_{\text{E1}} r}{R^2} \tag{10.125}$$

となる．ただし

$$e_{\text{E1}} \equiv (\alpha_p Z_p + \alpha_7 Z_{7\text{Be}}) e \tag{10.126}$$

は E1 有効電荷とよばれる量であり，電気双極子遷移 (electric dipole transition: E1 遷移) に対して，入射粒子がどのような感度をもつかを表している．$U_{\text{ff}}^{\text{C}(1)}$ は l を 1 変化させる．^{8}B の基底状態は $l=1$ であるため，これに $U_{\text{ff}}^{\text{C}(1)}$ が 1 回作用した状態は $l=0$ または 2 となる．$U_{\text{ff}}^{\text{C}(1)}$ の最大の特徴はその長距離性であり，レンジは遠心力ポテンシャルと同程度である．このため，E1 遷移を取り扱う際には，一般に巨大な模型空間が必要となる．以下で紹介する計算において，衝突径数 b の上限は 1000 fm としている．その長距離性ゆえ，通常，E1 の励起強度は電気遷移の中で最も強い．ただし角運動量の選択則で E1 が禁止または抑制される場合はこの限りではない[16]．

$\lambda = 2$ の項は電気四重極子 (electric quadrupole: E2) 項とよばれる：

$$U_{\text{ff}}^{\text{C}(2)}(R,r) = Z_p Z_{208\text{Pb}} e^2 \frac{(\alpha_p r)^2}{R^3} + Z_{7\text{Be}} Z_{208\text{Pb}} e^2 \frac{(\alpha_7 r)^2}{R^3}$$
$$= \frac{Z_{208\text{Pb}} e \, e_{\text{E2}} r^2}{R^3}, \tag{10.127}$$

$$e_{\text{E2}} \equiv (\alpha_p^2 Z_p + \alpha_7^2 Z_{7\text{Be}}) e. \tag{10.128}$$

E2 の相互作用は，核力ポテンシャルと比べるとレンジは長いが，双極子項ほどの長距離性はなく，一般に E2 遷移の強度は E1 のそれよりもはるかに弱い．

---

[16] 低エネルギー核反応 $a+b \to C+\gamma$ において，入射波の主成分は $l=0$ であるから，原子核 C の束縛状態が $l=2$ の場合，最も強い遷移は E1 ではなく E2 となる．

表 10.1　CDCC 計算と先行研究の比較.

	遷移の次数	核力分解	クーロン分解	分解状態の l
CDCC	無限次	あり	全多重極子	$0 \sim 3$
先行研究	1 次	なし	E1 のみ	0 または 2

$\lambda = 3$ 以上の項についても，同様に多重極項と有効電荷を定義することができる．CDCC では，角運動量代数的に許される全ての多重極子が取り入れられている．これに対して，先行研究では E1 遷移のみが考慮されている．CDCC に取り入れる多重極子を $\lambda = 1$ に限定すれば，先行研究に対応した計算となる．

核力ポテンシャルについても，上記と同様に多重極子を定義することができる．ただし特殊な場合を除いて，その多重極子を解析的に書き下すことはできない．また，クーロン相互作用と異なり，単極子項も ^{8}B の分解に寄与する．CDCC では，クーロン相互作用と同様に，核力ポテンシャルの全ての多重極子が考慮されている．一方，先行研究では，核力による分解過程は一切取り入れられていない．そのような計算を再現（模倣）する 1 つの方法は，式 (10.10) のハミルトニアンを

$$\hat{H} \to -\frac{\hbar^2}{2\mu_R}\boldsymbol{\nabla}_{\boldsymbol{R}}^2 + U_p^{\mathrm{C}}(|\boldsymbol{R}+\alpha_p\boldsymbol{r}|) + U_p^{\mathrm{N}}(R) + U_7^{\mathrm{C}}(|\boldsymbol{R}+\alpha_7\boldsymbol{r}|) + U_7^{\mathrm{N}}(R) + \hat{h}_8 \tag{10.129}$$

と変更するというものである．ただしここで，上付きの N と C はそれぞれ核力ポテンシャルとクーロン相互作用を表す．この置き換えられたハミルトニアンでは，核力ポテンシャルは r に依存しないため，^{8}B の分解には寄与しない．ただし，^{8}B およびその分解状態と ^{208}Pb の散乱には，一体ポテンシャル $U_p^{\mathrm{N}} + U_7^{\mathrm{N}}$ の影響が考慮されている．特に，吸収の効果が取り入れられていることが重要である．先行研究においても，この吸収の効果は同様に取り扱われている．

CDCC 計算と先行研究の対比を表 10.1 にまとめる．無限次の遷移が入っていること，全ての多重極子を考慮していること，核力の分解もクーロン分解と同一の枠組みで考慮していることが，先行研究と比較したときの CDCC 計算の長所であるといえる．

§ 10.6　漸近規格化係数法（ANC 法）

我々は，^{8}B の分解反応が式 (10.1) の逆反応であるとは想定していない．し

たがって，微細平衡の原理に代わって $S_{17}(0)$ を算出する方法が必要である．本研究ではこの方法として，漸近規格化係数法（ANC 法 [55]）を採用する．以下，ANC 法の概要を説明しよう．

ANC 法の基本的な考え方は，式 (10.1) のような，極めて低いエネルギーにおける光放射陽子捕獲反応には，融合する 2 粒子の相対波動関数のうち，遠方の成分だけが関与するというものである．低エネルギーでは，2 粒子はクーロン障壁（バリア）に阻まれて，ほとんど近づくことができない．すなわち，2 粒子間の散乱波動関数は，近距離ではほぼ 0 である．光放射捕獲反応は，そのような散乱波と，2 粒子の束縛状態の波動関数が，電気遷移（いまの場合 E1）相互作用を通じて重なり（オーバーラップ）をもつことで起きる．したがって，散乱波が有意な大きさの振幅をもつ領域だけがこの反応の遷移に関与するというのは，至極もっともな想定であるといえる．この想定は，数値的にも十分な検証がなされている [62]．

図 10.7 に，適当な模型で計算された ^{8}B の束縛波動関数 $\bar{u}_1^{\text{gs}}$（実線）と p-^{7}Be 系の $l=0$ の散乱波 $\bar{u}_0$（破線）を示す．重心系での散乱エネルギーは 20 keV と取った．左の図を見る限り，$\bar{u}_1^{\text{gs}}$ と $\bar{u}_0$ が有意な値をもつ領域は完全に分離しており，両者の重なりを見出すことはできない．しかし右の図のように振幅の大きさを拡大（10000 倍）してみると，2 つの波動関数の重なりが見えてくる．点線は，$\bar{u}_1^{\text{gs}}$ と $\bar{u}_0$ の積に r を掛けたものである．r は，p-^{7}Be 系の E1 遷移を記述する演算子の動径部分であることが知られている．したがって点線は，式

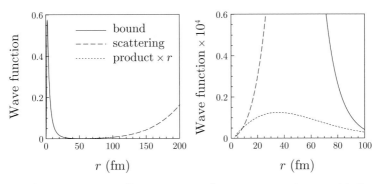

図 10.7 ^{8}B の束縛波動関数 $\bar{u}_1^{\text{gs}}$（実線）および p-^{7}Be 系の $l=0$ の散乱波 $\bar{u}_0$（破線）．重心系での散乱エネルギーを 20 keV とした．点線は実線と破線の積に r を掛けたもの．右の図では，振幅の大きさを 10000 倍に拡大している．

(10.1) の反応を記述する遷移行列の被積分関数に相当するものである．点線は，極めて遠くまで広がった分布をもつ．この結果は，前段で述べた ANC 法の基本的な考え方が正しいことを明確に示している．

ここで，^{8}B の基底状態の波動関数についてあらためて考えてみよう．我々は，シュレディンガー方程式

$$\left[-\frac{\hbar^2}{2\mu_r}\frac{d^2}{dr^2} + \frac{\hbar^2}{2\mu_r}\frac{2}{r^2} + V_{p7}^{\rm N}(r) + \frac{Z_p Z_{7{\rm Be}}e^2}{r} - \varepsilon_0\right]\bar{v}_1^{\rm gs}(r) = 0 \quad (10.130)$$

を満たす $\bar{v}_1^{\rm gs}$ を，^{8}B の基底状態の動径波動関数 (の r 倍) とみなしている[17]．ここで $V_{p7}^{\rm N}$ は，V_{p7} の核力成分である．一般に，この $\bar{v}_1^{\rm gs}$ を正確に得ることは難しい．なぜなら完全な $\bar{v}_1^{\rm gs}$ を得るということは，^{8}B という 8 核子系の正確な波動関数を得ることと等価だからである[18]．さらにいえば，そもそも式 (10.130) は，本来解くべき多体問題を，p-^{7}Be の 2 体模型によって近似的に表現した式にすぎない．しかし，仮に ANC 法の考え方が成り立てば，r の全域にわたる $\bar{v}_1^{\rm gs}$ ではなく，$V_{p7}^{\rm N}$ のレンジ $r_{\rm N}$ よりも遠方における $\bar{v}_1^{\rm gs}$ さえあればよいのである．そして $V_{p7}^{\rm N}$ が無視できる領域では，$\bar{v}_1^{\rm gs}$ は正確に

$$\bar{v}_1^{\rm gs}(r) = \mathcal{A}_0 W_{-\eta_0, 3/2}(2k_0 r), \quad (r > r_{\rm N}) \quad (10.131)$$

となることが知られている．ここで $W_{-\eta_0, 3/2}$ はウィッタカー関数とよばれる解析関数であり，

$$k_0 = \frac{\sqrt{2\mu_r |\varepsilon_0|}}{\hbar} \quad (10.132)$$

である．すなわち我々にとって必要なのは，このウィッタカー関数に掛かる係数 $\mathcal{A}_0$ のみということになる．この $\mathcal{A}_0$ が，漸近規格化係数 (Asymptotic Normalization Coefficient: ANC) である．詳細な分析の結果，

$$S_{17}(0) = 38.1\mathcal{A}_0^2 \quad [\text{eV}\cdot\text{b}] \quad (10.133)$$

であることが確かめられている [62]．すなわち，何らかの方法によって $\mathcal{A}_0$ を

---

[17] 式 (10.28) の $\bar{u}_1^{\rm gs}$ と別の記号を用いているのは，後述するように，$\bar{v}_1^{\rm gs}$ は一般に規格化されていないからである．
[18] 現在ではこのような構造計算は実現可能である．しかし我々が問題にしている ANC を，一切の補正なく 8 体構造計算から導出する段階には未だ到達していない．

決めることさえできれば，式 (10.133) によって $S_{17}(0)$ が正確に定まるのである．これが ANC 法の骨子である．ANC 法は $S_{17}(0)$ に限らず，数多くの天体核反応に適用できる，極めて強力な方法である．

今回我々は，^{8}B の分解実験 [49] を CDCC で解析することによって，$\mathcal{A}_0$ の決定を行う．10.4 節で述べたように，CDCC では，p-^{7}Be の波動関数として規格直交性を満たすものを用いる．したがって，式 (10.131) をそのまま CDCC に用いることはできない[19]．そこで CDCC 解析では，次のような手続きをとる．

1. V_{p7}^{N} に適当なポテンシャルを想定し，p-^{7}Be の規格化された波動関数 $\bar{u}_1^{\mathrm{gs}}$ を用意する．離散化された連続状態も同様に計算する．
2. $\bar{u}_1^{\mathrm{gs}}$ の漸近領域 $(r > r_{\mathrm{N}})$ における振幅をウィッタカー関数で割った値 a_{sp} を求めておく．
3. CDCC で ^{8}B の分解断面積 $d\sigma_{\mathrm{BU}}/d\theta$（10.7 節を参照）を計算し，$\mathcal{S}_0 \times (d\sigma_{\mathrm{BU}}/d\theta)$ が実験データを最も良く再現するように定数 $\mathcal{S}_0$ を決める．
4. 2. と 3. で決定した a_{sp} と $\mathcal{S}_0$ から，

$$\mathcal{A}_0 = \sqrt{\mathcal{S}_0}\, a_{\mathrm{sp}} \qquad (10.134)$$

によって ANC を算出する．

5. V_{p7}^{N} を変化させて 1. から 4. を繰り返し，$\mathcal{A}_0$ が変化しないことを確認する．

少々回りくどいが，このようにすれば，規格化された波動関数を用いた計算によって，$\mathcal{A}_0$ の値を決定することができる[20]．また，重要なのが 5. である．分解反応の断面積が p-^{7}Be の波動関数の漸近領域だけで決まっているのであれば，得られる $\mathcal{A}_0$ の値は V_{p7}^{N} に依存しないはずである．a_{sp} や $\mathcal{S}_0$ が大きく変化する程度に V_{p7}^{N} を変えれば，波動関数の内側は V_{p7}^{N} によって確かに変化しているといえる．その条件の下で，$\mathcal{A}_0$ が V_{p7}^{N} に依存しないことが確認されれば，それは p-^{7}Be の波動関数の漸近領域だけが反応に寄与していることの証左と捉えてよいだろう．文献 [49] で測定された ^{8}B 分解反応に関しては，この $\mathcal{A}_0$ の不定性は事実上無視できることが数値的に確認されている [47]．

---

19) ウィッタカー関数は原点で発散するという問題もある．
20) 規格化された $\bar{u}_1^{\mathrm{gs}}$ の漸近係数 a_{sp} が ANC そのものとならないのは，多体の効果である．端的にいえば，^{8}B の波動関数のうち，^{7}Be の基底状態と p の配位をもつのは，全体の一部にすぎない．同じ理由で，式 (10.130) の $\bar{v}_1^{\mathrm{gs}}$ のノルムは 1 よりも小さい．

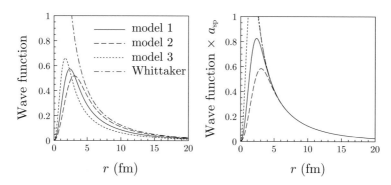

図 10.8 3種類のポテンシャルで求めた $\bar{u}_1^{\rm gs}$（実線，破線，点線）とウィッタカー関数 $W_{-\eta_0,3/2}$（一点鎖線）の比較．左図では $\bar{u}_1^{\rm gs}$ そのものを，右図ではそれに $a_{\rm sp}$ を掛けたものをプロットしている．

図 10.8 の左に，3種類の $V_{p7}^{\rm N}$ を用いて計算した $\bar{u}_1^{\rm gs}$ を示す（実線，破線，および点線）．これらは全て 1 に規格化されている．一点鎖線はウィッタカー関数 $W_{-\eta_0,3/2}$ である．ポテンシャルによって $\bar{u}_1^{\rm gs}$ が大きく変化していることが見てとれる．右の図は，それぞれの $\bar{u}_1^{\rm gs}$ に，漸近領域におけるウィッタカー関数との比 $a_{\rm sp}$ を掛けたものである．およそ 5 fm よりも外では，全ての線が重なっていることがわかる．したがって，この波動関数の 5 fm よりも外側だけが関与する反応には，左図に示された $V_{p7}^{\rm N}$ の不定性はまったく影響しない．実際の解析では，上述のとおり，$V_{p7}^{\rm N}$ の不定性が結果に影響するかどうかで，波動関数の内側が効いているかどうかを判定している．

§ 10.7 分解反応の解析結果

では，文献 [49] で測定された $^8{\rm B}$ 分解反応断面積の解析に取りかかろう．入射エネルギーは核子あたり 53 MeV である．実験では，p-$^7{\rm Be}$ の相対エネルギー ε が $\varepsilon_{\min} = 500$ keV から $\varepsilon_{\max} = 750$ keV の範囲にあるイベントについて，p-$^7{\rm Be}$ の重心が飛んでいく角度 θ に対する微分断面積が測定されている．この観測量は，式 (10.98) の微分断面積を用いれば

$$\frac{d\sigma_{\rm BU}}{d\theta} = 2\pi \sin\theta \sum_{\varepsilon_{\min} \leq \hat{\varepsilon}_i \leq \varepsilon_{\max}} \sum_l \left(\frac{d\sigma_c}{d\Omega}\right) \quad (10.135)$$

と表される[21]．

10.5 節で述べたとおり，計算には $l = 0 \sim 3$ の状態を取り入れている．$k_{\max}$ や bin 幅 Δk などについては，文献 [47] を参照のこと．p-^{7}Be の核力ポテンシャル V_{p7}^N としては，$l = 1$ については文献 [63] と [64] のパラメータを用いる．2 種類のパラメータを用いるのは ANC 法の誤差評価のためであるが，10.6 節で述べたとおり，その誤差は無視できるほどに小さい．$l = 0$ のポテンシャルは，低エネルギーで測定された p-^{7}Be 弾性散乱の結果を再現するように決められたもの [65] を用いる．$l = 2, 3$ についても $l = 0$ と同じパラメータを採用するが，これらの部分波については，$V_{p7}^N = 0$ としても分解断面積の結果は変化しないことがわかっている．p-^{208}Pb および ^{7}Be-^{208}Pb の光学ポテンシャルには，それぞれ文献 [12] と [66] のパラメータを用いる．これらの光学ポテンシャルの不定性に関しても，計算結果にもたらす影響は無視できるほど小さいことが確認されている．衝突径数の最大値は 1000 fm とした．また，計算には 10.4.8 項で述べた量子力学補正が取り入れられている[22]．

図 10.9 に実験値と理論計算値の比較を示す．横軸は p-^{7}Be の重心の散乱角度

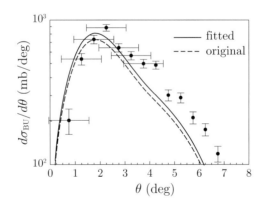

図 10.9 核子あたり 52 MeV における ^{208}Pb による ^{8}B の分解断面積．横軸は p-^{7}Be の重心の散乱角度．p-^{7}Be の相対エネルギーは 500 keV から 750 keV までが選択されている．点線が規格化された波動関数を用いた結果，実線が前方のデータにフィットした結果．実験データは文献 [49] より引用．水平方向の誤差棒は，角度の分解能を示す．

---

[21] 正確には，ラベル i の状態をつくる際に考慮する運動量区間の下限と上限を適切に選択しなければならないが，表記上その影響は無視する．
[22] 実際の計算では，p と ^{7}Be の内部スピンも考慮されている．

である．また上述のとおり，$p\text{-}{}^7\text{Be}$ の相対エネルギーが 500 keV から 750 keV の範囲にあるイベントのみが選択されている．解析の目的は，実験データを最も良く再現するように $\mathcal{S}_0$ を決定することである．ただしその際，$\theta < 4°$ のデータのみを解析の対象とする．これは，後方角度では，我々の計算に取り入れられていない自由度，たとえば ${}^7\text{Be}$ が束縛励起状態に遷移するチャネルが活性化するおそれがあるからである．また，後方までを分析の対象とすると，$p\text{-}{}^7\text{Be}$ の波動関数の内側が関与し始めるため，ANC 法に起因する誤差が無視できなくなるという問題も生じる．図 10.9 の破線は，$l = 1$ の $p\text{-}{}^7\text{Be}$ ポテンシャルとして文献 [63] のパラメータを用いて計算した $d\sigma_{\text{BU}}/d\theta$ であり，実線はこれに $\mathcal{S}_0$ を掛けて $\theta < 4°$ のデータを最も良く再現するようにしたものである．ただし計算では，実験の分解能および測定効率が適切に考慮されている．

この反応解析の結果から定まった ANC が

$$\mathcal{A}_0 = 0.740 \quad [\text{fm}^{-1/2}] \tag{10.136}$$

である．これを式 (10.133) に代入すると，$S_{17}(0)$ の中心値

$$S_{17}(0) = 20.9 \quad [\text{eV} \cdot \text{b}] \tag{10.137}$$

が得られる．これに，$l = 0$ の核力ポテンシャル V_{p7}^{N} に起因する理論的不定性[23]と，実験データの誤差を取り入れて，

$$S_{17}^{\text{CDCC}}(0) = 20.9^{+1.0}_{-0.6}\,(\text{theor}) \pm 1.8\,(\text{expt}) \quad [\text{eV} \cdot \text{b}]. \tag{10.138}$$

これが，${}^8\text{B}$ の分解反応を CDCC で分析することによって得られた $S_{17}(0)$ の値である．文献 [49] で決定された式 (10.7) の値と比べて，中心値が 10 % 程大きいことがわかる．

式 (10.138) の値を用いて，低エネルギー領域における反応式 (10.1) の天体物理学的因子を計算した結果を図 10.10 の実線で示す．理論曲線は，ANC 法に基づいて計算されたものである．図には，直接測定の実験値と，${}^8\text{B}$ の分解反応を逆反応に変換した実験値（間接測定値）をあわせて示し

---

[23] V_{p7}^{N} は，$p\text{-}{}^7\text{Be}$ の s 波の低エネルギー位相差（正確には散乱長）の実験値を再現するように決められているが，この実験値の誤差に応じて，V_{p7}^{N} に有意の不定性が生じる．

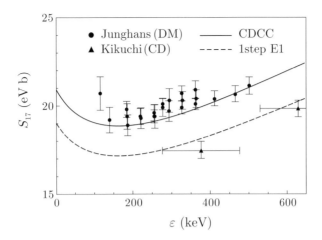

図 10.10 ANC 法に基づく S_{17} の計算結果．実線は，^{8}B の分解反応を CDCC で解析して得た ANC を用いたもの．破線は，同じ反応を 1 段階の E1 遷移過程とみなした場合の結果．丸は直接測定のデータ [50] であり，三角は ^{8}B 分解反応の逆反応として引き出した S_{17} のデータ [49] である．

ている．実線は，直接測定の結果を良く再現していることがわかる．これは，CDCC を用いて決められた ANC の正しさを示しているといってよい．<u>実線が，直接測定データの解析結果ではなく，^{8}B の分解断面積の解析結果であることに注意せよ</u>．

次に，分解反応の解析に用いる計算を，表 10.1 に従って，先行研究で使用されたモデルに対応させてみよう．具体的には，1) 遷移として 1 段階のみを取り入れ，2) 核力による分解を無視し，3) クーロン分解のうち E1 遷移のみを考慮する．その結果が，図 10.10 の破線である．今度は直接測定ではなく，間接測定のデータを良く再現していることがわかるだろう．このとき得られた $S_{17}(0)$ の値は

$$S_{17}^{\text{1stepE1}}(0) = 19.0^{+0.9}_{-0.6} \,(\text{theor}) \pm 1.6 \,(\text{expt}) \quad [\text{eV} \cdot \text{b}] \qquad (10.139)$$

であり，先行研究の結果，すなわち式 (10.7) の値と良く一致している．

図 10.10 の結果が示しているのは，<u>^{208}Pb による ^{8}B の分解反応は，反応式 (10.1) の逆反応ではない</u>ということである．分析の結果，^{8}B の分解反応では，E2 遷移や核力分解による断面積の増大と，多段階過程の影響による断面積の抑制が同時に存在することが確認されている．前者は 10 % 程度，後者は 20 %

程度の効果をもつ．したがって最終的に，^{208}Pb による ^{8}B の分解反応断面積は，反応式 (10.1) の逆反応の断面積よりも 10 % 程度小さくなる．これが，S_{17} 問題の原因であると結論づけられる．

見方を変えてみよう．図 10.10 は，たとえ ^{8}B の分解反応が反応式 (10.1) の逆反応ではなくとも，分解反応の正確な解析を行えば，反応式 (10.1) の正しい断面積が決定できることを示しているともいえる．すなわち，<u>分解反応を用いた天体核反応の間接測定法は，正確な反応理論を用いさえすれば，直接測定が困難な反応の効率的な測定法として機能する</u>というのが，本研究の重要な結論である．

§ 10.8 まとめ

本章では，天体物理学上の重要な課題である S_{17} 問題を紹介し，これを，連続状態離散化チャネル結合法 (CDCC) を用いた反応解析によって解決した．S_{17} 問題とは，^{7}Be$(p,\gamma)^8$B の測定結果と，この反応の逆反応と期待される，^{208}Pb による ^{8}B の分解反応の測定結果が一致しないという問題を指す．この問題の原因を理解するには，原子核の分解反応を正確に記述する模型が必要である．CDCC は，原子核の分解状態を記述する際に，構成粒子間の軌道角運動量に上限を設けることを最大の特徴とする 3 体反応模型である．その上で，連続状態を有限個の離散的な状態で表現することにより，CDCC は，通常のチャネル結合法と同様に，かつ，3 体の厳密理論であるファデーエフ理論と同等の精度で分解反応を記述することができる．

模型空間の限定と連続状態の離散化，および散乱波に対するアイコナール近似の結果，CDCC の方程式は第 7 章で紹介したチャネル結合方程式とまったく同じ形に帰着する．ただし今回新たに，入射粒子が角運動量をもち，それが反応過程で変化する自由度を取り入れた．CDCC による分析の結果，クーロン双極子遷移（E1 に対応する仮想光子の吸収）だけが ^{8}B の分解反応に関与するわけではなく，核力ポテンシャルや E2 遷移も 10 %程度の寄与をもつことがわかった．これは分解断面積の増大をもたらす．さらに，^{8}B の分解は 1 次の摂動では正確に描くことができず，多段階過程の影響により，分解断面積は 20 %ほど減少することも明らかになった．これら 2 つの効果により，最終的に，^{8}B の分解反応を逆反応に変換して得た断面積は，^{7}Be$(p,\gamma)^8$B を直接測定した結果

を 10 %ほど下回る．これが S_{17} 問題の原因であるというのが，本研究で得られた結論である．

　上記の結論は，「^{208}Pb による ^{8}B の分解反応は ^{7}Be$(p,\gamma)^8$B の逆反応ではない」と総括することができる．しかしこれは，^{8}B の分解反応を，^{7}Be$(p,\gamma)^8$B の断面積を間接的に測定する方法として活用できないことを意味しない．事実，分解反応を CDCC で記述し，多段階過程をはじめとする高次の効果を適切に取り入れれば，解析結果は ^{7}Be$(p,\gamma)^8$B の測定結果と完全に整合する．したがって，<u>正確な反応理論と組み合わせるという条件の下では</u>，分解反応を利用した光放射捕獲反応の間接測定法は高い精度で機能すると結論することができる．本章の内容の詳細については，文献 [47] を参照のこと．

付録 A 0 度散乱の問題

本編で何度か注意を与えたように，0 度の散乱問題を考える際には，反応領域を素通りする入射平面波をどう扱うかが問題となる．ここでは，第 8 章の学習内容に基づき，この 0 度散乱の問題について考察することとする．

2 粒子の弾性散乱を考える．クーロン相互作用や各粒子の内部構造は無視する．入射波数ベクトル $\boldsymbol{K}$ をもつ定常散乱波は，無限遠方において以下の形を取る：

$$\chi_{\boldsymbol{K}}(\boldsymbol{R}) \to \frac{1}{(2\pi)^{3/2}} e^{i\boldsymbol{K}\cdot\boldsymbol{R}} + \frac{1}{(2\pi)^{3/2}} f(\theta_R) \frac{e^{iKR}}{R} \equiv \chi_{\boldsymbol{K}}^{\mathrm{asym}}(\boldsymbol{R}). \quad \text{(A.1)}$$

ここで f は散乱振幅である．この漸近形に

$$\boldsymbol{\nabla}_{\boldsymbol{R}} = \boldsymbol{e}_R \frac{\partial}{\partial R} + \boldsymbol{e}_{\theta_R} \frac{1}{R} \frac{\partial}{\partial \theta_R} + \boldsymbol{e}_{\phi_R} \frac{1}{R\sin\theta_R} \frac{\partial}{\partial \phi_R} \quad \text{(A.2)}$$

を作用させ，$1/R^2$ のオーダーを落とすと，

$$\begin{aligned}\boldsymbol{\nabla}_{\boldsymbol{R}} \chi_{\boldsymbol{K}}^{\mathrm{asym}}(\boldsymbol{R}) &\approx \boldsymbol{e}_R \frac{1}{(2\pi)^{3/2}} iK\cos\theta_R e^{iKz} + \boldsymbol{e}_R \frac{1}{(2\pi)^{3/2}} f(\theta_R) \frac{iK}{R} e^{iKR} \\ &\quad - \boldsymbol{e}_{\theta_R} \frac{1}{(2\pi)^{3/2}} iK\sin\theta_R e^{iKz}\end{aligned} \quad \text{(A.3)}$$

を得る．

$$\boldsymbol{e}_R \cos\theta_R - \boldsymbol{e}_{\theta_R} \sin\theta_R = \boldsymbol{e}_z \quad \text{(A.4)}$$

より，

$$\boldsymbol{\nabla}_{\boldsymbol{R}} \chi_{\boldsymbol{K}}^{\mathrm{asym}}(\boldsymbol{R}) \approx \boldsymbol{e}_z \frac{1}{(2\pi)^{3/2}} iK e^{iKz} + \boldsymbol{e}_R \frac{1}{(2\pi)^{3/2}} f(\theta_R) \frac{iK}{R} e^{iKR} \quad \text{(A.5)}$$

であるから，$\chi_{\boldsymbol{K}}^{\mathrm{asym}}(\boldsymbol{R})$ の流束は

$$\begin{aligned}
\boldsymbol{j}_{\text{tot}} &= \text{Re}\,\frac{\hbar}{\mu i}\chi_{\boldsymbol{K}}^{\text{asym}*}(\boldsymbol{R})\left[\boldsymbol{\nabla}_{\boldsymbol{R}}\chi_{\boldsymbol{K}}^{\text{asym}}(\boldsymbol{R})\right] \\
&\approx \frac{1}{(2\pi)^3}\text{Re}\,\frac{\hbar}{i\mu}\left(e^{-iKz} + f^*(\theta_R)\frac{e^{-iKR}}{R}\right) \\
&\quad \times \left(\boldsymbol{e}_z iKe^{iKz} + \boldsymbol{e}_R f(\theta_R)\frac{iK}{R}e^{iKR}\right) \\
&= \boldsymbol{j}_{\text{inc}} + \boldsymbol{j}_{\text{scat}} + \boldsymbol{j}_{\text{int}} \tag{A.6}
\end{aligned}$$

となる．ただし

$$\boldsymbol{j}_{\text{inc}} \equiv \frac{1}{(2\pi)^3}\frac{\hbar K}{\mu}\boldsymbol{e}_z, \tag{A.7}$$

$$\boldsymbol{j}_{\text{scat}} \equiv \frac{1}{(2\pi)^3}\frac{\hbar K}{\mu}|f(\theta_R)|^2\frac{1}{R^2}\boldsymbol{e}_R, \tag{A.8}$$

$$\boldsymbol{j}_{\text{int}} \equiv \frac{1}{(2\pi)^3}\frac{\hbar K}{\mu}\text{Re}\,f(\theta_R)\frac{e^{iK(R-z)}}{R}(\boldsymbol{e}_R + \boldsymbol{e}_z) \tag{A.9}$$

である．

$\boldsymbol{j}_{\text{inc}}$ は入射平面波に起因する z 方向の流束，$\boldsymbol{j}_{\text{scat}}$ は動径外向きの流れである．第 8 章では，$\boldsymbol{j}_{\text{scat}}$ のみを用いて微分断面積の表式を導いた．そのときの前提は，「入射平面波の項は素通りするイベントなので断面積には寄与しない」というものであった．$\boldsymbol{j}_{\text{inc}}$ は散乱の有無に関わらず存在することを考えると，この想定（断面積の定義）自体は妥当であるように見える．しかし式 (A.1) の波動関数の一部のみを選択し，そこから物理量を引き出すという操作は，量子力学的には本来許されないものである．

この点を理解する上で本質的な事実は，現実の散乱実験では，<u>入射波は有限の広がりをもった波束状態</u>で与えられるということである．波束を用いた弾性散乱角分布の定式化については，付録 B を参照のこと．ここでは，波束の理論の結果が第 8 章で導いた結果と完全に一致すること，そして，波束の広がりは反応領域（核力ポテンシャルの存在領域）よりもはるかに広く，観測を行うスケールよりは十分狭いという事実のみを利用して，上で提起した問題を考察することにしよう．

波束の広がりが有限であるということは，散乱角 θ_R が 0 度のごく近傍（$\sim \delta\theta$）であるときのみ，入射波が観測にかかるということである．裏を返せば，θ_R が

$\delta\theta$ よりも大きい場合，現実の散乱実験では，観測点において $\boldsymbol{j}_{\text{inc}}$ および $\boldsymbol{j}_{\text{int}}$ は存在しない．したがってこの条件の下では，散乱波の流束は $\boldsymbol{j}_{\text{scat}}$ のみで与えられ，これから断面積を導出する第 8 章の処理が正当化される．すなわち，0 度のごく近傍以外で観測を行う場合には，式 (A.1) 中の入射波を無視して構わない[1]．

ただし 0 度のごく近傍では，現実の散乱実験でも，$\boldsymbol{j}_{\text{inc}}$ および $\boldsymbol{j}_{\text{int}}$ を無視することができない．特に重要なのが入射平面波と外向き球面波の干渉項 $\boldsymbol{j}_{\text{int}}$ である．$\boldsymbol{j}_{\text{int}}$ の表面積分を巨視的な R において計算すると，

$$I_{\text{int}} \equiv \int_{\theta_R < \delta\theta} (\boldsymbol{j}_{\text{int}} \cdot \boldsymbol{e}_R) R^2 d\Omega_{\boldsymbol{R}}$$

$$= \frac{1}{(2\pi)^3} \int_{\theta_R < \delta\theta} (\boldsymbol{e}_R + \boldsymbol{e}_z) \cdot \boldsymbol{e}_R \frac{\hbar K}{\mu} \operatorname{Re} f(\theta_R) \frac{e^{iK(R-z)}}{R} R^2 d\Omega_{\boldsymbol{R}}$$

$$= \frac{1}{(2\pi)^3} \int_{\theta_R < \delta\theta} (1 + \cos\theta_R) \frac{\hbar K}{\mu} \operatorname{Re} f(\theta_R) e^{iKR(1-\cos\theta_R)} R d\Omega_{\boldsymbol{R}}. \tag{A.10}$$

ここで

$$w \equiv \cos\theta_R \tag{A.11}$$

とし，$\delta\theta$ が極めて小さいことから，指数関数因子以外で $\theta_R = 0$ とすると，

$$I_{\text{int}} = \frac{1}{(2\pi)^3} \frac{2\pi \hbar K R}{\mu} \int_{\cos\delta\theta}^{1} 2 \operatorname{Re} f(0) e^{iKR(1-w)} dw$$

$$= \frac{1}{(2\pi)^3} \frac{2\pi \hbar K R}{\mu} 2 \operatorname{Re} f(0) \frac{1}{-iKR} \left[1 - e^{iKR(\delta\theta)^2/2} \right] \tag{A.12}$$

を得る．ただし

$$\cos(\delta\theta) \sim 1 - \frac{1}{2}(\delta\theta)^2 \tag{A.13}$$

を用いた．R は巨視的な大きさをもつため，式 (A.12) 中の $\exp[iKR(\delta\theta)^2/2]$ は，K のごくわずかな変化に対して激しく振動する[2]．したがって，この指数

---

[1] これは，無限に広がった入射波（定常散乱波）を用いた定式化の結論に，現実の散乱問題に対応する波束の理論の性質を援用することを意味する．そのような処理が許されるのは，付録 B で述べるように，定常散乱波の理論と波束の理論の結論が一致するからである．
[2] K の変動を考えるのは，現実の散乱波が波束状態で与えられるからである（付録 B 参照）．

因子の寄与は無視することができ，

$$I_{\text{int}} = \frac{1}{(2\pi)^3} \frac{2\pi \hbar K R}{\mu} 2 \frac{1}{-KR} \operatorname{Im} f(0) = -\frac{1}{(2\pi)^3} \frac{4\pi \hbar}{\mu} \operatorname{Im} f(0) \quad \text{(A.14)}$$

となる．j_{int} は0度のごく近傍（以下，簡単のため0度方向と表記）にのみ存在するから，I_{int} の負符号は，この流れが動径内向きすなわち $-z$ 方向を向いていることを表している．これは物理的には，入射平面波の流束がこの干渉波の流れの分だけ削りとられることを意味する．

以下，流束全体の収支を見ていくことにする．反応領域に入射する流束は z 方向に大きさ

$$\frac{1}{(2\pi)^3} \frac{\hbar K}{\mu} \quad \text{(A.15)}$$

であり，これは j_{inc} そのものである．すなわち j_{inc} は，反応領域を素通りする平面波の流束を表している．次に j_{scat} の表面積分を取ると，

$$\frac{1}{(2\pi)^3} \frac{\hbar K}{\mu} \int |f(\theta_R)|^2 \frac{1}{R^2} R^2 d\Omega_{\boldsymbol{R}} = \frac{1}{(2\pi)^3} \frac{\hbar K}{\mu} \int \frac{d\sigma}{d\Omega_{\boldsymbol{R}}} d\Omega_{\boldsymbol{R}}$$

$$\equiv \frac{1}{(2\pi)^3} \frac{\hbar K}{\mu} \sigma_{\text{elas}} \quad \text{(A.16)}$$

となる．これが，弾性散乱として動径外向きに流れ出る流束の総量である．吸収が存在しないとすると，流束の保存から

$$\frac{\hbar K}{\mu} \sigma_{\text{elas}} - 4\pi \frac{\hbar}{\mu} \operatorname{Im} f(0) = 0 \quad \text{(A.17)}$$

が得られる．これは，0度方向にのみ存在する $-z$ 方向の流れが，弾性散乱として観測される流束の源になっていることを表している．なお $|f(0)|^2$ は，0度に放出される流束と入射平面波の流束の比から計上したものにはなっていないことに注意せよ．すなわち $|f(\theta_R)|^2$ は，0度では微分断面積としての意味をもっていない．

式 (A.17) を書き換えると

$$\operatorname{Im} f(0) = \frac{K}{4\pi} \sigma_{\text{elas}} \quad \text{(A.18)}$$

となる．これを光学定理とよぶ．光学ポテンシャルの虚数部による吸収が存

する場合には，式 (A.18) は全反応断面積 σ_R を考慮に入れた形に拡張される：

$$\mathrm{Im}\, f(0) = \frac{K}{4\pi}(\sigma_\mathrm{elas} + \sigma_\mathrm{R}) = \frac{K}{4\pi}\sigma_\mathrm{tot}. \tag{A.19}$$

これを**一般化された光学定理**とよぶ．ただし σ_tot は全断面積である．なお，ここでは流束の保存則を前提として式 (A.18), (A.19) を導いたが，σ_elas, σ_R, σ_tot の部分波展開の表式を用いることで，これらの式を直接導出することも可能である（第 8 章 8.8 節参照）．上記の説明は，それらの式に物理的な解釈を与えるものといえる．特に，$\mathrm{Im}\, f(0)$ が入射平面波と散乱波の干渉によって生じる波の流束（の定数倍）に対応していることは大変興味深い．

なお，アイコナール近似を用いて求めた全断面積と散乱振幅の表式

$$\sigma_\mathrm{tot}^\mathrm{EK} = 2\pi \int_0^\infty 2\left[1 - \mathrm{Re}\, S^\mathrm{EK}(b)\right] b\, db = 4\pi \int_0^\infty \left(1 - \mathrm{Re}\left[S^\mathrm{EK}(b)\right]\right) b\, db, \tag{A.20}$$

$$\begin{aligned}f^\mathrm{EK}(0) &\equiv -\frac{(2\pi)^2 \mu}{\hbar^2} T^\mathrm{EK}(0) = \frac{K}{i}\int_0^\infty J_0(0)\left[S^\mathrm{EK}(b) - 1\right] b\, db \\ &= iK\int_0^\infty \left[1 - S^\mathrm{EK}(b)\right] b\, db \end{aligned} \tag{A.21}$$

を用いると，

$$\mathrm{Im}\, f^\mathrm{EK}(0) = K\int_0^\infty \left[1 - \mathrm{Re}\, S^\mathrm{EK}(b)\right] b\, db = \frac{K}{4\pi}\sigma_\mathrm{tot} \tag{A.22}$$

となり，アイコナール近似は一般化された光学定理を満たしていることがわかる．

付録 B　波束の理論

　本編では，散乱波の時間依存性は第 3 章でのみ議論し，その後は一貫して時間に依存しないシュレディンガー方程式の解，すなわち定常散乱波を用いて散乱現象の記述を行った．また入射平面波については，無限に（あるいは巨視的な空間に）広がった波を用いてきた．しかしこれらは，現実の散乱実験の状況と合致しない，**不自然な想定**であるといわざるをえない．ここでは，現実の状況に合致する，波束を用いた散乱理論を簡単に紹介し，その結果が，定常散乱波を用いた理論の結果（第 8 章の結論）と一致することを示す．詳細な議論については文献 [67] を参照のこと．

　2 粒子の弾性散乱を考える．クーロン相互作用や各粒子の内部構造は無視する．第 8 章で学んだとおり，入射波数ベクトルが $\boldsymbol{K}$ で指定される定常散乱波は，無限遠方で次の形をもつ:

$$\chi_{\boldsymbol{K}}(\boldsymbol{R}) \to \frac{1}{(2\pi)^{3/2}} e^{i\boldsymbol{K}\cdot\boldsymbol{R}} + \frac{1}{(2\pi)^{3/2}} f_{\boldsymbol{K}}(\theta_R) \frac{e^{iKR}}{R} \equiv \chi_{\boldsymbol{K}}^{\mathrm{asym}}(\boldsymbol{R}). \quad (\text{B.1})$$

ここで $f_{\boldsymbol{K}}$ は散乱振幅である（$\boldsymbol{K}$ 依存性を明示した）．弾性散乱の角分布は

$$\frac{d\sigma}{d\Omega} = |f_{\boldsymbol{K}}(\theta)|^2 \quad (\text{B.2})$$

で与えられる．

　現実の散乱実験では，入射粒子は有限の広がりをもった波束として標的粒子に接近する．散乱の初期条件を記述する波束（初期波束）を

$$\Phi(t_0) = \mathcal{G}(\boldsymbol{R} - \boldsymbol{Z}_0) e^{i\boldsymbol{K}_0\cdot\boldsymbol{R}} \quad (\text{B.3})$$

と表現する．この波束は（$\hbar$ 単位の）運動量 $\boldsymbol{K}_0$ をもつ．$\mathcal{G}$ は $\boldsymbol{Z}_0$ を中心とするエンベロープ関数（たとえばガウス型）である．散乱の初期時刻 t_0 は

$$t_0 = -|\boldsymbol{Z}_0| \frac{\mu}{\hbar K_0} \quad (\text{B.4})$$

で定義される（μ は換算質量）．すなわち $t=0$ が衝突時刻である[1]．任意の時刻 t における波束状態は，時間に依存するシュレディンガー方程式

$$\hat{H}\Phi(t) = i\hbar \frac{\partial}{\partial t}\Phi(t) \tag{B.5}$$

の解のうち，式 (B.3) の初期条件を満たすものとして得られる．形式的には

$$\Phi(t) = e^{-(i\hat{H}/\hbar)(t-t_0)}\Phi(t_0) = e^{-(i\hat{H}/\hbar)(t-t_0)}\mathcal{G}(\boldsymbol{R}-\boldsymbol{Z}_0)e^{i\boldsymbol{K}_0 \cdot \boldsymbol{R}} \tag{B.6}$$

と書ける．

ここで，反応を特徴づける 3 つのスケールを導入しておく．1 つ目は，反応で観測したい対象の大きさである．これは換算ド・ブロイ波長 $1/K_0$ に相当し，大雑把にいって，fm のスケールである．2 つ目は，波束の広がり幅 w である．これは，入射粒子の生成方法や加速機構にも依存するが，典型的には cm 程度であると考えられている[2]．最後に 3 つ目が，観測を行う場所のスケールである．これも測定環境に依存するが，おおよそ m のオーダーであると考えてよい．ここでは，$|Z_0|$ を観測対象から観測点までの距離の目安として採用することとする．これら 3 つのスケールは

$$\frac{1}{K_0} \ll w \ll |Z_0| \tag{B.7}$$

という関係をもつ．これらのスケールの乖離が，以下の議論の要となる．

まず，初期波束のフーリエ変換を求めると，

---

[1] 下で述べるように，Z_0 は巨視的な量であり，$|t_0|$ も同様である．第 3 章では，t_0 を $t=-\infty$ として表現している．なお，一般に衝突時刻を明確に定義することはできない．正確を期すならば，波束が乱されずに伝播した場合に，2 粒子の重心が一致する（波束中心が座標原点になる）時刻が $t=0$ である．

[2] 文献 [67] によれば，典型的な波束の広がりは次のように見積もられる．まず，イオン源で熱エネルギーに対応する換算ド・ブロイ波長程度の広がりをもった波束が生成される．その後，この粒子は加速され，進行方向の波束広がりは cm 程度にまで達する．このとき，横方向の広がりは 10^{-3}cm 程度である．なお，この波束の広がりで特徴づけられるのは個々の粒子の運動量幅であり，入射ビーム全体の（集団としての）運動量広がりとは異なる点に注意すること．一般に前者の幅は後者よりもはるかに狭い．

$$\int e^{-i\boldsymbol{P}\cdot\boldsymbol{R}}\Phi(t_0)d\boldsymbol{R} = \int e^{-i\boldsymbol{P}\cdot\boldsymbol{R}}\mathcal{G}(\boldsymbol{R}-\boldsymbol{Z}_0)e^{i\boldsymbol{K}_0\cdot\boldsymbol{R}}d\boldsymbol{R}$$

$$= \int \mathcal{G}(\boldsymbol{R}-\boldsymbol{Z}_0)e^{-i(\boldsymbol{P}-\boldsymbol{K}_0)\cdot\boldsymbol{R}}d\boldsymbol{R}$$

$$= e^{-i(\boldsymbol{P}-\boldsymbol{K}_0)\cdot\boldsymbol{Z}_0}$$

$$\times \int \mathcal{G}(\boldsymbol{R}-\boldsymbol{Z}_0)e^{-i(\boldsymbol{P}-\boldsymbol{K}_0)\cdot(\boldsymbol{R}-\boldsymbol{Z}_0)}d\boldsymbol{R}$$

$$= a(\boldsymbol{P}-\boldsymbol{K}_0)e^{-i(\boldsymbol{P}-\boldsymbol{K}_0)\cdot\boldsymbol{Z}_0} \tag{B.8}$$

となる.ただし a は $\mathcal{G}$ のフーリエ変換

$$a(\boldsymbol{P}) = \int e^{-i\boldsymbol{P}\cdot\boldsymbol{R}}\mathcal{G}(\boldsymbol{R})d\boldsymbol{R} \tag{B.9}$$

である.初期波束は逆変換により

$$\Phi(t_0) = \frac{1}{(2\pi)^3}\int a(\boldsymbol{P}-\boldsymbol{K}_0)e^{-i(\boldsymbol{P}-\boldsymbol{K}_0)\cdot\boldsymbol{Z}_0}e^{i\boldsymbol{P}\cdot\boldsymbol{R}}d\boldsymbol{P} \tag{B.10}$$

と表される. $\mathcal{G}$ の広がりが w であるから, a のそれは $1/w$ 程度である.すなわち,

$$|\boldsymbol{P}-\boldsymbol{K}_0| < \frac{1}{w} \tag{B.11}$$

のときのみ a が有限の値をもつと考えてよい. w が cm 程度であるとすると, a の幅はおよそ 10^{-13} fm^{-1} であり,初期波束の運動量幅は極めて狭いことが理解できよう.

次に,初期波束と定常散乱波 $\chi_{\boldsymbol{K}}$ のオーバーラップ

$$I_0 \equiv (\chi_{\boldsymbol{K}}(\boldsymbol{R}), \Phi(t_0)) \tag{B.12}$$

を求める.

$$|\boldsymbol{Z}_0| \gg w \tag{B.13}$$

であるから, I_0 を計算する際, $\chi_{\boldsymbol{K}}$ には式 (B.1) の漸近形を用いることができる. $\boldsymbol{R} \sim \boldsymbol{Z}_0$ は散乱角 $\theta \sim \pi$ に対応するため,式 (B.1) の第 2 項を特徴づける運動量は $-\boldsymbol{K}$ である.これは $\boldsymbol{K}_0$ と逆方向のベクトルであるため,

$$|-\boldsymbol{K}-\boldsymbol{K}_0| \gg \frac{1}{w} \tag{B.14}$$

であり，式 (B.11) を満たさない．よって I_0 を計算する際には，

$$\chi_{\boldsymbol{K}}(\boldsymbol{R}) \to \frac{1}{(2\pi)^{3/2}} e^{i\boldsymbol{K}\cdot\boldsymbol{R}} \tag{B.15}$$

としてよい．この結果,

$$I_0 \approx \int \frac{1}{(2\pi)^{3/2}} e^{-i\boldsymbol{K}\cdot\boldsymbol{R}} \Phi(t_0) d\boldsymbol{R} = \frac{1}{(2\pi)^{3/2}} a(\boldsymbol{K}-\boldsymbol{K}_0) e^{-i(\boldsymbol{K}-\boldsymbol{K}_0)\cdot\boldsymbol{Z}_0} \tag{B.16}$$

となる．ただし式 (B.8) を用いた．式 (B.16) を逆変換することにより,

$$\begin{aligned} \Phi(t_0) &= \frac{1}{(2\pi)^{9/2}} \int a(\boldsymbol{K}-\boldsymbol{K}_0) e^{i\boldsymbol{K}_0\cdot\boldsymbol{Z}_0} e^{-i\boldsymbol{K}\cdot\boldsymbol{Z}_0} e^{i\boldsymbol{K}\cdot\boldsymbol{R}} d\boldsymbol{K} \\ &\approx \frac{1}{(2\pi)^3} \int a(\boldsymbol{K}-\boldsymbol{K}_0) e^{i\boldsymbol{K}_0\cdot\boldsymbol{Z}_0} e^{-i\boldsymbol{K}\cdot\boldsymbol{Z}_0} \chi_{\boldsymbol{K}}(\boldsymbol{R}) d\boldsymbol{K} \end{aligned} \tag{B.17}$$

が得られる．これが，初期波束を定常散乱波 $\chi_{\boldsymbol{K}}$ で展開した結果である．

次に，任意の時刻における波束の表式を求める．式 (B.17) を式 (B.6) に代入すると，$\chi_{\boldsymbol{K}}$ はハミルトニアン $\hat{H}$ の固有状態であるから，その固有値を E とすれば

$$\begin{aligned} \Phi(t) &= e^{-(i\hat{H}/\hbar)(t-t_0)} \frac{1}{(2\pi)^3} \int a(\boldsymbol{K}-\boldsymbol{K}_0) e^{i\boldsymbol{K}_0\cdot\boldsymbol{Z}_0} e^{-i\boldsymbol{K}\cdot\boldsymbol{Z}_0} \chi_{\boldsymbol{K}}(\boldsymbol{R}) d\boldsymbol{K} \\ &= \frac{1}{(2\pi)^3} \int a(\boldsymbol{K}-\boldsymbol{K}_0) e^{i\boldsymbol{K}_0\cdot\boldsymbol{Z}_0} e^{-i\boldsymbol{K}\cdot\boldsymbol{Z}_0} e^{-(iE/\hbar)(t-t_0)} \chi_{\boldsymbol{K}}(\boldsymbol{R}) d\boldsymbol{K} \end{aligned} \tag{B.18}$$

となる．観測量を計算する際に必要なのは，漸近領域における Φ の表式である:

$$\begin{aligned} \Phi(t) &\to \frac{1}{(2\pi)^3} \int a(\boldsymbol{K}-\boldsymbol{K}_0) e^{i\boldsymbol{K}_0\cdot\boldsymbol{Z}_0} e^{-i\boldsymbol{K}\cdot\boldsymbol{Z}_0} e^{-(iE/\hbar)(t-t_0)} \\ &\quad \times \frac{1}{(2\pi)^{3/2}} \left[e^{i\boldsymbol{K}\cdot\boldsymbol{R}} + f_{\boldsymbol{K}}(\theta) \frac{e^{iKR}}{R} \right] d\boldsymbol{K} \\ &\equiv \Phi_{\mathrm{asym}}(t) . \end{aligned} \tag{B.19}$$

a は式 (B.11) を満たすときのみ値をもつから，被積分関数を

$$\boldsymbol{Q} \equiv \boldsymbol{K} - \boldsymbol{K}_0 \tag{B.20}$$

で展開し，その 1 次までを取ることにする[3]．このとき

$$\begin{aligned} E &= \frac{\hbar^2}{2\mu} K^2 = \frac{\hbar^2}{2\mu} \left(\boldsymbol{K}_0 + \boldsymbol{Q}\right)^2 \sim \frac{\hbar^2}{2\mu} K_0^2 + \frac{\hbar^2}{\mu} \left(\boldsymbol{K}_0 \cdot \boldsymbol{Q}\right) \\ &= E_0 + \hbar \left(\boldsymbol{v}_0 \cdot \boldsymbol{Q}\right) \end{aligned} \tag{B.21}$$

となる．ただし E_0 は平均入射エネルギーであり，

$$\boldsymbol{v}_0 \equiv \frac{\hbar \boldsymbol{K}_0}{\mu} \tag{B.22}$$

は平均入射速度である．また，式 (B.21) からは

$$K^2 \sim \frac{2\mu}{\hbar^2} \left[\frac{\hbar^2}{2\mu} K_0^2 + \frac{\hbar^2}{\mu} \left(\boldsymbol{K}_0 \cdot \boldsymbol{Q}\right) \right] = K_0^2 + 2\left(\boldsymbol{K}_0 \cdot \boldsymbol{Q}\right) \tag{B.23}$$

も得られる．これより

$$K \sim \sqrt{K_0^2 + 2\left(\boldsymbol{K}_0 \cdot \boldsymbol{Q}\right)} = K_0 \sqrt{1 + 2\frac{\left(\boldsymbol{K}_0 \cdot \boldsymbol{Q}\right)}{K_0^2}} \sim K_0 + \left(\hat{\boldsymbol{K}}_0 \cdot \boldsymbol{Q}\right). \tag{B.24}$$

ただし $\hat{\boldsymbol{K}}_0$ は $\boldsymbol{K}_0$ 方向の単位ベクトルである．式 (B.21), (B.24) を式 (B.19) に代入すると（積分変数を $\boldsymbol{K}$ から $\boldsymbol{Q}$ に変えて），

$$\begin{aligned} \Phi_{\text{asym}}(t) &\approx \frac{1}{(2\pi)^3} \int a\left(\boldsymbol{Q}\right) e^{-i\boldsymbol{Q}\cdot\boldsymbol{Z}_0} e^{-(iE_0/\hbar)(t-t_0)} e^{-i(\boldsymbol{v}_0\cdot\boldsymbol{Q})(t-t_0)} \\ &\quad \times \frac{1}{(2\pi)^{3/2}} \left[e^{i(\boldsymbol{Q}+\boldsymbol{K}_0)\cdot\boldsymbol{R}} + f_{\boldsymbol{K}}(\theta) \frac{e^{iK_0 R} e^{i(\hat{\boldsymbol{K}}_0\cdot\boldsymbol{Q})R}}{R} \right] d\boldsymbol{Q} \end{aligned} \tag{B.25}$$

となる．平面波が関与する項は

---

[3] Q の 2 次以上の項は波束の拡散と関係するが，現実的な実験条件ではその影響は無視できる．

$$\begin{aligned}
\Phi_{\text{asym}}^{\text{PW}}(t) &\equiv \frac{1}{(2\pi)^{9/2}} \int a(\boldsymbol{Q}) e^{-i\boldsymbol{Q}\cdot\boldsymbol{Z}_0} e^{-(iE_0/\hbar)(t-t_0)} \\
&\quad \times e^{-i(\boldsymbol{v}_0\cdot\boldsymbol{Q})(t-t_0)} e^{i(\boldsymbol{Q}+\boldsymbol{K}_0)\cdot\boldsymbol{R}} d\boldsymbol{Q} \\
&= \frac{1}{(2\pi)^{9/2}} e^{-(iE_0/\hbar)(t-t_0)} e^{i\boldsymbol{K}_0\cdot\boldsymbol{R}} \\
&\quad \times \int a(\boldsymbol{Q}) e^{-i\boldsymbol{Q}\cdot\boldsymbol{Z}_0} e^{-i(\boldsymbol{v}_0\cdot\boldsymbol{Q})t} e^{i(\boldsymbol{v}_0\cdot\boldsymbol{Q})t_0} e^{i\boldsymbol{Q}\cdot\boldsymbol{R}} d\boldsymbol{Q} \\
&= \frac{1}{(2\pi)^{9/2}} e^{-(iE_0/\hbar)(t-t_0)} e^{i\boldsymbol{K}_0\cdot\boldsymbol{R}} \\
&\quad \times \int a(\boldsymbol{Q}) e^{i\boldsymbol{Q}\cdot\boldsymbol{R}} e^{-i(\boldsymbol{v}_0\cdot\boldsymbol{Q})t} d\boldsymbol{Q}. \tag{B.26}
\end{aligned}$$

ただしここで式 (B.4) を用いた.一方,放出球面波が関与する項は

$$\begin{aligned}
\Phi_{\text{asym}}^{\text{SC}}(t) &\equiv \frac{1}{(2\pi)^{9/2}} \int a(\boldsymbol{Q}) e^{-i\boldsymbol{Q}\cdot\boldsymbol{Z}_0} e^{-(iE_0/\hbar)(t-t_0)} e^{-i(\boldsymbol{v}_0\cdot\boldsymbol{Q})(t-t_0)} \\
&\quad \times f_{\boldsymbol{K}}(\theta) \frac{e^{iK_0 R} e^{i(\hat{\boldsymbol{K}}_0\cdot\boldsymbol{Q})R}}{R} d\boldsymbol{Q} \\
&= e^{-(iE_0/\hbar)(t-t_0)} \frac{1}{(2\pi)^{9/2}} \frac{e^{iK_0 R}}{R} \\
&\quad \times \int a(\boldsymbol{Q}) f_{\boldsymbol{K}}(\theta) e^{-iv_0(\hat{\boldsymbol{K}}_0\cdot\boldsymbol{Q})t} e^{i(\hat{\boldsymbol{K}}_0\cdot\boldsymbol{Q})R} d\boldsymbol{Q} \\
&= e^{-(iE_0/\hbar)(t-t_0)} \frac{1}{(2\pi)^{9/2}} \frac{e^{iK_0 R}}{R} \\
&\quad \times \int a(\boldsymbol{Q}) f_{\boldsymbol{K}}(\theta) e^{i(\hat{\boldsymbol{K}}_0\cdot\boldsymbol{Q})(R-v_0 t)} d\boldsymbol{Q} \tag{B.27}
\end{aligned}$$

となる.$f_{\boldsymbol{K}}$ は入射波数 $\boldsymbol{K}$ に依存し,したがって $\boldsymbol{Q}$ にも依存するが,積分に関与する $\boldsymbol{Q}$ の範囲は非常に狭いため,その範囲内では $f_{\boldsymbol{K}}$ の $\boldsymbol{Q}$ 依存性は無視してよい.その結果,

$$\Phi_{\text{asym}}^{\text{SC}}(t) \approx e^{-(iE_0/\hbar)(t-t_0)} \frac{1}{(2\pi)^{3/2}} f_{\boldsymbol{K}_0}(\theta) \frac{e^{iK_0 R}}{R}$$
$$\times \frac{1}{(2\pi)^3} \int a(\boldsymbol{Q}) e^{i(\hat{\boldsymbol{K}}_0 \cdot \boldsymbol{Q})(R-v_0 t)} d\boldsymbol{Q} \qquad (\text{B.28})$$

が得られる.

式 (B.26) および式 (B.28) に含まれる積分はエンベロープ関数 $\mathcal{G}$ を用いて

$$\frac{1}{(2\pi)^3} \int a(\boldsymbol{Q}) e^{i\boldsymbol{Q} \cdot \boldsymbol{R}} e^{-i(\boldsymbol{v}_0 \cdot \boldsymbol{Q})t} d\boldsymbol{Q} = \frac{1}{(2\pi)^3} \int a(\boldsymbol{Q}) e^{i\boldsymbol{Q} \cdot (\boldsymbol{R}-\boldsymbol{v}_0 t)} d\boldsymbol{Q}$$
$$= \mathcal{G}(\boldsymbol{R} - \boldsymbol{v}_0 t), \qquad (\text{B.29})$$

$$\frac{1}{(2\pi)^3} \int a(\boldsymbol{Q}) e^{i(\hat{\boldsymbol{K}}_0 \cdot \boldsymbol{Q})(R-v_0 t)} d\boldsymbol{Q} = \frac{1}{(2\pi)^3} \int a(\boldsymbol{Q}) e^{i\boldsymbol{Q} \cdot \hat{\boldsymbol{K}}_0 (R-v_0 t)} d\boldsymbol{Q}$$
$$= \mathcal{G}\left(\hat{\boldsymbol{K}}_0 [R - v_0 t]\right) \qquad (\text{B.30})$$

と表される. これらの表式を式 (B.25) に代入すると

$$\Phi_{\text{asym}}(t) \approx e^{-(iE_0/\hbar)(t-t_0)} \frac{1}{(2\pi)^{3/2}} e^{i\boldsymbol{K}_0 \cdot \boldsymbol{R}} \mathcal{G}(\boldsymbol{R} - \boldsymbol{v}_0 t)$$
$$+ e^{-(iE_0/\hbar)(t-t_0)} \frac{1}{(2\pi)^{3/2}} f_{\boldsymbol{K}_0}(\theta) \frac{e^{iK_0 R}}{R} \mathcal{G}\left(\hat{\boldsymbol{K}}_0 [R - v_0 t]\right). \qquad (\text{B.31})$$

入射平面波成分と放出球面波成分で $\mathcal{G}$ の形は共通であるから, 各成分がもつ流束の総量はそれぞれ,

$$\int_{-\infty}^{\infty} \left|\mathcal{G}\left(\hat{\boldsymbol{K}}_0 z\right)\right|^2 dz \equiv \mathfrak{G}, \qquad (\text{B.32})$$

$$|f_{\boldsymbol{K}_0}(\theta)|^2 \int_0^{\infty} \left|\mathcal{G}\left(\hat{\boldsymbol{K}}_0 [R - R_0]\right)\right|^2 dR \approx |f_{\boldsymbol{K}_0}(\theta)|^2 \int_{-\infty}^{\infty} \left|\mathcal{G}\left(\hat{\boldsymbol{K}}_0 z\right)\right|^2 dz$$
$$= |f_{\boldsymbol{K}_0}(\theta)|^2 \mathfrak{G} \qquad (\text{B.33})$$

となる. ただし R_0 は巨視的な距離を表すものとする. これよりただちに, 微

分断面積の表式

$$\frac{d\sigma}{d\Omega} = |f_{\boldsymbol{K}_0}(\theta)|^2 \tag{B.34}$$

が得られる．これは，定常散乱波を用いて導出した結果と完全に一致する．

　波束の理論は，現実の散乱状況に合致するという優れた特徴を有するが，一般に観測量の定式化は複雑にならざるをえない．そこで，波束の理論に代わる簡便な手法として，無限に広がった定常散乱波を用いた理論が広く用いられている．これは，現実の散乱実験の状況を無視した，ある種の理想化に他ならない．しかし，波束の広がり w は，反応領域の大きさ $(\sim 1/K_0)$ と比べて極めて（無限に）大きいため，この理想化はほとんどの場合問題にならない．ただし付録 A で述べるように，反応領域を素通りする入射平面波の影響を正しく取り扱うには，波束の理論に基づく考察が不可欠である．

　図 B.1 に，第 8 章で取り扱った 5.44 MeV の中性子-^{59}Co 弾性散乱を，波束を用いて表現した結果を示しておく．(a)→(b)→(c)→(d) の順に時間が進行し，$t > 0$ で散乱波が発生していることがわかる．また，右下の図 (d) からは，第 8 章の図 8.6 に示されている角分布と同じ分布が見てとれる．

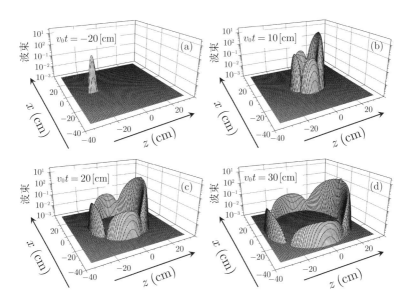

図 B.1　5.44 MeV の中性子と ^{59}Co の散乱を記述する波束状態の時間発展．

(補足 1)

エンベロープ関数について具体的に考えてみよう．ここでは

$$\mathcal{G}(\boldsymbol{R}) = e^{-s(x^2+y^2)}e^{-\nu z^2} \tag{B.35}$$

とする．ただし $1 \gg s \gg \nu$ と想定しておく．入射方向を z 軸に取ると，

$$\boldsymbol{R} - \boldsymbol{v}_0 t = x\boldsymbol{e}_x + y\boldsymbol{e}_y + (z - v_0 t)\boldsymbol{e}_z \tag{B.36}$$

であるから

$$\mathcal{G}(\boldsymbol{R} - \boldsymbol{v}_0 t) = e^{-s(x^2+y^2)}e^{-\nu(z-v_0 t)^2}. \tag{B.37}$$

この波束の中心は，速さ v_0 で z 軸の正の向きに進行している．この波束がもたらす，散乱領域に対する単位面積あたりの入射流量は

$$\mathfrak{G} = \int_{-\infty}^{\infty} |\mathcal{G}(x=0, y=0, z)|^2 dz = \int_{-\infty}^{\infty} \left| e^{-\nu(z-v_0 t)^2} \right|^2 dz \tag{B.38}$$

である．ただしここで，$\mathcal{G}$ の x および y 方向に関する広がりは散乱領域と比べて極めて大きく，その x, y 依存性は小さいため，単位面積あたりの入射流量を $x = y = 0$ の点で評価した．一方散乱波については，

$$\hat{\boldsymbol{K}}_0 (R - v_0 t) = (R - v_0 t)\boldsymbol{e}_z \tag{B.39}$$

であるから，

$$\mathcal{G}\left(\hat{\boldsymbol{K}}_0 [R - v_0 t]\right) = e^{-\nu(R-v_0 t)^2}. \tag{B.40}$$

この波束は R 方向に広がっており，その中心は速度 v_0 で動径外向きに運動している．その放出流量は $\mathfrak{G}$ と等しい．なお，巨視的な値をもつ R を考えると，その場所に波束が存在するためには

$$R \sim v_0 t \tag{B.41}$$

でなければならない．これは t が正であることを示唆している．すなわち外向きの放出波は，$t \sim 0$ に生成されたことがうかがえる．これは因果律を表していると解釈される．

（補足 2）

1 次元の自由ガウス波束を考えると，その確率分布の幅は，時間とともに

$$w(t) = \sqrt{w_0^2 + \frac{\hbar^2 t^2}{\mu^2 w_0^2}} = w_0 \sqrt{1 + \frac{\hbar^2 t^2}{\mu^2 w_0^4}} = w_0 \sqrt{1 + \frac{(\hbar c)^2 (ct)^2}{(\mu c^2)^2 w_0^4}} \quad \text{(B.42)}$$

と変化する．ここで w_0 は初期波束の幅である．w_0 を 1 cm，標的粒子と測定装置の距離を 1 m，μ を 1000 MeV$/c^2$ とすると，

$$\frac{w(t)}{w_0} \sim \sqrt{1 + \frac{4 \times 10^4 \times 10^{15 \times 2}}{10^6 \times 10^{13 \times 4}}} \sim \sqrt{1 + 4 \times 10^{-14}}. \quad \text{(B.43)}$$

よって，波束の拡散は無視できるほど小さいことがわかる．ただし，波束の理論を用いて入射平面波と散乱波の干渉（付録 A を参照）を正しく取り扱うには，波束の拡散の考慮が不可欠である [67]．

付録 C 摂動の高次を取り入れた遷移行列

　第 3 章では，時間に依存するシュレディンガー方程式の 1 次の摂動解に基づく遷移行列を定式化した．ここでは，高次の摂動を取り入れた場合の遷移行列，すなわち式 (3.79) の導出を行う．ただし相互作用 V は，クーロン相互作用よりも速く減衰するものとする．

　時間依存のシュレディンガー方程式は式 (3.25) で与えられる：

$$i\hbar \frac{dC_{n'}(t)}{dt} = \sum_n \langle n' | V | n \rangle_\mathfrak{W} C_n(t) e^{i\omega_{n'n}t}. \tag{C.1}$$

ただしここで

$$\omega_{n'n} \equiv \frac{E_{n'} - E_n}{\hbar} \tag{C.2}$$

である．入射状態を α とすれば，式 (C.1) の無摂動解は

$$C_n^{(0)}(t) = \delta_{n\alpha}, \tag{C.3}$$

1 次の摂動解は

$$C_n^{(1)}(t) = \frac{1}{i\hbar} \int_{-\infty}^{t} \langle n | V | \alpha \rangle_\mathfrak{W} e^{i\omega_{n\alpha}t'} dt' \tag{C.4}$$

となる．ただし，初期時刻 $(t \to -\infty)$ を反応が始まる（粒子が入射される）時刻とした．

　2 次の摂動解は，

$$i\hbar \frac{d}{dt} C_{n'}^{(2)}(t) = \sum_n \langle n' | V | n \rangle_\mathfrak{W} C_n^{(1)}(t) e^{i\omega_{n'n}t} \tag{C.5}$$

であり，式 (C.4) を用いると

$$C_{n'}^{(2)}(t) = \frac{1}{i\hbar} \sum_n \int_{-\infty}^{t} \langle n' | V | n \rangle_\mathfrak{W} C_n^{(1)}(t') e^{i\omega_{n'n}t'} dt'$$

$$= \frac{1}{(i\hbar)^2} \sum_n \int_{-\infty}^{t} dt' \int_{-\infty}^{t'} dt'' \langle n' | V | n \rangle_\mathfrak{W} e^{i\omega_{n'n}t'}$$

$$\times \langle n|V|\alpha\rangle_\mathfrak{W}\, e^{i\omega_{n\alpha}t''} \tag{C.6}$$

となる．ここで t'' についての積分を

$$\int_{-\infty}^{t'} e^{i\omega_{n\alpha}t''}dt'' \to \lim_{\eta\to 0^+}\int_{-\infty}^{t'} e^{i(\omega_{n\alpha}-i\eta)t''}dt'' = \lim_{\eta\to 0^+}\frac{e^{i(\omega_{n\alpha}-i\eta)t'}}{i(\omega_{n\alpha}-i\eta)}$$

$$= i\hbar \lim_{\eta\to 0^+}\frac{e^{i\omega_{n\alpha}t'}}{E_\alpha - E_n + i\eta} \tag{C.7}$$

と処理する．ただし $\eta \to 0^+$ の極限は，全ての操作が終わった後に取るものとする．

> η を正の微小量に取ることは，時刻 $t \to -\infty$ で相互作用が消失し，時間の経過とともに極めてゆっくりと相互作用がはたらき始める様子を表現している．現実の散乱実験では，入射粒子は波束状態で与えられるため，この条件は自動的に満たされる．η は，この波束の性質を簡便に表現するために導入されたものといえる．より完全な議論については，文献 [68] を参照．

以下，η についての極限操作を表記から落とすことにすると，2 次の摂動解は

$$C_{n'}^{(2)}(t) = \frac{1}{(i\hbar)^2}\sum_n \int_{-\infty}^t \langle n'|V|n\rangle_\mathfrak{W}\, e^{i\omega_{n'n}t'}$$

$$\times \langle n|V|\alpha\rangle_\mathfrak{W}\left(i\hbar\frac{e^{i\omega_{n\alpha}t'}}{E_\alpha - E_n + i\eta}\right)dt'$$

$$= \frac{1}{i\hbar}\sum_n \int_{-\infty}^t \frac{\langle n'|V|n\rangle_\mathfrak{W}\langle n|V|\alpha\rangle_\mathfrak{W}}{E_\alpha - E_n + i\eta}e^{i\omega_{n'\alpha}t'}dt' \tag{C.8}$$

となる．この式の時間積分は式 (C.4) に現れるものと同じであるから，

$$C_{n'}^{(1)}(t) + C_{n'}^{(2)}(t) = \frac{1}{i\hbar}\int_{-\infty}^t \langle n'|V|\alpha\rangle_\mathfrak{W}\, e^{i\omega_{n'\alpha}t'}dt'$$

$$+ \frac{1}{i\hbar}\sum_n \int_{-\infty}^t \frac{\langle n'|V|n\rangle_\mathfrak{W}\langle n|V|\alpha\rangle_\mathfrak{W}}{E_\alpha - E_n + i\eta}e^{i\omega_{n'\alpha}t'}dt'$$

$$= \frac{1}{i\hbar}\int_{-\infty}^t \langle n'|V|\chi^{(+)(1)}\rangle_\mathfrak{W}\, e^{i\omega_{n'\alpha}t'}dt' \tag{C.9}$$

とまとめることができる．ただし

$$|\chi^{(+)(1)}\rangle \equiv |\alpha\rangle + \sum_n \frac{|n\rangle\langle n|V|\alpha\rangle_{\mathfrak{W}}}{E_\alpha - E_n + i\eta} \qquad (\text{C.10})$$

である．この式の右辺第 2 項は，**グリーン関数のスペクトル展開**，すなわち

$$G_0^{(+)} \equiv \frac{1}{E_\alpha - H_0 + i\eta} = \sum_n \frac{|n\rangle\langle n|}{E_\alpha - E_n + i\eta} \qquad (\text{C.11})$$

であるから，$\chi^{(+)(1)}$ は

$$|\chi^{(+)(1)}\rangle = |\alpha\rangle + G_0^{(+)}V|\alpha\rangle \qquad (\text{C.12})$$

と表すことができる．上付きの $(+)$ は，散乱波の伝播の方向を指定するものである．上記のとおり，これは<u>時刻 $t \to -\infty$ で相互作用が消失するという想定（処理）</u>の帰結であり，波動関数が有していた時間依存性の名残と解釈することができよう．

3 次以上の摂動解について，まったく同様の計算を繰り返すことにより，

$$\bar{C}_{n'}(t) \equiv \sum_{i=1}^{\infty} C_{n'}^{(i)}(t) = \frac{1}{i\hbar}\int_{-\infty}^{t} \langle n'|V|\chi^{(+)}\rangle_{\mathfrak{W}} e^{i\omega_{n'\alpha}t'} dt', \qquad (\text{C.13})$$

$$|\chi^{(+)}\rangle \equiv |\alpha\rangle + G_0^{(+)}V|\alpha\rangle + G_0^{(+)}VG_0^{(+)}V|\alpha\rangle + ... = \sum_{i=0}^{\infty}\left(G_0^{(+)}V\right)^i|\alpha\rangle \qquad (\text{C.14})$$

が得られる．$\chi^{(+)}$ は，V の影響を無限次取り込んだ時間に依存しない波動関数，すなわち，時間に依存しないシュレディンガー方程式の解に他ならない．式 (C.13) に基づく遷移行列の導出は，第 3 章の内容とまったく同様であり，最終的に式 (3.79)

$$T_{\beta\alpha} = \langle\beta|V|\chi^{(+)}\rangle \qquad (\text{C.15})$$

が得られる[1]．なお，式 (C.14) は散乱波の形式解を与える**リップマン-シュウィンガー方程式** [69]

$$|\chi^{(+)}\rangle = |\alpha\rangle + G_0^{(+)}V|\chi^{(+)}\rangle \qquad (\text{C.16})$$

を摂動的に書き下したものに他ならない．

---

[1] 第 3 章では，散乱波の伝播の方向を表す $(+)$ は表記から落としている．

付録 D 非弾性散乱の遷移行列

非弾性散乱を記述する遷移行列を導出する．第 7 章と同様に，励起しうる原子核（核子数を A とする）と中性子の散乱問題を考える．ただしここでは原子核の状態数を限定せず，指標 j で指定される無限個の状態を想定することにする[1]．いまの場合，この j はチャネルの指標でもある．解くべきシュレディンガー方程式は

$$i\hbar\frac{\partial}{\partial t}\Psi(\boldsymbol{R},\xi,t) = \left[-\frac{\hbar^2}{2\mu}\boldsymbol{\nabla}_{\boldsymbol{R}}^2 + \sum_{i=1}^{A} v(\boldsymbol{R},\boldsymbol{r}_i) + \hat{h}\right]\Psi(\boldsymbol{R},\xi,t) \quad (\text{D.1})$$

で与えられる．μ は換算質量，$\boldsymbol{R}$ は中性子と原子核の相対座標であり，v は中性子と核内核子の間にはたらく相互作用である．ただしここで，$\boldsymbol{r}_i$ は i 番目の核内核子の座標を表す．$\hat{h}$ は原子核の内部ハミルトニアンであり，

$$\hat{h}\Phi_j(\xi) = \varepsilon_j \Phi_j(\xi) \quad (\text{D.2})$$

を満たす．ε_j はエネルギー固有値であり，ξ は原子核の内部座標をまとめて表したものである．$\hat{h}$ の固有関数の集合 $\{\Phi_j\}$ は規格直交完全系をなす．

Ψ の展開式は

$$\Psi(\boldsymbol{R},\xi,t) = \frac{1}{L^{3/2}} \sum_{nj} C_{nj}(t) e^{-iE_{nj}^{\text{tot}}t/\hbar} e^{i\boldsymbol{K}_n \cdot \boldsymbol{R}} \Phi_j(\xi) \quad (\text{D.3})$$

と表される．ただしここで

$$E_{nj}^{\text{tot}} \equiv E_n + \varepsilon_j, \quad E_n \equiv \frac{\hbar^2 K_n^2}{2\mu} \quad (\text{D.4})$$

である．$\boldsymbol{K}_n$ は，平面波状態を規定する波数ベクトルを表す．平面波は巨視的な空間 $\mathfrak{W}$（一辺の長さが L の立方体とする）で定義され，$\mathfrak{W}$ の端で周期的境界条件を満たすものとする．空間 $\mathfrak{W}$ における Ψ の規格化は

---

[1] 原子核の状態は束縛状態（束縛状態として近似できる状態）に限定する．また，原子核の固有スピンは無視する．

$$\int_{\mathfrak{W}} \Psi^* (\boldsymbol{R}, \xi, t) \Psi (\boldsymbol{R}, \xi, t) d\boldsymbol{R} = \sum_{n'j'nj} C_{n'j'}^* (t) e^{iE_{n'j'}^{\text{tot}} t/\hbar} C_{nj} (t) e^{-iE_{nj}^{\text{tot}} t/\hbar}$$
$$\times \frac{1}{L^3} \int_{\mathfrak{W}} e^{-i\boldsymbol{K}_{n'} \cdot \boldsymbol{R}} e^{i\boldsymbol{K}_n \cdot \boldsymbol{R}} d\boldsymbol{R}$$
$$\times \int \Phi_{j'}^* (\xi) \Phi_j (\xi) d\xi$$
$$= 1 \quad (\text{D.5})$$

と表現される．Φ_j および平面波の規格直交性を用いると，式 (D.5) より

$$\sum_{nj} |C_{nj} (t)|^2 = 1 \quad (\text{D.6})$$

が得られる．これが，確率の規格化を表す式である．

式 (D.3) を式 (D.1) に代入すると，

$$(\text{左辺}) = i\hbar \frac{1}{L^{3/2}} \sum_{nj} \left[\left(\frac{dC_{nj} (t)}{dt} \right) - C_{nj} (t) \frac{iE_{nj}^{\text{tot}}}{\hbar} \right]$$
$$\times e^{-iE_{nj}^{\text{tot}} t/\hbar} e^{i\boldsymbol{K}_n \cdot \boldsymbol{R}} \Phi_j (\xi), \quad (\text{D.7})$$

$$(\text{右辺}) = \frac{1}{L^{3/2}} \sum_{nj} \left[\frac{\hbar^2 K_n^2}{2\mu} + \sum_{i=1}^{A} v (\boldsymbol{R}, \boldsymbol{r}_i) + \varepsilon_j \right]$$
$$\times C_{nj} (t) e^{-iE_{nj}^{\text{tot}} t/\hbar} e^{i\boldsymbol{K}_n \cdot \boldsymbol{R}} \Phi_j (\xi) \quad (\text{D.8})$$

となる．式 (D.4) を代入した後，左から $\Phi_{j'} (\xi) \exp(i\boldsymbol{K}_{n'} \cdot \boldsymbol{R} - iE_{n'j'}^{\text{tot}} t/\hbar)/L^{3/2}$ の複素共役を掛けて ξ および空間 $\mathfrak{W}$ で積分すると，

$$i\hbar \frac{dC_{n'j'} (t)}{dt} = \sum_{nj} \langle n' | V_{j'j} | n \rangle_{\mathfrak{W}} C_{nj} (t) e^{i\left(E_{n'j'}^{\text{tot}} - E_{nj}^{\text{tot}}\right) t/\hbar} \quad (\text{D.9})$$

が得られる．ただしここで

$$\langle n' | V_{j'j} | n \rangle_{\mathfrak{W}} \equiv \int_{\mathfrak{W}} \frac{1}{L^{3/2}} e^{-i\boldsymbol{K}_{n'} \cdot \boldsymbol{R}} V_{j'j} (R) \frac{1}{L^{3/2}} e^{i\boldsymbol{K}_n \cdot \boldsymbol{R}} d\boldsymbol{R}, \quad (\text{D.10})$$

$$V_{j'j}(R) \equiv \int \Phi_{j'}^{*}(\xi) \sum_{i=1}^{A} v(\boldsymbol{R}, \boldsymbol{r}_i) \Phi_j(\xi) d\xi \tag{D.11}$$

である[2]．

式 (D.9) の無摂動解 $C_{nj}^{(0)}$ は，入射状態のラベルを $n = \alpha, j = 0$ として

$$C_{nj}^{(0)}(t) = \delta_{n\alpha}\delta_{j0} \tag{D.12}$$

で与えられる．ポテンシャルの影響を 1 次だけ取り入れた摂動解 $C_{nj}^{(1)}$ は，式 (D.9) の右辺に無摂動解である式 (D.12) を代入した式

$$i\hbar \frac{dC_{n'j'}^{(1)}(t)}{dt} = \langle n' | V_{j'0} | \alpha \rangle_{\mathfrak{W}} e^{i\left(E_{n'j'}^{\text{tot}} - E_{\alpha 0}^{\text{tot}}\right)t/\hbar} \tag{D.13}$$

を解くことにより，

$$C_{nj}^{(1)}(t) = \frac{1}{i\hbar} \langle n' | V_{j'0} | \alpha \rangle_{\mathfrak{W}} \int_{-\infty}^{t} e^{i\omega_{nj,\alpha 0} t'} dt' \tag{D.14}$$

と求まる．ただし

$$\omega_{nj,\alpha 0} \equiv \frac{E_{nj}^{\text{tot}} - E_{\alpha 0}^{\text{tot}}}{\hbar} \tag{D.15}$$

である．反応が始まる時刻は，第 3 章と同様，$t = -\infty$ と定義している．

以降の議論は第 3 章のものとまったく同様であり，観測する終状態のラベルを $n = \beta, j = f$ とすると，フェルミの黄金律の式は

$$d\bar{w}_{\beta f, \alpha 0}^{(1)} = \frac{2\pi}{\hbar} \left| \langle \beta | V_{f0} | \alpha \rangle_{\mathfrak{W}} \right|^2 dN_\beta \delta\left(E_{\beta f}^{\text{tot}} - E_{\alpha 0}^{\text{tot}}\right) \tag{D.16}$$

となる．エネルギー保存則は

$$E_{\beta f}^{\text{tot}} - E_{\alpha 0}^{\text{tot}} = E_\beta + \varepsilon_f - E_\alpha - \varepsilon_0 = 0 \tag{D.17}$$

と表される．これは，全系のハミルトニアン $\hat{H}$ から相互作用 v を除外したハミルトニアン[3] の固有値が反応の前後で保存することを意味している．状態数

---

[2] 中心力ポテンシャル v を，角運動量をもたない（と想定している）Φ_j で畳み込んだポテンシャル $V_{j'j}$ は，$\boldsymbol{R}$ の方向に依存しない．

[3] このハミルトニアンは，しばしばチャネル j の**自由ハミルトニアン**とよばれる．

の計算は第 3 章とまったく同様であり,

$$dN_\beta = \left(\frac{L}{2\pi}\right)^3 \frac{mK_\beta}{\hbar^2} dE_\beta d\Omega_\beta \tag{D.18}$$

となる．式 (D.10)，(D.18) を式 (D.16) に代入し,

$$d\bar{w}^{(1)}_{\beta f,\alpha 0} = \frac{\mu K_\beta}{(2\pi)^2 \hbar^3 L^3} \left|\int e^{-i\bm{K}_\beta \cdot \bm{R}} V_{f0}(R) e^{i\bm{K}_\alpha \cdot \bm{R}} d\bm{R}\right|^2$$
$$\times \delta\left(E^{\text{tot}}_{\beta f} - E^{\text{tot}}_{\alpha 0}\right) dE_\beta d\Omega_\beta \tag{D.19}$$

を得る．微小断面積は，単位時間あたりの微小遷移確率 $d\bar{w}^{(1)}_{\beta f,\alpha 0}$ を入射平面波の流束の大きさ $\hbar K_\alpha/(L^3\mu)$ で割ることで

$$d\sigma^{(1)}_f \equiv \frac{\mu^2}{(2\pi\hbar^2)^2} \frac{K_\beta}{K_\alpha} \left|\int e^{-i\bm{K}_\beta \cdot \bm{R}} V_{f0}(R) e^{i\bm{K}_\alpha \cdot \bm{R}} d\bm{R}\right|^2$$
$$\times \delta\left(E^{\text{tot}}_{\beta f} - E^{\text{tot}}_{\alpha 0}\right) dE_\beta d\Omega_\beta \tag{D.20}$$

と求まり，これからただちに 2 重微分断面積の表式

$$\frac{d^2\sigma^{(1)}_f}{dE_\beta d\Omega_\beta} = \frac{\mu^2}{(2\pi\hbar^2)^2} \frac{K_\beta}{K_\alpha} \left|\int e^{-i\bm{K}_\beta \cdot \bm{R}} V_{f0}(R) e^{i\bm{K}_\alpha \cdot \bm{R}} d\bm{R}\right|^2$$
$$\times \delta(E_\beta + \varepsilon_f - E_\alpha - \varepsilon_0) \tag{D.21}$$

が得られる．ε_j は離散的な固有エネルギーであるから，観測量に対応するのは，式 (D.21) を E_β について積分した断面積

$$\frac{d\sigma^{(1)}_f}{d\Omega_\beta} = \frac{\mu^2}{(2\pi\hbar^2)^2} \frac{K_\beta}{K_\alpha} \left|\int e^{-i\bm{K}_\beta \cdot \bm{R}} V_{f0}(R) e^{i\bm{K}_\alpha \cdot \bm{R}} d\bm{R}\right|^2 \tag{D.22}$$

である．ここで，終状態の散乱エネルギー E_β は

$$E_\beta = E_0 + \varepsilon_0 - \varepsilon_f \tag{D.23}$$

に定まっていることに注意せよ[4]. 式 (D.22) が,摂動の 1 次で求めた,弾性散乱 ($f=0$ のとき) および非弾性散乱 ($f \neq 0$ のとき) の角分布の表式である.

高次の遷移過程を取り入れる際は,付録 C と同様にして拡張を行えばよい. 結果は

$$\frac{d\sigma_f}{d\Omega_\beta} = \frac{\mu^2}{(2\pi\hbar^2)^2} \frac{K_\beta}{K_\alpha} \left| \int e^{-i\boldsymbol{K}_\beta \cdot \boldsymbol{R}} \sum_j V_{fj}(R) \chi_j(\boldsymbol{R}) d\boldsymbol{R} \right|^2 \quad \text{(D.24)}$$

となる. ただし χ_j はチャネル結合方程式

$$\left[\hat{T}_{\boldsymbol{R}} + V_{jj}(R) - E_j\right] \chi_j(\boldsymbol{R}) = -\sum_{j' \neq j} V_{jj'}(R) \chi_{j'}(\boldsymbol{R}), \quad \text{(D.25)}$$

$$E_j \equiv E_0 + \varepsilon_0 - \varepsilon_j \quad \text{(D.26)}$$

の解である[5].

---

[4] これ以降,β は粒子の放出方向 (だけ) を指定するラベルとなる. ほとんどの場合, このラベル β はチャネルの指標とはみなされない. たとえば第 7 章では,j ($= 0$ or 1) がチャネルの指標として用いられており,K の足も同じ j によって指定されている. このとき,放出方向の情報は,放出波数ベクトル $\boldsymbol{K}'_j$ のプライムが担っている.

[5] 正確には,伝播の方向を指定する上付きの (+) を散乱波に添えるべきであるが,簡単のため省略する.

付録 E 特殊関数の公式

本編（主に第 8 章）で使用する特殊関数の公式を，証明なしに掲げておく．

球面調和関数の定義：

$$Y_{LM}(\theta,\phi) = (-)^{(M+|M|)/2} \sqrt{\frac{2L+1}{4\pi} \frac{(L-|M|)!}{(L+|M|)!}} P_{LM}(\cos\theta) e^{iM\phi}, \tag{E.1}$$

$$P_{LM}(w) = (1-w^2)^{|M|/2} \frac{d^{|M|}}{dw^{|M|}} P_L(w) \quad [\text{ルジャンドルの陪関数}], \tag{E.2}$$

$$P_L(w) = P_{L0}(w) = \frac{1}{(2L)!!} \frac{d^L}{dw^L} (w^2-1)^L, \quad (-1 \leq w \leq 1)$$

$$[\text{ルジャンドルの多項式}], \tag{E.3}$$

$$n!! = \begin{cases} n \cdot (n-2) \ldots 3 \cdot 1 & (n \text{ が正の奇数のとき}) \\ n \cdot (n-2) \ldots 4 \cdot 2 & (n \text{ が正の偶数のとき}) \\ 1 & (n \text{ が } 0 \text{ または } -1 \text{ のとき}) \end{cases} \tag{E.4}$$

球面調和関数の規格直交性：

$$\int Y_{L'M'}^*(\Omega) Y_{LM}(\Omega) d\Omega = \delta_{L'L}\delta_{M'M}. \tag{E.5}$$

球面調和関数の完全性：

$$\sum_{LM} Y_{LM}^*(\Omega') Y_{LM}(\Omega) = \delta(\Omega'-\Omega). \tag{E.6}$$

ルジャンドルの多項式の規格直交性：

$$\int_{-1}^{1} P_{L'}(w) P_L(w) dw = \frac{2}{2L+1} \delta_{L'L}. \tag{E.7}$$

ルジャンドルの多項式と球面調和関数の関係:

$$P_L(\cos\eta) = \frac{4\pi}{2L+1}\sum_M Y_{LM}(\Omega_{\boldsymbol{R}_1}) Y_{LM}^*(\Omega_{\boldsymbol{R}_2})$$

$$= \frac{4\pi}{2L+1}\sum_M Y_{LM}^*(\Omega_{\boldsymbol{R}_1}) Y_{LM}(\Omega_{\boldsymbol{R}_2}), \tag{E.8}$$

$$\cos\eta = \frac{\boldsymbol{R}_1 \cdot \boldsymbol{R}_2}{R_1 R_2}. \tag{E.9}$$

特殊な場合:

$$Y_{LM}(\theta, 0) = \sqrt{\frac{2L+1}{4\pi}} P_L(\cos\theta) \delta_{M0}. \tag{E.10}$$

$$Y_{LM}(0, \phi) = \sqrt{\frac{2L+1}{4\pi}} \delta_{M0}. \tag{E.11}$$

球面調和関数の具体形:

$$Y_{00}(\theta, \phi) = \frac{1}{\sqrt{4\pi}}, \tag{E.12}$$

$$Y_{10}(\theta, \phi) = \sqrt{\frac{3}{4\pi}} \cos\theta,$$

$$Y_{1\pm1}(\theta, \phi) = \mp\sqrt{\frac{3}{8\pi}} \sin\theta \exp(\pm i\phi), \tag{E.13}$$

$$Y_{20}(\theta, \phi) = \sqrt{\frac{5}{16\pi}} \left(3\cos^2\theta - 1\right),$$

$$Y_{2\pm1}(\theta, \phi) = \mp\sqrt{\frac{15}{8\pi}} \sin\theta \cos\theta \exp(\pm i\phi),$$

$$Y_{2\pm2}(\theta, \phi) = \sqrt{\frac{15}{32\pi}} \sin^2\theta \exp(\pm 2i\phi), \tag{E.14}$$

$$Y_{30}(\theta, \phi) = \sqrt{\frac{7}{16\pi}} \cos\theta \left(5\cos^2\theta - 3\cos\theta\right),$$

$$Y_{3\pm1}(\theta, \phi) = \mp\sqrt{\frac{21}{64\pi}} \sin\theta \left(5\cos^2\theta - 1\right) \exp(\pm i\phi),$$

$$Y_{3\pm 2}(\theta,\phi) = \sqrt{\frac{105}{32\pi}} \sin^2\theta \cos\theta \exp(\pm 2i\phi),$$

$$Y_{3\pm 3}(\theta,\phi) = \mp\sqrt{\frac{35}{64\pi}} \sin^3\theta \exp(\pm 3i\phi). \quad (\text{E.15})$$

ルジャンドルの多項式の具体形:

$$P_0(w) = 1, \quad P_1(w) = w, \quad P_2(w) = \frac{3}{2}w^2 - \frac{1}{2}, \quad P_3(w) = \frac{5}{2}w^3 - \frac{3}{2}w. \quad (\text{E.16})$$

球ベッセル関数の具体形:

$$j_0(z) = \frac{\sin z}{z}, \quad j_1(z) = \frac{\sin z}{z^2} - \frac{\cos z}{z},$$

$$j_2(z) = \left(\frac{3}{z^3} - \frac{1}{z}\right)\sin z - \frac{3}{z^2}\cos z,$$

$$j_3(z) = \left(\frac{15}{z^4} - \frac{6}{z^2}\right)\sin z - \left(\frac{15}{z^3} - \frac{1}{z}\right)\cos z. \quad (\text{E.17})$$

球ノイマン関数の具体形:

$$n_0(z) = -\frac{\cos z}{z}, \quad n_1(z) = -\frac{\cos z}{z^2} - \frac{\sin z}{z},$$

$$n_2(z) = -\left(\frac{3}{z^3} - \frac{1}{z}\right)\cos z - \frac{3}{z^2}\sin z,$$

$$n_3(z) = -\left(\frac{15}{z^4} - \frac{6}{z^2}\right)\cos z - \left(\frac{15}{z^3} - \frac{1}{z}\right)\sin z. \quad (\text{E.18})$$

球ハンケル関数:

$$h_L^{(+)}(z) = -n_L(z) + ij_L(z), \quad h_L^{(-)}(z) = -n_L(z) - ij_L(z). \quad (\text{E.19})$$

球ベッセル・球ノイマン・球ハンケル関数の無限遠における漸近形:

$$j_L(z) \to \frac{1}{z}\sin\left(z - \frac{L}{2}\pi\right), \quad n_L(z) \to -\frac{1}{z}\cos\left(z - \frac{L}{2}\pi\right),$$

$$h_L^{(\pm)}(z) \to \frac{1}{z} \exp\left[\pm i \left(z - \frac{L}{2}\pi\right)\right]. \tag{E.20}$$

球ベッセル・球ノイマン関数の原点近傍での振る舞い:

$$j_L(z) \to \frac{z^L}{(2L+1)!!}, \quad n_L(z) \to -\frac{(2L-1)!!}{z^{L+1}}. \tag{E.21}$$

クーロン関数の無限遠における振る舞い:

$$F_L(z) \to \sin\left(z - \eta \ln[2z] - L\pi/2 + \sigma_L\right) \quad \text{[原点で正則なクーロン関数]}, \tag{E.22}$$

$$G_L(z) \to \cos\left(z - \eta \ln[2z] - L\pi/2 + \sigma_L\right) \quad \text{[原点で非正則なクーロン関数]}, \tag{E.23}$$

$$H_L^{(\pm)}(z) \to e^{\pm i(z - \eta \ln[2z] - L\pi/2 + \sigma_L)} \quad \text{[内向き・外向きのクーロン関数]}. \tag{E.24}$$

各種クーロン関数と球ベッセル・球ノイマン・球ハンケル関数の対応:

$$F_L(z) \to z j_L(z), \quad G_L(z) \to -z n_L(z), \quad H_L^{(\pm)}(z) \to z h_L^{(\pm)}(z),$$
$$\text{(クーロン相互作用が存在しないとき)}. \tag{E.25}$$

付録 F　2階常微分方程式の数値解法

動径方向のシュレディンガー方程式 (8.22)

$$\left[-\frac{\hbar^2}{2\mu}\frac{d^2}{dR^2} + \frac{\hbar^2}{2\mu}\frac{L(L+1)}{R^2} + U(R) - E\right]u_L(R) = 0 \quad\quad (\text{F.1})$$

を数値的に解く方法の1つであるヌメロフ法について紹介する．基本的な考え方は，微分量を数値的な差（=差分）によって表すというものである．まず，式 (F.1) を

$$\frac{d^2}{dR^2}u_L(R) = A_L(R)u_L(R), \quad\quad (\text{F.2})$$

$$A_L(R) = \left[\frac{2\mu}{\hbar^2}U(R) + \frac{L(L+1)}{R^2} - \frac{2\mu E}{\hbar^2}\right] \quad\quad (\text{F.3})$$

と表しておく．数値計算では，R の軸上に離散的に分点を与え，その点上における u_L の値を求めることを目的とする．ここでは R の分点を

$$R_i = (i-1)h, \quad (i = 1, 2, ..., N+1) \quad\quad (\text{F.4})$$

とし，各 i に対応する d^2u_L/dR^2，u_L および A_L を

$$u_i'' = \left.\frac{d^2u_L(R)}{dR^2}\right|_{R=R_i}, \quad u_i = u_L(R_i), \quad A_i = A_L(R_i) \quad\quad (\text{F.5})$$

と表すことにする．ただしここで，我々が求めるのは軌道角運動量 L の部分波であるという了解の下，簡単のため u および A の添字 L を落とした．式 (F.5) の表記法を用いると，解くべきシュレディンガー方程式は

$$u_i'' = A_i u_i \quad\quad (\text{F.6})$$

と表されることになる．

いま，u_{i-1} および u_i がわかっているものとしよう．このとき，$u_{i\pm1}$ を u_i のまわりで展開すると，

$$u_{i+1} = u_i + hu'_i + \frac{1}{2}h^2 u''_i + \frac{1}{6}h^3 u'''_i + \frac{1}{24}h^4 u''''_i + \frac{1}{120}h^5 u'''''_i + O(h^6), \tag{F.7}$$

$$u_{i-1} = u_i - hu'_i + \frac{1}{2}h^2 u''_i - \frac{1}{6}h^3 u'''_i + \frac{1}{24}h^4 u''''_i - \frac{1}{120}h^5 u'''''_i + O(h^6) \tag{F.8}$$

となる．ここでプライム($'$)の数は，R についての微分の階数を表しており，$O(h^6)$ は h の 6 次以上の項をまとめて表したものである．式 (F.7), (F.8) の両辺を足し合わせると，

$$u_{i+1} + u_{i-1} = 2u_i + h^2 u''_i + \frac{1}{12}h^4 u''''_i + O(h^6). \tag{F.9}$$

ここで式 (F.6) より

$$u''''_i = (u''_i)'' = (A_i u_i)'' \equiv (Au)''_i \tag{F.10}$$

と書けることに留意しつつ，$(Au)_i$ について上記とまったく同じ展開を行えば，

$$(Au)_{i+1} + (Au)_{i-1} = 2(Au)_i + h^2 (Au)''_i + \frac{1}{12}h^4 (Au)''''_i + O(h^6). \tag{F.11}$$

これより，

$$(Au)''_i = \frac{1}{h^2}\left[(Au)_{i+1} - 2(Au)_i + (Au)_{i-1}\right] - \frac{1}{12}h^2 (Au)''''_i + O(h^6) \tag{F.12}$$

を得る．式 (F.10), (F.12) を式 (F.9) 中の u''''_i に代入すると

$$h^4 u''''_i = h^2 \left[A_{i+1} u_{i+1} - 2A_i u_i + A_{i-1} u_{i-1}\right] + O(h^6). \tag{F.13}$$

ただしここで，代入の際に係数 h^4 が掛かるため，式 (F.12) の [ ] よりも後ろの項を落としても，その誤差は h^6 のオーダー以下に収まることを利用した．

式 (F.6), (F.13) を式 (F.9) に代入すると，

$$u_{i+1} + u_{i-1} = 2u_i + h^2 A_i u_i + \frac{h^2}{12}\left[A_{i+1}u_{i+1} - 2A_i u_i + A_{i-1}u_{i-1}\right] + O\left(h^6\right). \tag{F.14}$$

これを整理し，h の 6 次以上の項を落とすと，

$$u_{i+1} = \frac{\left(2 + \frac{5}{6}h^2 A_i\right)u_i - \left(1 - \frac{1}{12}h^2 A_{i-1}\right)u_{i-1}}{1 - \frac{h^2}{12}A_{i+1}} \tag{F.15}$$

が得られる．これが，u_{i-1} および u_i がわかっている場合に，u_{i+1} を誤差 h^6 のオーダーで求める式である．第 8 章で見たとおり，u_1 と u_2 は式 (8.62)，(8.63) で与えられる．これらの初期条件と式 (F.15) から，u_3 以降の値を順次求めるのが，ヌメロフ法を用いた 2 階常微分方程式の解法の骨子である．

式 (F.15) を具体的に計算する際には，当然ながら R の各分点上における A_L の値が必要である．式 (F.3) より，$L = 0$ の場合を除いて，A_L は原点で発散する．しかし式 (F.15) からわかるように，A_1 は必ず u_1 との積の形で現れるため，実際上はこの発散は問題にならない[1]．原点付近において u_L は

$$u_L = a_L R^{L+1}, \quad (R \sim 0) \tag{F.16}$$

のように振る舞う[2]．したがって

$$\begin{aligned}
A_1 u_1 &= \lim_{R \to 0}\left[A_L(R)\, u_L(R)\right] \\
&= \lim_{R \to 0}\left(\left[\frac{2\mu}{\hbar^2}U(R) + \frac{L(L+1)}{R^2} - \frac{2\mu E}{\hbar^2}\right]a_L R^{L+1}\right) \\
&= \begin{cases}
\displaystyle\lim_{R \to 0}\left(\left[\frac{2\mu}{\hbar^2}U(R) - \frac{2\mu E}{\hbar^2}\right]a_L R\right) = 0 & (L = 0 \text{ のとき}) \\
\displaystyle\lim_{R \to 0}\left[\frac{2}{R^2}a_L R^2\right] = 2a_L & (L = 1 \text{ のとき}) \\
\displaystyle\lim_{R \to 0}\left[\frac{L(L+1)}{R^2}a_L R^{L+1}\right] = 0 & (L > 1 \text{ のとき})
\end{cases}
\end{aligned} \tag{F.17}$$

---

[1] 正確には，この発散を回避するように，原点付近における u_L の振る舞いが決定されている．
[2] a_L は未知の複素定数．第 8 章との対応でいえば，

$$a_L \equiv c_L/(2L+1)!!$$

である．

となることがわかる．$L=1$ の場合の特殊性に注意すること．

なお，シュレディンガー方程式が非斉次項を含む場合，すなわち

$$\frac{d^2}{dR^2}u_L(R) = A_L(R)\,u_L(R) + B(R)$$

を解く場合には，式 (F.15) の代わりに

$$u_{i+1} = \left[\left(2 + \frac{5}{6}h^2 A_i\right)u_i - \left(1 - \frac{1}{12}h^2 A_{i-1}\right)u_{i-1} \right.$$
$$\left. + \frac{1}{12}(B_{i+1} + 10B_i + B_{i-1})\right] \bigg/ \left(1 - \frac{h^2}{12}A_{i+1}\right) \quad \text{(F.18)}$$

を用いればよい．ただし $B_i = B(R_i)$ である．

波動関数の接続条件式 (8.69) を計算する際に必要な波動関数の 1 階微分は，以下のようにして求めることができる．まず，式 (F.7) と式 (F.8) の差を取ると，

$$u_{i+1} - u_{i-1} = 2h u_i' + \frac{1}{3}h^3 u_i''' + \frac{1}{60}h^5 u_i''''' + O(h^7) \quad \text{(F.19)}$$

となる．h の偶数次が相殺している点に注意すること．次に，$u_{i+2}, u_{i-2}, u_{i+3}, u_{i-3}$ の展開式を考えると，

$$u_{i\pm 2} = u_i \pm 2h u_i' + \frac{1}{2}(2h)^2 u_i'' \pm \frac{1}{6}(2h)^3 u_i'''$$
$$+ \frac{1}{24}(2h)^4 u_i'''' \pm \frac{1}{120}(2h)^5 u_i''''' + O(h^6), \quad \text{(F.20)}$$

$$u_{i\pm 3} = u_i \pm 3h u_i' + \frac{1}{2}(3h)^2 u_i'' \pm \frac{1}{6}(3h)^3 u_i'''$$
$$+ \frac{1}{24}(3h)^4 u_i'''' \pm \frac{1}{120}(3h)^5 u_i''''' + O(h^6). \quad \text{(F.21)}$$

これよりただちに

$$u_{i+2} - u_{i-2} = 4h u_i' + \frac{8}{3}h^3 u_i''' + \frac{32}{60}h^5 u_i''''' + O(h^7), \quad \text{(F.22)}$$

$$u_{i+3} - u_{i-3} = 6hu'_i + \frac{27}{3}h^3 u'''_i + \frac{243}{60}h^5 u'''''_i + O(h^7) \quad \text{(F.23)}$$

が得られる．ここで，

$$\text{式 (F.19)} + \text{式 (F.22)} \times d_2 + \text{式 (F.23)} \times d_3 \quad \text{(F.24)}$$

によって h^3 と h^5 の項を落とすことを考えれば，

$$\frac{1}{3} + \frac{8}{3}d_2 + \frac{27}{3}d_3 = 0, \quad \text{(F.25)}$$

$$\frac{1}{60} + \frac{32}{60}d_2 + \frac{243}{60}d_3 = 0 \quad \text{(F.26)}$$

より，$d_2 = -1/5$, $d_3 = 1/45$ を得る．すなわち，

$$\begin{aligned}
&u_{i+1} - u_{i-1} - \frac{u_{i+2} - u_{i-2}}{5} + \frac{u_{i+3} - u_{i-3}}{45} \\
&= 2hu'_i + \frac{1}{3}h^3 u'''_i + \frac{1}{60}h^5 u'''''_i - \frac{1}{5}\left(4hu'_i + \frac{8}{3}h^3 u'''_i + \frac{32}{60}h^5 u'''''_i\right) \\
&\quad + \frac{1}{45}\left(6hu'_i + \frac{27}{3}h^3 u'''_i + \frac{243}{60}h^5 u'''''_i\right) + O(h^7) \\
&= \frac{4}{3}hu'_i + O(h^7).
\end{aligned} \quad \text{(F.27)}$$

よって，誤差 h^6 のオーダーで波動関数の1階微分を計算する式は，

$$u'_i = \frac{3}{4h}(u_{i+1} - u_{i-1}) - \frac{3}{20h}(u_{i+2} - u_{i-2}) + \frac{1}{60h}(u_{i+3} - u_{i-3}) \quad \text{(F.28)}$$

となる．$R = R_i$ における微分係数を求めるためには，R_i の前後6点における波動関数が必要であることに注意せよ[3]．

---

[3] つまり，$R = R_c$ での接続条件から S 行列を求めたいときには，u を $R = R_c + 3h$ まで計算しておく必要があるということである．

参考文献

[1] スティーブン・ワインバーグ,『電子と原子核の発見—20 世紀物理学を築いた人々』(日経サイエンス社, 1986).

[2] 高田健次郎,『わかりやすい量子力学入門—原子の世界の謎を解く』(丸善, 2003).

[3] H. Geiger and E. Marsden, Philos. Mag. **25**, 604 (1913).

[4] F. T. Baker, A. Scott, R. C. Styles, T. H. Kruse, K. Jones and R. Suchannek, Nucl. Phys. **A 351**, 63 (1981).

[5] W. Karcz, I. Kluska and Z. Sanok, Acta Phys. Pol. **B3**, 525 (1972).

[6] P. A. M. Dirac, Proc. R. Soc. Lond. A **114**, 243 (1927).

[7] E. L. Hjort et al., Phys. Rev. C **50**, 275 (1994).

[8] M. Baba et al., J. Nucl. Sci. Tech. Suppl. **2**, 204 (2002).

[9] K. M. Watson, Phys. Rev. **89**, 575 (1953).

[10] 河合光路, 吉田思郎,『原子核反応論』(朝倉書店, 2002).

[11] C. P. Van Zyl, R. G. P. Voss, and R. Wilson, Philos. Mag. **1**, 1003 (1956).

[12] A. J. Koning and J. P. Delaroche, Nucl. Phys. **A 713**, 231 (2003).

[13] H. H. Barschall and W. Haeberli (eds.), *Proc. 3rd Int. Symp. on Polarization Phenomena in Nuclear Reactions*, Madison 1970 (Univ. of Wisconsin Press, 1971), p. xxv.

[14] A. Bohr and B. R. Mottelson, *Nuclear Structure: Single-Particle Motion/Nuclear Deformation* (World Scientific, 1998).

[15] 森口繁一, 宇田川銈久, 一松信,『数学公式集 III』(岩波書店, 1987), p. 152.

[16] A. Kohama, K. Iida, and K. Oyamatsu, Phys. Rev. C **69**, 064316 (2004); ibid. **72**, 024602 (2005).

[17] S. R. Neumaier *et al.*, Nucl. Phys. **A 712**, 247 (2002).
[18] W. F. McGill *et al.*, Phys. Rev. C **10**, 2237 (1974).
[19] J. J. H. Menet, E. E. Gross, J. J. Malanify, and A. Zucker, Phys. Rev. C **4**, 1114 (1971).
[20] I. Angeli, At. Data Nucl. Data Tables **87**, 185 (2004).
[21] A. de Vismes *et al.*, Nucl. Phys. **A 706**, 295 (2002).
[22] K. Tanaka *et al.*, Phys. Rev. Lett. **104**, 062701 (2010).
[23] I. Tanihata, H. Savajols, and R. Kanungo, Prog. Part. Nucl. Phys. **68**, 215 (2013).
[24] 谷畑勇夫,『宇宙核物理学入門—元素に刻まれたビッグバンの証拠』(講談社ブルーバックス,2002).
[25] 中村隆司,『不安定核の物理—中性子ハロー・魔法数異常から中性子星まで—』(共立出版, 2016).
[26] Y. Sakuragi, M. Yahiro, and M. Kamimura, Prog. Theor. Phys. Suppl. **89**, 136 (1986).
[27] G. Perey and B. Buck, Nucl. Phys. **32**, 353 (1962).
[28] S. Hama, B. C. Clark, E. D. Cooper, H. S. Sherif, and R. L. Mercer, Phys. Rev. C **41**, 2737 (1990).
[29] H. Feshbach, Ann. Phys. **5**, 357 (1958).
[30] K. M. Watson, Rev. Mod. Phys. **30**, 565 (1958).
[31] A. K. Kerman, H. McManus, and R. M. Thaler, Ann. Phys. **8**, 551 (1959).
[32] K. Amos, P. J. Dortmans, H. V. von Geramb, S. Karataglidis, and J. Raynal, *Advances in Nuclear Physics*, edited by J. W. Negele and E. Vogt (Plenum, New York, 2000) Vol. 25, p. 275.
[33] T. Furumoto, Y. Sakuragi, and Y. Yamamoto, Phys. Rev. C **78**, 044610 (2008).
[34] M. Toyokawa, M. Yahiro, T. Matsumoto, K. Minomo, K. Ogata, and M. Kohno, Phys. Rev. C **92**, 024618 (2015).
[35] B. Davids, S. M. Austin, D. Bazin, H. Esbensen, B. M. Sherrill, I. J. Thompson, and J. A. Tostevin, Phys. Rev. C **63**, 065806 (2001).

[36] W. E. Kinney and F. G. Perey, Oak Ridge National Laboratory Report No. ORNL-4549, 1970.
[37] 笹川辰弥,『散乱理論』(裳華房, 1991).
[38] N. F. Mott and H. S. W. Massey, *Theory of Atomic Collisions* (Oxford University Press, 1965).
[39] A. Messiah, *Quantum Mechanics* (Dover Publications, 2014).
[40] C. A. Bertulani and P. Danielewicz, *Introduction to Nuclear Reactions* (Institute of Physics Publishing, Bristol, 2004).
[41] H. Sakaguchi, M. Nakamura, K. Hatanaka, A. Goto, T. Noro, F. Ohtani, H. Sakamoto, and S. Kobayashi, Phys. Lett. B **89**, 40 (1979).
[42] K. Ogata, M. Yahiro, Y. Iseri, T. Matsumoto, and M. Kamimura, Phys. Rev. C **68**, 064609 (2003).
[43] R. A. Broglia and A. Winther, *Heavy ion reactions, Lecture Notes, Vol. 1: Elastic and Inelastic Reactions* (Benjamin/Cummings publishing company, Inc., Reading, 1981).
[44] E. M. Burbidge, G. R. Burbidge, W. A. Fowler, and F. Hoyle, Rev. Mod. Phys. **29**, 547 (1957).
[45] E. G. Adelberger *et al.*, Rev. Mod. Phys. **83**, 195 (2011).
[46] Y. Xu, K. Takahashi, S. Goriely, M. Arnould, M. Ohta, and H. Utsunomiya, Nucl. Phys. **A 918**, 61 (2013).
[47] K. Ogata, S. Hashimoto, Y. Iseri, M. Kamimura and M. Yahiro, Phys. Rev. C **73**, 024605 (2006).
[48] J. N. Bahcall, M. H. Pinsonneault, and Sarbani Basu, Astrophys. J. **555**, 990 (2001),
[49] T. Kikuchi *et al.*, Eur. Phys. J. A **3**, 213 (1998).
[50] A. R. Junghans *et al.*, Phys. Rev. C **68**, 065803 (2003).
[51] Q. R. Ahmad *et al.* (SNO Collaboration), Phys. Rev. Lett. **87**, 071301 (2001).
[52] M. Kamimura, M. Yahiro, Y. Iseri, Y. Sakuragi, H. Kameyama, and M. Kawai, Prog. Theor. Phys. Suppl. **89**, 1 (1986).
[53] N. Austern, Y. Iseri, M. Kamimura, M. Kawai, G. Rawitscher, and

M. Yahiro, Phys. Rep. **154**, 125 (1987).

[54] M. Yahiro, K. Ogata, T. Matsumoto, and K. Minomo, Prog. Theor. Exp. Phys. **2012**, 01A206 (2012).

[55] A. M. Mukhamedzhanov and N. K. Timofeyuk, Yad. Fiz. **51**, 679 (1990) [Sov. J. Nucl. Phys. **51**, 431 (1990)].

[56] L. D. Faddeev, Zh. Eksp. Theor. Fiz. **39**, 1459 (1960) [Sov. Phys. JETP **12**, 1014 (1961)].

[57] N. Austern, M. Yahiro, and M. Kawai, Phys. Rev. Lett. **63**, 2649 (1989).

[58] N. Austern, M. Kawai, and M. Yahiro, Phys. Rev. C **53**, 314 (1996).

[59] 岡本良治,『スピンと角運動量—量子の世界の回転運動を理解するために—』(共立出版, 2014).

[60] K. Ogata, M. Yahiro, Y. Iseri, T. Matsumoto, and M. Kamimura, Phys. Rev. C **68**, 064609 (2003).

[61] K. Ogata and C. A. Bertulani, Prog. Theor. Phys. **123**, 701 (2010).

[62] D. Baye, Phys. Rev. C **62**, 065803 (2000).

[63] H. Esbensen and G. F. Bertsch, Nucl. Phys. **A 600**, 37 (1996).

[64] K. H. Kim, M. H. Park, and B. T. Kim, Phys. Rev. C **35**, 363 (1987).

[65] F. C. Barker, Aust. J. Phys. **33**, 177 (1980).

[66] J. Cook, Nucl. Phys. **A 388**, 153 (1982).

[67] N. Austern, *Direct Nuclear Reaction Theories*, (John Wiley & Sons, 1970), Chap. 1.

[68] 砂川重信,『量子力学』(岩波書店, 1991) 第 7 章.

[69] B. A. Lippmann and J. Schwinger, Phys. Rev. **79**, 469 (1950).

後書き

　以上が，量子力学的散乱理論の初歩と，それを用いて探究されたフェムトスケールの物理の簡単な紹介である．本書が，読者諸氏がより正確で完全な教科書（たとえば文献 [A, F]）を手にするきっかけとなることを願うばかりである．

　前書きでも述べたが，本書では多くの話題が割愛されている．その中でも特に重要なものは，核子（粒子）の内部スピンの役割であろう．スピンの自由度が関わる相互作用の重要性は広く知られており，粒子がもつスピンの向きの偏りやその変化を追跡した観測量も数多く測定されている．それらの記述と分析は，フェルミ粒子からなる多体系の性質を理解するためには避けて通れないものである．反応の種類については，入射粒子と標的粒子の間で粒子の受け渡しをする反応（移行反応）が，読者が次に学習すべき対象といえるだろう．ただしその記述には，複雑な角運動量代数が必須である．相応の数学的準備の下，取り組まれたい．紙面の都合上，触れることができなかった重要な話題としては，原子力分野への応用がある．近年，原子核物理学と原子力工学との連携はめざましく進展しており，この見地からも，原子核反応研究の重要性が再認識されつつある．連携のさらなる発展と強化を期待したい．最後に，本書では"忌避"した散乱の形式論であるが，これについては発展的な教科書（文献 [A, B, F] など）で学習することを強く推奨したい．何といっても，形式論は散乱理論の神髄だからである．前書きでは形式論の"問題点"ばかりを強調したが，本書の内容を修得したいま，「形式論が何のために何をしているのかわからない」という事態には，少なくとも簡単には陥らないはずである．読者諸氏の健闘を祈る．

　本書を執筆する上で参照した教科書や資料は多岐にわたるが，ここでは主要なもののみ掲げておく．なお，これは散乱問題を扱っている教科書の完全なリストではないことを予めお断りしておく．

散乱理論を詳しく扱っている日本語の量子力学の教科書として
[A] 砂川重信,『散乱の量子論』(岩波書店, 2015).
[B] 砂川重信,『量子力学』(岩波書店, 1991).
[C] A. メシア,『量子力学 1, 2, 3』(東京図書, 1971) [絶版].
　　[原著: A. Messiah, *Quantum Mechanics* (Dover Publications, 2014).]
[D] 笹川辰弥,『散乱理論』(裳華房, 1991).
を挙げておく. [A] では,初学者を強く意識した懇切丁寧な散乱理論の記述がなされている. 数式が意味する物理の説明など,本書で参考にした部分も多い. [C] は散乱理論に限らず,驚くほど多くの内容を含んだ教科書である. 量子力学に関する調べものをするとき,著者はこれを「最後の砦」と位置づけている.

数値計算を用いて,量子力学の具体的な問題を解く方法を解説した教科書としては
[E] 岡部成玄,『量子論—運動と方法』(近代科学社, 1992).
がある. この本に記載されているプログラムは,自らの手で数値計算を行う際,大いに参考になるであろう.

原子核反応論の教科書としては,
[F] 河合光路, 吉田思郎,『原子核反応論』(朝倉書店, 2002).
[G] 高木修二, 丸森寿夫, 河合光路,『原子核論』(岩波書店, 2012).
[H] G. R. Satchler, *Direct Nuclear Reactions* (Clarendon Press, 1983)
　　[絶版].
を挙げておく. [F] はその書名が示すとおり,原子核反応論の 1 つの到達点ともいえる大著である. [H] は洋書でかつ絶版であるが,研究に実際に使用する式が省略なく導出された名著であり,反応理論における角運動量代数の取り扱いを学ぶ教科書としても最良のものの 1 つといえる.

最後に,教科書ではないが,ウェブから入手できる読み物
[I] 島村勲,『衝突論ノート あれこれ』.
を紹介しておく. 内容は大変スリリングで,一通り散乱理論を学んだ人が読むと,必ず新鮮な驚きと発見があるはずである. 著者も肝を冷やしつつ,多くのことを学ばせていただいた.

索 引

■ 欧文

α 粒子 ································ 3, 13
β 崩壊 ································ 92
0 度の散乱問題 ···················· 243
1 粒子密度 ···························· 124
2 重階乗 ································ 104
2 重微分断面積 ······················ 40
2 中性子ハロー核 ················ 119
3 体系の波動関数 ················ 206
3 体反応 ································ 205

■ A

ANC ······································ 234
ANC 法 ························ 204, 233

■ B

bin ·· 211

■ C

CDCC ···································· 204

■ D

DWBA ·································· 149

■ E

E1 遷移 ································· 231
E2 遷移 ································· 231

■ F

FAIR ······································ 93
FRIB ······································ 93

■ R

RIBF ······································ 92
RI ビーム ······························ 92

■ S

S_{17} ·· 199
S_{17} 問題 ································ 202
S 行列 ··································· 172
s 波 ······················ 163, 177, 200, 203

■ ア

アイコナール S 行列 ·· 86, 94, 137, 228
アイコナール近似 ············ 71, 164, 216
アイコナール近似の成立条件 ········ 75
アイコナールクーロン S 行列 ·195, 227
移行運動量 ···· 43, 55, 85, 98, 135, 219
位相差 ······························· 168, 207
位相のずれ ································ 83
一般化された光学定理 ··········· 180, 247
井戸型ポテンシャル ···················· 166
因果律 ···································· 256
ウィッタカー関数 ······················ 234
ウッズ-サクソン型 ··········· 63, 77, 103
運動学 ···································· 105
運動量分布 ······························· 118
エネルギー幅 ···························· 33

索 引

エネルギー保存則 21, 83, 122, 210, 263
遠心力ポテンシャル ……… 157, 161, 200
円筒座標系 ………………………… 8, 72, 85
エンベロープ関数 ……………………… 248
オイラーの公式 …………………………… 43
オーバーラップ ………………………… 233
オングストローム ………………………… 18

■カ

階段型密度分布 …………………………… 55
階段関数 …………………………… 142, 147
ガウス関数の積分公式 ………………… 104
ガウス分布 ……………………………… 103
ガウス平面 ………………………… 86, 137
核子 ………………………………………… 54
核子あたりの入射エネルギー ………… 114
核子の平均距離 …………………………… 64
核図表 ……………………………………… 92
角分布‥ 11, 19, 23, 41, 46, 53, 58, 87, 101, 135, 177, 196
確率の規格化 ……………………………… 29
確率の流れ密度 …………………… 40, 66
核力ポテンシャル 53, 66, 145, 162, 232
影散乱 …………………………………… 100
仮想光子 ………………………………… 201
価中性子 ………………………………… 119
ガリレイ変換 …………………… 108, 115
換算エネルギー ………………………… 110
換算質量 ……… 107, 126, 153, 205, 261
換算ド・ブロイ波長 ……… 51, 76, 249
干渉 …… 44, 49, 68, 177, 192, 247, 257
干渉項 …………………………………… 245
干渉縞 ……………………………………… 50
間接測定 …………………………… 201, 238
ガンマ関数 ……………………………… 190
軌道角運動量 ……………… 155, 203, 229
軌道角運動量演算子 …………………… 154
逆運動学 ………………………………… 114
球座標表示 ………………………… 154, 175
吸収 …… 68, 82, 89, 96, 140, 172, 179, 206, 232, 246
球ノイマン関数 …………………… 165, 268

球ハンケル関数 …………………… 165, 268
球ベッセル関数 …………………… 160, 268
球面調和関数 · 155, 158, 181, 209, 216, 220, 266
境界条件‥ 74, 129, 166, 170, 184, 192, 221
狭義の吸収 ………………………………… 96
局所波数 …………………………………… 82
屈折 ………………………………………… 82
グリーン関数 ……………… 143, 184, 260
グリーン関数の漸近形 ………………… 185
クレブシュ-ゴルダン係数 …………… 220
クーロン位相差 …………………… 191, 207
クーロン関数 ……………………… 191, 269
クーロン散乱振幅 ……………………… 190
クーロン障壁 ……………………… 200, 233
クーロン相互作用‥ 20, 42, 68, 95, 189, 201, 222, 229, 258
クーロン場中でのアイコナール近似 193
クーロン力 ………………………… 15, 19
形式解 ……………………………… 129, 260
結合ポテンシャル ………………… 125, 131
原子核 ……………………………………… 19
原子核の質量密度 ………………………… 64
原子核の発見 ……………………………… 22
原子核の密度分布 …………………… 54, 63
原子質量単位 ……………………………… 14
原子量 ………………………………… 4, 14
元素合成 ………………………………… 199
コア核 …………………………………… 119
光学定理 ………………………………… 246
光学ポテンシャル‥ 68, 77, 87, 97, 143, 187, 205, 237, 246
広義の吸収 ………………………………… 96
合流型超幾何関数 ……………………… 190
黒体 ………………………… 45, 69, 100, 113
古典軌道 …………………………… 15, 68
古典的転回点 …………………………… 161
コンプトン波長 …………………………… 20

■サ

最近接距離 ………………………… 21, 196

索引

サドベリーニュートリノ観測所 203
差分 270
作用距離 20, 167
散乱行列 172
散乱振幅 174, 183, 192, 195, 223, 243, 248
散乱振幅と遷移行列の関係式 186
散乱の形式論 184
残留相互作用 148
時間依存性 29, 37, 46, 248, 260
時間順序積 143
時間反転した波 149
磁気量子数 155, 216
試行回数 130, 146
四重極子 219
実験室系 106
質量数 23, 60, 103, 113
遮蔽半径 42
周期的境界条件 27, 155, 261
周期表 91
重心系 ... 106, 121, 153, 162, 200, 206, 233
重心補正 105
収束解 133
自由ハミルトニアン 38, 263
順運動学 114
状態数密度 33
衝突径数 ... 8, 15, 21, 46, 72, 113, 161, 178, 196, 231
初期解 129, 131, 169
初期波束 248, 257
初期波束の運動量幅 250
シンクレータ 3
スーパーカミオカンデ 203
斉次方程式 127, 184
接続条件 166, 170, 171, 273
摂動解 31, 258
ゼロレンジ相互作用 54
遷移確率 32, 36, 44
遷移行列 45, 53, 72, 84, 133, 147, 181, 187, 194, 221, 227, 258, 261
遷移密度 124
全角運動量 215
漸近規格化係数 234

漸近規格化係数法 204, 233
漸近形 ... 139, 165, 168, 174, 178, 192, 207, 243
全弾性散乱断面積 99, 179
全断面積 99, 180, 247
全反応断面積 93, 179, 247
前方散乱近似 85, 89, 98, 134, 150, 195, 222, 228
双極子 219
相対論的効果 52, 113
相対論的補正 109
ゾンマーフェルトパラメータ ・190, 200, 207

■ タ

対角ポテンシャル 125, 131
太陽ニュートリノ 200
多重極展開 219
多重極度 203, 219
多重散乱理論 59, 145
畳み込み模型 53, 102, 145
多段階過程 136, 239
単位時間あたりの遷移確率 37
単極子 219
弾性散乱 26
弾性チャネル 122, 133, 137, 141
断面積 4, 7, 25
チャネル 121
チャネル結合の効果 137, 146
チャネル結合法 123, 145, 149, 204, 229
チャネル結合方程式 125, 129, 218, 221, 265
チャネル結合ポテンシャル 218
中性子スキン 120
直接測定 201, 238
直線近似 81
定数変化法 127
デルタ関数 37, 54, 124, 209
展開係数 30, 45, 124, 210
電気四重極子 231
電気双極子 231
電気単極子 230

索引

天体核反応 ………………………… 199
天体物理学的因子 ……………200, 238
伝播の方向 ………… 46, 149, 260, 265
等価局所ポテンシャル …………… 143
動的偏極ポテンシャル …………… 141
ド・ブロイ波長 …………………… 49

■ナ

ニホニウム ………………………… 91
入射エネルギー … 6, 58, 103, 106, 109, 162, 177
ニュートリノ振動 ………………… 201
ヌメロフ法 …………………168, 270

■ハ

波束状態 ……………244, 249, 255, 259
波束の拡散 …………………252, 257
波束の広がり ………… 244, 249, 255
波束の理論 …………………244, 248
速さ ………… 15, 34, 74, 83, 109, 256
ハロー構造 ………………………… 119
半値半径 ……………………… 57, 69
反応確率 ……………………… 25, 33
反応が始まる時刻 ……………… 32, 263
反応の頻度 ………………………… 6
反応領域 …… 27, 93, 139, 178, 244, 255
反復法 …………… 129, 136, 146, 221
非局所ポテンシャル ……………… 143
微細平衡の原理 ……………201, 233
微視的光学ポテンシャル ………… 145
微小状態数 ………………………… 39
非斉次方程式 ………………127, 184
非弾性散乱 96, 133, 140, 146, 204, 261
非弾性散乱の角分布 ……………… 135
非弾性チャネル ……………122, 141
微分断面積 9, 19, 41, 53, 84, 133, 176, 183, 224, 255
標準太陽模型 …………………… 201
ファデーエフ理論 ………………… 211
不安定核 ……………………… 91, 120
フェッシュバッハの射影演算子の方法 145
フェムトメートル ………………… 13
フェルミ …………………………… 13
フェルミの黄金律 ……………… 38, 263
複合核過程 ………………………… 97
複素ポテンシャル ……… 66, 143, 172
部分散乱振幅 …………………… 225
部分散乱波 ……………………… 166
部分波 …… 161, 177, 183, 191, 192, 216
部分波展開 …… 161, 173, 177, 181, 215, 247
部分波の選択則 ………………… 161
フラウンホーファー回折 ……… 68, 102
フーリエ変換 ……… 55, 119, 135, 249
フレネル回折 ……………………… 68
プローブ ……………………… 52, 114
プロファイル関数 ………………… 86
分解断面積 …………… 221, 228, 237
分解能 ……………………… 49, 237
分解反応 ……… 96, 201, 204, 228, 236
平均化法 …………………………… 211
平均自由行程 ……………………… 82
平均二乗根半径 ……… 57, 104, 111, 117
平均入射エネルギー …………… 252
平均入射速度 …………………… 252
平面波 …… 26, 41, 53, 73, 79, 101, 121, 148, 158, 163, 172, 181, 193, 207, 216, 243, 248, 261
平面波近似 ………………53, 88, 135
平面波の規格化 ………………… 27
ベッセル関数 ………… 87, 101, 223, 228
変数分離 ……………………… 74, 154
方位量子数 ……………………… 155
飽和性の破れ …………………… 116
ボロミアン核 …………………… 119

■マ

マディソン規約 85, 106, 182, 216, 227
魔法数の変化 …………………… 120
密度の飽和性 ………………… 62, 89
無撹動解 ……… 31, 46, 189, 258, 263

■ヤ

有効電荷 ………………………… 231
湯川模型 ………………………… 20
ユニタリティ …………………… 140

■ラ

ラザフォード散乱 … 15, 26, 44, 92, 190
ラザフォード振幅 ……… 190, 195, 224
ラザフォードの公式 …………………… 20
ラザフォードの実験 ……………… 13, 18
離散化された連続状態 ……… 213, 235
離散的な固有状態 ………………… 211
離散的な波数 ……………………… 212
リップマン-シュウィンガー方程式 ‥ 260
流束 40, 66, 81, 84, 93, 124, 135, 140,
　172, 178, 193, 243, 254
流束の保存 ……………… 139, 180, 246
量子力学的補正 …………………… 224
ルジャンドルの多項式 … 177, 219, 228,
　266
ルジャンドルの陪関数 …………… 266
レイリーの公式 …………………… 161
レーズンパン模型 ………………… 19
レンジ ……………… 20, 42, 167, 231
連続固有状態 …………………… 208
連続状態離散化チャネル結合法 …… 204
ローレンツブースト …………… 109, 115

■ワ

歪曲関数 ………………… 78, 137, 149
歪曲波 …………………………… 148
歪曲波ボルン近似 ……………… 146

Memorandum

Memorandum

Memorandum

Memorandum

著者紹介

緒方一介（おがた　かずゆき）

- 2001年3月　九州大学大学院理学研究科（基礎粒子系科学専攻）博士後期課程修了
- 2001年4月　大阪大学核物理研究センター COE特別講師
- 2002年1月　九州大学大学院理学研究院 助手
  - （2006年9月から，理研仁科加速器研究センター 客員研究員兼務）
- 2007年4月　九州大学大学院理学研究院 助教
  - （2008年4月–2013年3月　日本原子力研究開発機構 研究嘱託兼務）
- 2011年4月　大阪大学核物理研究センター 准教授
  - （2016年4月から，大阪市立大学大学院理学研究科 客員教授兼務）

専　門　原子核反応論
趣　味　読書，ドライブ，猫や鳥との交流
受賞歴　2012年9月　日本原子力学会 核データ部会 学術賞（千葉敏，岩本修，西尾勝久，橋本慎太郎，有友嘉宏と共同）「代理反応の理論的研究」

量子散乱理論への招待
フェムトの世界を見る物理

Introduction to the
Quantum Scattering Theory
—Describing the Femtoscale World—

2017年3月25日　初版1刷発行

著　者　緒方一介　ⓒ 2017

発行者　南條光章

発行所　共立出版株式会社
東京都文京区小日向 4-6-19
電話　03-3947-2511（代表）
郵便番号　112-0006
振替口座　00110-2-57035
URL http://www.kyoritsu-pub.co.jp/

印　刷　藤原印刷
製　本　ブロケード

検印廃止
NDC 429.6
ISBN 978-4-320-03600-0

一般社団法人
自然科学書協会
会員

Printed in Japan

JCOPY ＜出版者著作権管理機構委託出版物＞
本書の無断複製は著作権法上での例外を除き禁じられています．複製される場合は，そのつど事前に，出版者著作権管理機構（TEL：03-3513-6969，FAX：03-3513-6979，e-mail：info@jcopy.or.jp）の許諾を得てください．

毎日コツコツ演習！ 1日1題30日でわかる!!

フロー式 物理演習シリーズ

須藤彰三・岡 真 [監修]／全21巻刊行予定

1 ベクトル解析
—電磁気学を題材にして—
保坂　淳著･･････140頁・本体2,000円

2 複素関数とその応用
—複素平面でみえる物理を理解するために—
佐藤　透著･･････176頁・本体2,000円

3 線形代数
—量子力学を中心にして—
中田　仁著･･････174頁・本体2,000円

5 質点系の力学
—ニュートンの法則から剛体の回転まで—
岡　真著･･････160頁・本体2,000円

6 振動と波動
—身近な普遍的現象を理解するために—
田中秀数著･･････152頁・本体2,000円

7 高校で物理を履修しなかった人のための熱力学
上羽牧夫著･･････174頁・本体2,000円

8 熱力学
—エントロピーを理解するために—
佐々木一夫著･･････192頁・本体2,000円

10 量子統計力学
—マクロな現象を量子力学から理解するために—
石原純夫・泉田　渉著 192頁・本体2,000円

13 物質中の電場と磁場
—物性をより深く理解するために—
村上修一著･･････192頁・本体2,000円

16 弾性体力学
—変形の物理を理解するために—
中島淳一・三浦　哲著 168頁・本体2,000円

【各巻：A5判・並製本・税別本体価格】

18 相対論入門
—時空の対称性の視点から—
中村　純著･･････182頁・本体2,000円

19 シュレディンガー方程式
—基礎からの量子力学攻略—
鈴木克彦著･･････176頁・本体2,000円

20 スピンと角運動量
—量子の世界の回転運動を理解するために—
岡本良治著･･････160頁・本体2,000円

21 計算物理学
—コンピュータで解く凝縮系の物理—
坂井　徹著･･････148頁・本体2,000円

＊＊＊＊＊＊＊＊＊＊＊＊＊＊＊＊＊＊＊＊

4 高校で物理を履修しなかった人のための力学
福島孝治著･･････続　刊

9 統計力学
川勝年洋著･･････続　刊

11 高校で物理を履修しなかった人のための電磁気学
須藤彰三著･･････続　刊

12 電磁気学
武藤一雄・岡　真著･･････続　刊

14 光と波動
須藤彰三著･･････続　刊

15 流体力学
境田太樹著･･････続　刊

17 解析力学
綿村　哲著･･････続　刊

（続刊のテーマ・執筆者は変更される場合がございます）
＊＊＊＊＊＊＊＊＊＊＊＊＊＊＊＊＊＊＊＊

http://www.kyoritsu-pub.co.jp/

共立出版 （価格は変更される場合がございます）

https://www.facebook.com/kyoritsu.pub